新工科机器人工程专业规划教材

Manufacture of Small Intelligent Robot
小型智能机器人制作

周　珂 白艳茹 主　编

吕　振 刘　涛 副主编

张　攀 史胜西 张沙沙 参　编

清华大学出版社

北京

内 容 简 介

本书共 10 章,以小型智能机器人为载体,从机器人制作常用工具、机器人机械结构设计与制作装配、动力系统设计与制作、电路设计与调试、控制器与传感器设计五个方面,循序渐进地介绍小型智能机器人的制作过程。

本书可用于大学理工科学生机器人技术学习的课堂教学,也可作为初入门的机器人设计者的培训教材。

图书在版编目(CIP)数据

小型智能机器人制作/周珂,白艳茹主编. 一北京:清华大学出版社,2019(2024.8 重印)
(新工科机器人工程专业规划教材)
ISBN 978-7-302-49029-6

Ⅰ. ①小… Ⅱ. ①周… ②白… Ⅲ. ①智能机器人—制作 Ⅳ. ①TP242.6

中国版本图书馆 CIP 数据核字(2017)第 294675 号

责任编辑:赵 斌
封面设计:常雪影
责任校对:刘玉霞
责任印制:沈 露

出版发行:清华大学出版社
   网   址:https://www.tup.com.cn,https://www.wqxuetang.com
   地   址:北京清华大学学研大厦 A 座   邮   编:100084
   社 总 机:010-83470000   邮   购:010-62786544
   投稿与读者服务:010-62776969,c-service@tup.tsinghua.edu.cn
   质量反馈:010-62772015,zhiliang@tup.tsinghua.edu.cn
印 装 者:北京建宏印刷有限公司
经 销:全国新华书店
开 本:185mm×260mm 印 张:21   字 数:502 千字
版 次:2019 年 6 月第 1 版   印 次:2024 年 8 月第 5 次印刷
定 价:59.00 元

产品编号:077819-02

前　言

FOREWORD

在当今中国乃至世界，机器人技术正处于一个蓬勃发展的阶段，在工业、农业、国防、医疗卫生及生活服务等许多领域获得越来越多的应用。越来越多的机器人爱好者开始了机器人设计与制作的探索和实践，甚至相当一部分的学龄儿童，在4～6岁就已经开始接受机器人的启蒙教育。机器人课程以及与机器人相关的科技比赛，向来都是最受学生喜欢的活动内容，学习、参与的兴趣十分浓厚。

本书具有以下特点：

（1）层次分明，知识点以递进方式逐步引入。本书从机器人的机械结构出发，介绍机器人的各种构造，给人立体的认识，然后逐步引入机械结构的制作工具及运动学分析，给予理论支撑与分析。在此基础上结合机械结构装配动力系统，再进一步介绍电路控制、设计与调试。知识点的编排遵循从基础到一般，从简单到复杂的原则，既考虑了与理论教学同步，又考虑了学生学习循序渐进的过程。全书章节之间既相对独立，又有一定的梯度，层次分明。

（2）积累经验，突出创新。本书的编写人员都是具有五年以上大学生机器人技术竞赛经验的指导教师，编者根据近年来从事机器人技术教学、科研及实践经验，总结了大量既往项目的经验，所列知识点系统全面。本书从初学者角度出发，以多年经验做总结，将制作机器人所用的工具与方法进行了系统的归纳与提炼，初学者根据这本书就能全面掌握机器人制作的基本知识与技能。

（3）结合技术发展及学科竞赛，突出实践，可操作性强。本书对机器人制作所需工具、软件及控制系统使用都有详细介绍，如当下被工程师广泛使用的 SolidWorks、Altium Designer 设计软件以及 Arduino 控制系统，都有详细的使用介绍，使初学者可以快速入门。书中还配备了大量图片，以充分提升读者兴趣，并结合实践教学的特点，以小型机器人为例，进行综合性实验设计编排，具有较强的实际意义，可作为参加各类机器人大赛、创新大赛等科技创新活动的参考资料。

本书由北京科技大学高等工程师学院工程训练中心电子实习基地周珂、白艳茹担任主编，吕振、刘涛担任副主编，张攀、史胜西、张沙沙参编。成书过程得到了北京科技大学教材建设的经费资助，为全书的编写及实验项目设计验证提供了保障。

由于编者水平有限，书中难免存在不当和谬误之处，敬请有关专家和读者指正。

编　者
2019 年 3 月

目 录

CONTENTS

第 1 章

绪 论

机器人问世已有几十年,但对机器人的定义仍然仁者见仁、智者见智,没有一个统一的意见。原因之一是机器人还在发展,新的机型、新的功能不断涌现。随着机器人技术的飞速发展以及信息时代的到来,机器人所涵盖的内容越来越丰富,机器人的内涵也在不断地充实和创新。

欧美等国家和地区的人们认为:机器人应该是由计算机控制的、通过编排程序使其具有可以变更的多功能的自动机械。日本业界认为"机器人就是任何高级的自动机械"。

在 1967 年日本召开的第一届机器人学术会议上,提出了两个有代表性的定义。

一是森政弘与合田周平提出的:"机器人是一种具有移动性、个体性、智能性、通用性、半机械半人性、自动性、奴隶性等 7 个特征的柔性机器。"从这一定义出发,森政弘又提出了用自动性、智能性、个体性、半机械半人性、作业性、通用性、信息性、柔性、有限性、移动性等 10 个特性来表示机器人的形象。

另一个是加藤一郎提出的具有如下 3 个条件的对机器人的定义:

(1) 具有脑、手、脚三要素的个体;

(2) 具有非接触传感器(用眼、耳接收远方信息)和接触传感器;

(3) 具有平衡觉和固有觉的传感器。

国际上对机器人的概念已经逐渐趋于一致。一般来说,人们都可以接受这种说法,即机器人是靠自身动力和控制能力来实现各种功能的一种机器。

1987 年国际标准化组织对工业机器人进行了定义:"工业机器人是一种具有自动控制的操作和移动功能,能完成各种作业的可编程操作机。"

我国科学家对机器人的定义是:"机器人是一种自动化的机器,所不同的是这种机器具备一些与人或生物相似的智能能力,如感知能力、规划能力、动作能力和协同能力,是一种具有高度灵活性的自动化机器。"

联合国标准化组织采纳了美国机器人协会给机器人下的定义:"一种可编程和多功能的,用来搬运材料、零件、工具的操作机;或是为了执行不同的任务而具有可改变和可编程动作的专门系统。"

那么到底什么是机器人呢?简单的理解,机器人是具有一些类似人的功能的机械电子装置,或者叫自动化装置,它仍然是个机器。

机器人能力的评价标准包括:智能,指感觉和感知,包括记忆、运算、比较、鉴别、判断、决策、学习和逻辑推理等;机能,指变通性、通用性或空间占有性等;物理能,指力、速度、连续运行能力、可靠性、联用性、寿命等。因此,可以说机器人是具有生物功能的空间三维坐标机器。

本书以小型智能机器人为核心,介绍机器人制作过程中所涉及的各类技术,并给出制作实例,使读者对机器人技术有更深的体会和理解。

1.1 机器人的发展

1.1.1 古代机器人

虽然今天机器人是尖端科技的象征,并给人以远离生活的感觉,但事实上人们很早就开始了对机器人的幻想和追求。早在 3000 多年以前,人们就开始发挥想象,希望制造一种像自己一样的器械或工具,以便代替人类完成各种工作。

早在西周时期,中国的能工巧匠偃师就研制出了能歌善舞的伶人,这是中国最早记载的机器人。春秋后期,中国著名的木匠鲁班在机械方面是一位发明家,据《墨经》记载,他曾制造过一只木鸟,能在空中飞行"三日不下",体现了中国劳动人民的聪明智慧。

图 1.1.1　记里鼓车

中国汉末魏晋时期出现了记里鼓车。如图 1.1.1 所示,记里鼓车分上、下两层,上层设一钟,下层设一鼓。记里鼓车上有小木人,头戴峨冠,身穿锦袍,高坐车上。车走 10 里,小木人击鼓 1 次,当击鼓 10 次,就击钟 1 次。宋朝时有个叫卢道隆的人也制造过记里鼓车。他制造的记里鼓车有两个车轮,还有一个由 6 个齿轮组成的系统。车轮转动时,齿轮系统就随之运动。车轮向前转动 100 圈即前行 600m,为当时的 1 里路,这时车上中平轮刚好转 1 周,轮上有一个凸轮作拨子,拨动车上木人手臂,使木人击鼓 1 次。车上还有上平轮,中平轮转 10 周,上平轮转 1 周。上平轮转 1 周则拨动木人,击钟 1 次,使人知道已行路 10 里。记里鼓车和现代汽车上的计程器作用一样,它是古代利用齿轮传动来记载距离的自动装置。

1700 多年前,三国时蜀国丞相诸葛亮发明了木牛流马,如图 1.1.2 所示。木牛流马究竟是一种什么样的运输工具呢?史书《三国志·诸葛亮传》记载:"亮性长于巧思,损益连弩,木牛流马,皆出其意。"上述记载明确指出,木牛流马确实是诸葛亮的发明,而且木牛、流马分别是两种不同的工具,从木牛流马使用的时间顺序来看,先有木牛,后有流马,流马是木牛的改进版。据说诸葛亮造出木牛流马 200 年后,南北朝时期的科技天才祖冲之也造出了木牛流马。《南齐书·祖冲之传》说:"以诸葛亮有木牛流马,乃造一器,不因风水,施机自运,不劳人力。"虽然他也没有留下任何详细的资料,但是祖冲之造出木牛流马的记载明确阐述了这一发明为自动机械。这也是关于木牛流马的一个主要观点,认为三国时利用齿轮制作机械已为常见,后世所推崇的木牛流马,应该是一种运用齿轮原理制作的自动机械。

公元 1 世纪,亚历山大时代的古希腊数学家希罗发明了以水、空气和蒸汽压力为动力的机械玩具,它可以自己开门,还可以借助蒸汽唱歌,如气转球(图 1.1.3)、自动门等。

图 1.1.2 木牛流马

图 1.1.3 气转球

1662 年,日本的竹田近江利用钟表技术发明了自动机器玩偶,并在大阪的道顿掘演出。

1738 年,法国技师杰克·戴·瓦克逊发明了一只机器鸭,它会嘎嘎叫,会游泳和喝水,还会进食和排泄。瓦克逊的本意是想把生物的功能加以机械化而进行医学上的分析。在 1773 年的自动玩偶中,最杰出的要数瑞士的钟表匠杰克·道罗斯和他的儿子利·路易·道罗斯发明的自动书写玩偶与自动演奏玩偶等。

我们用表 1.1.1 来梳理古代机器人的标志性代表。

表 1.1.1 古代机器人的标志性代表

时 间	发 明 者	国 别	机器人类型与描述
西周	古代传奇中最神奇的机械工程师偃师	中国	能歌善舞的伶人和常人的外貌酷肖,由皮革、木头、胶漆,以及黑、白、红、蓝等颜料组成
春秋后期(中国已进入信使时代)	著名木匠、机械发明家鲁班	中国	能在空中飞行"三日不下"的木鸟
公元前 1 世纪(亚历山大时代,希腊进入信使时代已 5 个世纪)	古希腊人希罗	古希腊	自动机:以水、空气和蒸汽压力为动力的会动的雕像,它可以自己开门,还可以借助蒸汽唱歌
汉代	大科学家卢道隆	中国	记里鼓车:每行 1 里,车上木人击鼓一下,每行 10 里击钟一下
三国时期	蜀国丞相诸葛亮	中国	木牛流马:运送军粮
1662 年	竹田近江	日本	自动机器玩偶(利用钟表技术)
1738 年	杰克·戴·瓦克逊	法国	机器鸭:会嘎嘎叫,会游泳和喝水,进食和排泄
1773 年	钟表匠杰克·道罗斯及其子利·路易·道罗斯	瑞士	自动书写玩偶、自动演奏玩偶等:利用齿轮和发条原理制成,结构巧妙,服装华丽,至今尚能表演

注:这里所说的古代是按照机器人的发展历程来定义的,与历史学的定义不同。

1.1.2 现代机器人

现代机器人的研究始于 20 世纪中期,其技术背景是计算机和自动化技术的发展,以及原子能的开发利用。自 1946 年第一台数字电子计算机问世以来,计算机技术取得了惊人的进步,向高速度、大容量、低价格的方向发展。大批量生产的迫切需求推动了自动化技术的进步,其结果之一便是 1952 年数控机床的诞生。与数控机床相关的控制、机械零件的研究又为机器人的开发奠定了基础。另一方面,原子能实验室的恶劣环境要求某些操作机械代替人处理放射性物质。在这一需求背景下,美国原子能委员会的阿尔贡研究所于 1947 年开发了遥控机械手,1948 年又开发了机械式的主从机械手。

1954 年美国的戴沃尔最早提出了工业机器人的概念,并申请了专利。该专利的要点是利用伺服技术控制机器人的关节,利用人手对机器人进行动作示教,实现动作的记录和再现,这就是所谓的示教再现机器人。现在的机器人大都采用这种控制方式。

机器人产品最早的实用机型(示教再现)是 1962 年美国 AMF 公司推出的 VERSTRAN 和 UNIMATION 公司推出的 UNIMATE。这些工业机器人的控制方式与数控机床大致相似,但外形特征迥异,主要由类似人的手和臂组成。

1965 年,美国麻省理工学院(MIT)的 Roborts 演示了第一个具有视觉传感器的、能识别与定位简单积木的机器人系统。1967 年日本成立了人工手研究会(现改名为仿生机构研究会),同年召开了日本首届机器人学术会。1970 年在美国召开了第一届国际工业机器人学术会议。1970 年以后,机器人的研究得到迅速和广泛的普及。1973 年,辛辛那提·米拉克隆公司的理查德·豪恩制造了第一台由小型计算机控制工业机器人,它是液压驱动的,能提升的有效负载达 45kg。到了 1980 年,工业机器人才真正在日本普及,故称该年为"机器人元年"。随后,工业机器人在日本得到了巨大发展,日本也因此而赢得了"机器人王国"的美称。

随着计算机技术和人工智能技术的飞速发展,机器人在功能和技术层次上有了很大的提高,移动机器人和机器人的视觉及触觉等技术就是典型的代表。这些技术的发展,推动了机器人概念的延伸。20 世纪 80 年代,将具有感觉、思考、决策和动作能力的系统称为智能机器人,这是一个概括的、含义广泛的概念。这一概念不但指导了机器人技术的研究和应用,而且又赋予了机器人技术发展的巨大空间,水下机器人、空间机器人、空中机器人、地面机器人、微小型机器人等各种用途的机器人相继问世,人类的许多梦想成为现实。将机器人的技术(如传感技术、智能技术、控制技术等)扩散和渗透到各个领域,就形成了各式各样的新机器——机器人化机器。当前与信息技术的交互和融合又产生了"软件机器人""网络机器人",说明了机器人所具有的创新活力。

不过,人类在享受机器人带来的服务和便利的同时,也担心未来某一天过度聪明的机器人可能给人类带来难以预见的危害,尤其是安装了人工智能系统的机器人,将来是否会在智能上超越人类,以致对就业造成影响,甚或威胁人类的生命和财产? 就像科幻电影中所描绘的:机器人在越来越多的领域取代了人类,最终站到了人类的对立面,由帮手变成了敌人。

其实,这方面的担心完全没有必要。智能机器人并非无所不能,它的智商只相当于 4 岁的儿童,机器人的"常识"比正常成年人就差得更远了。目前,科学家尚未搞清楚人类是如何学习和积累"常识"的，因此，将其应用到计算机软件上也就无从谈起。美国科学家罗伯特·斯隆近日表示，人工智能研究的难题之一，就是开发出一种能实时做出恰当判断的计算机软件。日本科学家广濑茂男认为，即使智能机器人将来具有常识，并能进行自我复制，也不可能带来大范围的失业，更不可能对人类造成威胁。早在20世纪90年代，中国科学家周海中就指出：机器人在工作强度、运算速度和记忆功能方面可以超越人类，但在意识、推理等方面不可能超越人类。

进入21世纪，智能机器人的发展突飞猛进。智能机器人是最复杂的机器人，是最接近人类梦想的机器人，也是人类最渴望早日制造出来的机器朋友。然而要制造出一台智能机器人并不容易，仅仅让机器模拟人类的行走动作，科学家们就付出了数十甚至上百年的努力。

在智能机器人中，目前与我们最接近的是娱乐型智能机器人。娱乐型智能机器人以供人观赏、娱乐为目的，具有拟人化（或拟物化）的外部特征，可以行走或完成动作，有一定的语言能力及感知能力。

日本索尼公司生产了Aibo机器狗（图1.1.4），有表演、睡眠和游戏的功能，还可以设置它们进行踢足球、走迷宫等游戏。另外还有以双足行走机器人SDR-4X II为原型设计的4款技能及性格各异的机器人QRIO。QRIO属于高智能的娱乐机器人，其身体内部装置着各种感应系统，感情丰富，能够与人进行各种形式的交流，同时可以通过记忆和学习不断成长。此外它的特殊才能是进行各种高难度动作，可谓能歌善舞。

法国Aldebaran Robotics公司生产的人型机器人NAO是目前世界范围内在学术领域运用最广泛的类人机器人。如图1.1.5所示，NAO机器人拥有讨人喜欢的外形，并具备一定程度的人工智能和一定程度的情感智商，能够和人亲切互动。该机器人还如同真正的人类婴儿一样拥有学习能力。NAO机器人还可以通过学习身体语言和表情来推断出人的情感变化，并且随着时间的推移"认识"更多的人，并能够分辨这些人不同的行为及面孔。

图 1.1.4　机器狗

图 1.1.5　人型机器人 NAO

美国是工业机器人的诞生地，经过30多年的发展，已成为世界上的机器人强国之一，基础雄厚且技术先进。几年前，美国特种机器人协会曾举办过一场别开生面的音乐会，演唱者是世界男高音之王"帕瓦罗蒂"。这位"帕瓦罗蒂"并不是意大利著名的歌唱家帕瓦罗蒂，而是美国艾奥瓦州州立大学研制的机器人歌手。这场音乐会实际上是一场机器人验收会，听众席上不仅有机器人领域的专家，更有不少音乐家以及众多慕名而来的普通听众。

经过40多年的发展，现在全世界已装备了90余万台工业机器人，种类达数十种。随着计算机技术和人工智能技术的飞速发展，机器人在功能和技术层次上有了极大的提高，各式各样的智能机器人也开始走进我们的生活，它们已在许多领域为人类的生产和生活服务。

1.2　机器人发展热点方向

1.2.1　工业机器人

工业机器人是一种在自动控制下,能够重复编程完成某些操作或移动作业的多功能、多自由度的机械装置,可以在无人参与下自动执行搬运、装配、焊接和喷涂等多种操作和移动功能的自动化装置,如图1.2.1所示。

图 1.2.1　机器人汽车焊接生产线

为了适应各种不同的生产应用,工业机器人形状多种多样,且具有如下特点。

(1)能高强度地、持久地在各种生产和工作环境中从事单调重复的劳动。

(2)能代替人在有害场所从事危险工作。

(3)比一般自动化设备有更广的使用柔性和适用范围,既能满足大批量生产的需要,又能满足产品灵活多变的中小批量的生产作业需要。

(4)动作准确性高,可保证产品质量的稳定性。

(5)能显著地提高生产率和大幅度降低产品成本。

1.2.2　仿生机器人

仿生机器人指能根据生物的外部形状、运动原理和行为方式等进行模仿生物,并能从事生物特点工作的机器人。

20世纪90年代初,美国麻省理工学院教授布鲁克斯在学生的帮助下,制造出一批蚊形机器人,取名为昆虫机器人。这些小东西的习惯和蟑螂十分相近。它们不会思考,只能按照人编制的程序动作。2017年,科技工作者为圣迭戈市动物园制造出了电子机器鸟(图1.2.2),它能模仿母兀鹰,准时给小兀鹰喂食;日本和俄罗斯制造了一种电子机器蟹,能进行深海测控,采集岩样,捕捉海底生物,进行海下电焊等作业。美国研制出一条名

图 1.2.2　机器鸟

叫查理的机器金枪鱼,长1.32m,由2843个零件组成。它通过摆动躯体和尾巴,能像真的鱼一样游动,速度为7.2km/h。可以利用它在海下连续工作数个月,测绘海洋地图和检测水下污染,也可以用它来拍摄生物。下面再列举几个经典的仿生案例。

机器蝎子:长约50cm的机器蝎子与其他传统的机器人不同,它没有解决复杂问题的能力。机器蝎子几乎完全依靠反射作用来解决行走问题,这就使得它能够迅速对围绕它的任何事物做出反应。它的头部有两个超声波传感器,如果碰到高出它身高50%的障碍物,它就会绕开,而且,如果左边的传感器探测到障碍物,它就会自动向右转。

　　机械蟑螂：科学家们发现，蟑螂在高速运动时，每次只有三条腿着地，一边两条，一边一条，循环反复。根据这个原理，仿生学家制造出机械蟑螂，它不仅每秒能够前进 3m，而且平衡性非常好，能够适应各种恶劣环境。不远的将来，太空探索或排除地雷就是它的用武之地。

　　机器梭子鱼：美国麻省理工学院的机器梭子鱼是世界上第一个能够自由游动的机器鱼。它大部分是由玻璃纤维制成的，上覆一层钢丝网，最外面是一层合成弹力纤维。尾部由弹簧状的锥形玻璃纤维线圈制成，从而使机器梭子鱼既坚固又灵活。由一台伺服电动机为这条机器鱼提供动力。

　　机器蛙：机器蛙腿的膝部装有弹簧，能像青蛙那样先弯腿，再一跃而起。机器蛙在地球上一跃的最远距离是 2.4m；而由于火星的重力大约为地球的 1/3，在火星上机器蛙的跳远成绩则可远达 7.2m，接近人类的跳远世界纪录。

　　机器蜘蛛：这是太空工程师从蜘蛛攀墙特技中得到灵感而创造出来的。它安装有一组天线模仿昆虫触角，当它迈动细长的腿时，这些触角可探测地形和障碍。机器蜘蛛原形很小，直立高度仅 18cm，比人的手掌大不了多少。"蜘蛛侠"们不仅能攀爬太空越野车无法到达的火星陡坡地形，而且成本也降低许多，这样一大批太空"蜘蛛侠"就会遍布在火星的各个角落。

1.2.3　军用机器人

　　随着武器系统的不断发展，士兵在战场上的生存条件越来越差。为了保护士兵的生命，无人作战系统的应用越来越广泛。

　　军用无人作战系统按不同的应用空间分为水下机器人系统、地面机器人系统、空中机器人（无人机）和空间机器人系统。

1.2.4　服务机器人

　　目前在非制造领域中已开发出多种实用化的服务机器人，如除草机器人、清扫机器人、管道机器人、康复机器人、手术机器人、娱乐机器人等。图 1.2.3 所示为导盲机器人。

　　服务机器人与人们生活密切相关，它的应用将不断提高人们的生活质量，这也正是人们所追求的目标。一旦服务机器人和其他机电产品一样被人们接受，走进千家万户，其市场将不可估量。

图 1.2.3　导盲机器人

思考题与习题

1. 最早的机器人出现在什么时期？人们制作出机器人的目的是什么？
2. 机器人主要有哪些应用？
3. 选取一种你最感兴趣的机器人，查阅资料并展开讨论。

第 2 章

制作机器人常用工具及安全事项

2.1 机械制作工具

2.1.1 常用五金用具、工具及量具

搭建机器人少不了常用的五金用具、工具和量具。在生活中,大部分的家庭都会备有一些常用的五金工具或用品,大家可以参照身边现有的五金工具进行学习。

1. 五金工具

1) 螺丝刀

螺丝刀用于拧紧和拆卸螺丝。不同的螺丝规格需要不同的螺丝刀,因此我们需配备一套有各种规格的螺丝刀工具。一般从市场上可以买到的螺丝刀工具盒就能满足我们的要求,如图 2.1.1 所示,它里面包括了一个螺丝刀手柄,以及各类可拆卸的螺丝刀刀头。我们只要根据所需作业的螺丝类型,选取合适的螺丝刀头安装上就可使用,十分方便。常用的螺丝刀头为一字刀头和十字刀头。一字刀头用于拧一字螺母,而十字刀头用于拧十字螺母,很容易区分。

图 2.1.1 螺丝刀工具盒

2) 钳子

钳子用于硬物的夹持和夹断,如图 2.1.2 所示,常见的有斜口钳、剥线钳和尖嘴钳等。其中:斜口钳用于剪断一些硬物,比如电线、轻质薄木板或者塑料;剥线钳用于剥各种直径的电线,在使用剥线钳时,要根据所剥电线的直径选择合适的夹口;尖嘴钳用于夹持硬物,需要注意的是,由于尖嘴钳的金属钳嘴比较细长,不适合夹持太沉的重物。

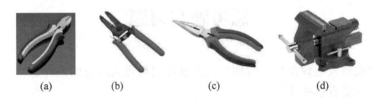

(a)   (b)   (c)   (d)

图 2.1.2 常用钳子

(a) 斜口钳;(b) 剥线钳;(c) 尖嘴钳;(d) 虎钳

当对夹持力度有较高要求时,如切锯、刨磨等情况下,往往采用虎钳来进行夹持。虎钳的底盘可以固定在桌面或台面上,通过旋动丝杠调整钳口的尺寸,从而达到稳固夹持的目的。

【小贴士】　在制作小型机器人过程中,斜口钳、剥线钳和尖嘴钳基本可以满足我们对钳子的所有工作需求。

3) 扳手

当需要给螺母提供更大预紧力,或者需要改变某些机械结构时,就应使用扳手。扳手的使用运用了杠杆原理。扳手通常在柄部的一端或两端制有夹持螺栓或螺母的开口或套孔,如图 2.1.3 所示,使用时沿螺纹旋转方向在柄部施加外力,就能拧转螺栓或螺母。

4) 锤子

当使用木质器材时,可能会钉钉子。这时候一个小锤子会给我们提供足够的方便,如图 2.1.4 所示。在钉钉子时,谨记切勿用蛮力去砸,正确方法是:首先将钉定位,这个过程可以用手扶持,也可以用尖嘴钳夹紧;在钉子深入的最初阶段,应该保持小幅度下锤,保持准度和一定力度;随着钉子的深入,可以放开扶持钉子的手或尖嘴钳,同时加大下锤力度。在钉钉子过程中一定要注意安全,切勿砸伤手部。

【小贴士】　大家在制作小型机器人时,可准备一把小型的羊角锤,因为它不仅有锤头部分,它的羊角部分也可以拆卸钉子。

5) 钢锯

钢锯俗称手锯(图 2.1.5),主要用于锯割金属材料,也可用于锯割小块木头、塑料制品等。一般在市面上买到的钢锯是可以拆卸锯条的,因此大家可以准备一把钢锯和多把锯条。当锯条使用过久,锯齿不再锋利时可以快速更换一个锯条重新工作。常见的钢锯架有可调长度和固定长度两种,用钢板或钢管制成。其中固定长度的为 300mm,可调长度的所用锯条长度为 200mm、250mm 和 300mm 三种。不同的锯条最大锯割深度也有区别,钢板制成的锯条为 64mm,而钢管制成的为 74mm。

图 2.1.3　扳手　　　　　图 2.1.4　羊角锤　　　　　图 2.1.5　钢锯

【小贴士】　使用钢锯时需要注意以下几个事项。

(1) 安装锯条时,应使其锯齿为向前推进的方向。

(2) 所锯材料应该牢靠固定,推荐使用虎钳等装夹设备,尽量不要用人力去夹持被锯的材料。

(3) 刚开始锯时应尽量减小起锯角度,同时要采用小行程,先将材料锯出一个小口子。

(4) 两手用力推进的方向应与锯口方向一致。

(5) 锯削的速度要均匀、平稳,有节奏,快慢要适度,推进时要对锯条施加压力,退出时不要对锯弓施加压力。

6) 雕刻刀

当使用泡沫、轻质木板或纸板等材料时,雕刻刀是非常适合的工具。它可以轻松完成切割和画线等工作。雕刻刀的刀锋十分锋利,如图 2.1.6 所示,大家在使用时要注意安全。

7) 电钻

电钻在生活中又称为手电钻,是用来钻孔的工具,如图 2.1.7 所示。电钻的操作十分简单,首先是装夹钻头,之后拨动开关就可以进行钻孔工作了。需要注意的是,装夹钻头时一定要保证钻头的装夹可靠,这样才能保证钻孔质量和钻孔过程的安全。市场上,不同的电钻有不同型号的卡盘,卡盘决定了可以安装的钻头直径范围,不同型号和不同材质的钻头价格亦不同。

图 2.1.6　雕刻刀

图 2.1.7　电钻及钻头

【小贴士】

(1) 针对所钻孔的材料可以进行电钻的调速,一般越软的物体应选择越低的转速。

(2) 由于机器人制作过程中遇到的钻孔孔径需求较为多样,因此建议制作时购买一套材料比较优质的钻头,以满足大部分孔径尺寸的打孔要求。

2. 常用量具

1) 卷尺

卷尺用于测量选定材料长度及结构尺寸。市面上普通的铁皮卷尺有 3m、5m、10m 等长度规格。制作一般小型机器人,3m 的卷尺就足够使用,如图 2.1.8 所示。在使用卷尺的过程中也要注意安全,当快速收尺时,卷尺的金属边缘很容易将手指划伤和割破,因此在收尺的过程中要注意避免碰到金属边缘。

2) 游标卡尺

卷尺所能测量的精度是毫米,在制作机器人过程中,当对局部结构和尺寸有比毫米更高的精度要求时,就需要用到游标卡尺,如图 2.1.9 所示。游标卡尺不仅可以用来测量长度,还可以用来测量圆柱直径、孔的内径等。它和卷尺配合基本能够实现大部分的尺寸测量。

图 2.1.8　卷尺

图 2.1.9　游标卡尺

以上介绍了一些常用的五金用具和量具。建议大家自己准备一个工具箱,将大部分工具都规整地放置在工具箱里,这样在找工具时会节省很多时间,大大提高机器人制作的效率。

2.1.2　小型台钻的使用

在制作小型机器人的机械结构时,少不了要进行打孔,包括各类螺纹通孔或沉孔。相比于电钻,小型台钻能够处理更大、更复杂的孔,并且操作稳定,精度更高。小型台钻主要由工作台、卡盘、旋转扳手、操控面板等几部分组成,如图2.1.10所示。其中工作台用于固定零部件和确定打孔位置,卡盘用于固定钻头,旋转扳手用于控制钻头下降和上升,操控面板用于控制台钻内部钻头电机的工作以及选定转速。不同的台钻有不同的使用规范,但大致有以下几个共同点。

(1) 在钻孔时一定要选用合适的钻头。钻头安装于卡盘处,一定要紧固连接,才能进行打孔操作。

(2) 卡盘配套卡盘钥匙进行紧固操作。卡盘是一个台钻

图2.1.10　小型台钻

最重要和使用频率最高的地方,因此要合理保养,同时合理保管卡盘钥匙,切勿使用其他钥匙进行卡盘固定,这样容易损坏卡盘。

(3) 钻孔前一定要标定打孔点,可以用铅笔进行测量绘画。当打大型孔时,有时还需要用样冲打制一个定位孔,这样能够保证打孔质量。

(4) 不同的孔径和材料需要不一样的钻头转速。使用台钻前应认真阅读台钻使用规范,以确保选择合适的转速。

(5) 当打深孔时,或者工作台不好固定工件时,可以选择合适的木块放在工件下方进行打孔。

(6) 在打孔时一定要确保钻头不会接触到工作台,否则可能崩断钻头,发生危险。

以上是对台钻的使用要求。另外在钻孔过程中,也要注意操作习惯,加强对钻头的保养和维护。

(1) 在钻孔过程中应及时清除缠绕在钻体上的铁屑,以保证钻头的排屑顺畅。

(2) 钻通孔时,当钻头即将钻穿的瞬间扭力最大,这时候应该轻给压力缓慢进刀,以避免钻头因受力过大而扭断。

(3) 钻头的取放要对号入座,钻头存放时要注意安置环境。当钻头长时间不使用时,要注意防止钻头生锈。

2.2　电子制作工具及测量仪器

2.2.1　电子制作工具

小型机器人制作的过程中,常用必备的电子制作工具有以下几种。

1. 杜邦线

杜邦线可以用于单片机引脚扩展,进行信号连接,如图2.2.1所示。这样在调试时就避

免了焊接,十分方便。另外,在制作电路系统时经常需要购买集成电路模块,它们往往是多块小电路板,这时就可以使用杜邦线实现它们之间的信号连接。在购买杜邦线时要注意所选的长度,以及接头样式。杜邦线有多种长度尺寸,它的接头样式可以是排针型的,也可以是插口型的。

图 2.2.1　杜邦线

【小贴士】　杜邦线在电子调试时经常使用,建议大家将两种不同样式的杜邦线均准备好,以方便插接不同的模块插口。

2. 斜口钳和剥线钳

斜口钳可以用于电子制作时剪线,还可以剪各类排针、排母。剥线钳通常和斜口钳配合使用,在剪断电线之后,用剥线钳进行剥线,将塑料外膜剥去,露出里面的金属铜丝线,用于焊接或者连接。

【小贴士】　由于排针、排母上元件较多、较硬,应注意在剪排针、排母时切勿太用力,因为这样容易造成飞溅。

3. 不锈钢镊子

在手焊电路板时,往往会用到很多微小元器件,包括电阻、电容,以及各类芯片。当焊接这类器件时需要镊子的夹持,这样可以轻松实现小器件的定位。如图 2.2.2 所示,镊子有很多型号以及样式,推荐大家准备弯头和尖头的不锈钢镊子各一把,这样基本可以满足大部分焊接工作对镊子的要求。在使用镊子的过程中要注意对镊嘴的保护,由于其十分尖锐,容易受力压迫变形,因此使用镊子时要轻拿轻放,不要甩扔。

【小贴士】　在购买大部分镊子时嘴部都会有塑料的保护套,建议大家不要把它扔掉,在不使用镊子时套上保护套再放置于工具箱中。

4. 电烙铁/电烙铁控制台

电烙铁/电烙铁控制台是焊接工作最主要的工具,如图 2.2.3 所示,它用于熔化焊锡,将电子元器件固定在电路板上。推荐大家使用恒温电烙铁控制台,因为它温度可控,使用可靠。电烙铁控制台一般由三部分组成,分别是电烙铁、烙铁控制台以及烙铁架。电烙铁用于焊接,烙铁控制台用于开关电源和调整温度,烙铁架用于放置电烙铁。在使用时,需要将电烙铁连接到烙铁控制台上,然后将烙铁控制台的三角插头接上电源,接着按下开关并调整温度,之后等待烙铁加热到合适温度后就可以进行焊接。关于焊接,需要注意以下一些事项。

图 2.2.2　不锈钢镊子

图 2.2.3　可调温电烙铁控制台

(1) 选用合适的焊锡。有不同直径和熔点的焊锡,还有有无铅之分。通常应选用焊接电子元件用的低熔点细焊丝。同时推荐大家尽量选择无铅焊丝,虽然它的价格高些,但是它环保。

（2）电烙铁使用前要上锡，具体方法是：将电烙铁加热，待刚刚能熔化焊锡时涂上助焊剂，再将焊锡均匀地涂在烙铁头上，使烙铁头均匀地吃上一层锡。建议大家在电烙铁使用完毕后也将烙铁头涂上一层锡然后再放置，烙铁头表面的锡可以防止其氧化，保护电烙铁头。

（3）关于焊接的方法：把焊盘和元件的引脚用细砂纸打磨干净，涂上助焊剂。用烙铁头蘸取适量焊锡，接触焊点，待焊点上的焊锡全部熔化并浸没元件引线头后，电烙铁头沿着元器件的引脚轻轻往上一提离开焊点。焊接过程并非完全按照如上所述，大家应该在焊接的时候慢慢摸索，找到自己的方法和窍门。

（4）在焊接时一定要注意不要长时间接触同一个焊盘或者元器件，因为电烙铁的温度很高，长时间接触可能会烧毁电子元器件。

（5）关于焊点的形状。从一个焊点的形状能够大致判断出焊接的质量。通常以近似正弦波的焊点形状为最佳。需要注意的是一个焊点不是上锡越多越好，外鼓的焊点有可能会形成虚焊。

5. 松香

锡焊松香通常是盒装的固体松香，如图 2.2.4 所示，它的作用是助焊剂，可以使焊点更加明亮并且不易产生虚焊。松香的使用方法十分简单。使用时，可以将焊点、焊件涂上松香（或者烫热后点一下），然后将烙铁头、焊锡、焊点三者接触，保持 2～3s，待焊锡熔化均匀后移开烙铁头，即可完成焊接。当然松香还可以用来判断电烙铁是否已预热完毕，当开始焊接时，可以用电烙铁头点一下松香，这时如果发出一种"咻"的声音，并冒出一股白烟，就说明温度已经足够高了，可以进行焊接工作。

6. 焊锡

焊锡如图 2.2.5 所示，焊接时将它熔化，作为中间的填充物连接电子元器件和电路板。在焊接电子元器件时，推荐大家购买细的低熔点无铅焊锡丝。市场上的焊锡丝通常为卷状，一卷焊锡丝可使用很长时间。

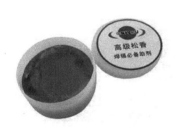

图 2.2.4　松香

图 2.2.5　焊锡

7. 胶枪

当需要固定某些强度要求不高的地方时，可以使用胶枪，如图 2.2.6 所示。大家可以备一把小胶枪和多支热熔胶（胶棒）。胶枪的使用方法十分简单，先将热熔胶装入胶枪的内管，接着将插头接入插线板，然后拨动胶枪的开关，最后放置一旁预热几分钟，即可进行喷胶固定工作。需要注意的是胶枪的喷嘴是金属材质,预热后温度很高,使用时一定要小心,避免触碰烫伤。

图 2.2.6　胶枪和胶棒

2.2.2　常用测量仪器

常用测量仪器有万用表和示波器。

1. 万用表

万用表又称复用表、多用表等,如图 2.2.7 所示,它是电力电子等部门不可缺少的测量仪表,一般以测量电压、电流和电阻为主要目的。万用表按显示方式分为指针万用表和数字万用表。一般万用表可测量直流电流、直流电压、交流电流、交流电压、电阻和音频电平等,有的还可以测交流电流、电容量、电感量及半导体的一些参数。

市面上常用的为数字万用表,它由表身和表笔组成。使用时应注意,在安装好电池后,根据所测量物理量的不同,将红、黑表笔分别插入不同的孔,接着将中间的旋转开关拨至正确的挡位,最后将两个表笔分别搭接在测量电路中即可实现测量。

2. 示波器

示波器是一种用途十分广泛的电子测量仪器,能把肉眼看不见的电信号变换成看得见的图像,如图 2.2.8 所示。利用示波器可以观察各种信号幅度随时间变化的波形曲线,大大方便了我们观察各类信号的变化过程。通常它可以测量的物理量有电压、电流、频率、相位、幅值等。

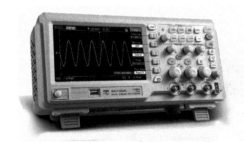

图 2.2.7　数字万用表　　　　　图 2.2.8　数字示波器

我们在使用示波器前一定要认真阅读操作说明书,熟练掌握操作面板各类按键的设置。这样就可以根据信号的特征选取不同的显示参数和设置,便于我们观察信号的特征。

2.3　操　作　安　全

2.3.1　工具使用注意事项

在使用机械制作和电子制作工具时一定要注意使用规范,使用不当可能会对自己造成伤害。以下列出前面所介绍工具的使用注意事项。

（1）斜口钳只适合剪断某些物品,不适合夹持。切勿用斜口钳夹持物品,否则可能会对被夹持物造成伤害或使其崩裂。

（2）在使用锤子时应尽量减小砸锤的动作幅度,应集中注意力,提高准度。

（3）钢锯在使用时一定要检查锯条固定是否牢靠。锯条固定时应锯齿朝前,这样向前推送时为切割。在使用钢锯时一定要双手配合。

（4）台钻在使用时要按规范操作,避免衣物、头发或其他物品被旋转的钻头卷入。

（5）万用表和示波器使用起来相对比较安全,但我们也要注意对这些器材的安全防护,在使用时,一定要按照操作规范进行正确的设置,选择对应的量程和挡位。

2.3.2　眼睛与耳朵的防护

眼睛和耳朵都是我们身体重要的感官,同时它们也是身体上最脆弱的部位,因此在进行机器人制作过程中要特别注意对它们的保护。

在很多环节中,我们的眼睛都有可能受到伤害。如在用斜口钳剪断硬物时,有可能造成硬物残渣崩断进入眼睛。在使用锤子时,一定要检查锤砸平面是否有其他杂物,否则也会造成飞溅。在使用电烙铁焊接时,也有可能使焊锡迸溅出杂质。以上这些情况都有可能使杂物进入眼睛,危害眼睛的安全。因此一定要注意对眼睛安全的防护,必要时应佩戴防护眼镜,如图 2.3.1 所示。

图 2.3.1　防护眼镜

另外,在钻床的使用过程中,可能会因为钻金属孔而产生高频刺耳的声音,不同的人对这些声音有不同的抵抗能力。如果在此过程中觉得刺耳、烦闷,一定要停止手中工作。可以在给耳朵塞上耳塞后继续工作。

2.4　电　池　安　全

机器人常用的电池有干电池、锂电池、纽扣电池等,如图 2.4.1 所示。不同的电池电压值不同,如常用的干电池为 1.5V,常用的锂电池为 3.7V 和 7.4V 等,常用的纽扣电池多为 1.5V 或 3.0V。电池接不同的负载会产生不同的电流。相对同一个负载来说,电压高的电池可以产生更大的电流。因此,在选择电池时,一定要参照使用对象对功率的要求。

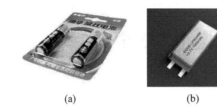 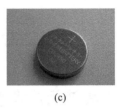

(a)　　　　　　　(b)　　　　　　　(c)

图 2.4.1　电池

（a）干电池；（b）锂电池；（c）纽扣电池

另外，切勿将电池两端短路，在没有负载的情况下将电池正、负极相连会产生很大的电流，这是很危险的。当使用可充电电池时，一定要用和它匹配的充电器进行充电。

最后，电池存放时一定要避免潮湿、暴晒的环境，还要注意远离火源。

2.5　焊　接　安　全

当制作机器人的电路板和接线时，少不了进行焊接操作。焊接操作使用的工具为电烙铁。电烙铁的分类有外热式电烙铁、内热式电烙铁、恒温式电烙铁等，常用的为恒温式电烙铁。焊接温度一般在 300～350℃，具体可以根据焊接习惯稍作调整。焊接时的温度很高，而且电烙铁头都是裸露的金属，因此使用时一定要注意安全。

在使用电烙铁时要注意以下事项。

（1）在不使用时，一定要关闭电烙铁的电源并且将电烙铁插头拔离插座。

（2）在放置电烙铁头时，一定要将其正确插在与电烙铁头相配的架子里，切勿以其他方式摆放。

（3）由于焊接时会产生大量有毒气体，因此要保持焊接的环境通风。

（4）切勿在焊台周围摆放其他易燃物品。避免穿厚重的棉衣，女生在焊接时一定要注意扎好自己的头发。避免电烙铁头与衣服及头发接触。

2.6　用　电　安　全

在制作机器人的过程中，交流电和直流电均会使用到。因为直流电的电压相对较低，且多为我们所说的电池，只要大家认真学习前面电池安全章节所讲的内容，进行规范操作即可。

2.6.1　交流电用电安全

这里重点强调交流电的使用。在我国，使用的是 50Hz/220V 的交流电，而人体的安全电压为 36V，因此交流电使用不当，会对身体造成严重伤害，甚至出现生命危险。我们一定要认真学习交流电的使用安全注意事项。

（1）一定要使用绝缘良好的仪器设备，并且接地可靠。

（2）使用有质量保证的插板插座。避免在插座周围放置水杯或液体。

（3）小型机器人一般不需要交流电的参与。当制作大型机器人或动力设备，需要使用交流电时，一定要保证交流电路和数字电路的隔离良好。例如在交流电源与电路之间一定要放置融断丝，并且融断丝规格要按照电路的电流要求合理选择。

（4）当测试或使用有交流电的电路时，一定要保证有相关专业人士在场，切勿一个人测试或使用交流电电路及设备。

2.6.2　防静电损害

生活中往往会遇到以下现象：晚上脱衣服睡觉时，黑暗中常听到噼啪的声响，并且伴有蓝光；与别人见面握手时，手指刚一接触到对方，会突然感到指尖针刺般疼痛，令人大惊失色；早上起来梳头时，头发会经常"飘"起来，越理越乱。这些都是我们生活中常说的静电。静电通常是由于摩擦而产生的。在这里为什么要说静电呢？因为它有极大可能对电子元器件造成危害。当产生静电放电时，大部分半导体电子元件都会受到不同程度的伤害，包括常用的各类芯片、集成电路模块，或者驱动器件功率管等。

当然，我们不必对静电过于担心，只要掌握一定的防静电知识，就可以避免它对电子电路造成的损害。

（1）在实验室时少穿或避免穿着涤纶或毛线的衣服，因为它们很容易产生静电。

（2）存放电子器件时，尽量使用防静电的容具。如带封口的防静电的袋子，在网上买的芯片模块大部分都使用这种包装。再如防静电塑料管，大部分直插的多引脚电子器件都采用这种包装。

（3）对于正在工作的芯片和电子器件，尽量避免用手直接触摸。

2.7　急 救 知 识

"不怕一万，只怕万一。"

"有备无患。"

"小心驶得万年船。"

中国的很多古代谚语都阐述了预防意外发生的重要性。本书的读者很多都将是制作机器人、动手实践的"未来工程师"，因此，更要去预防我们身边可能发生的"危险"。掌握一些急救知识很重要。

在制作机器人的机械部件时会使用到很多金属工具，难免会割伤或擦伤身体。另外，在使用电烙铁时也十分容易将自己烫伤。因此我们要常备急救小药箱，里面放置针对切割伤、烫伤等紧急处理的药物。

当使用电路或者电池或者交流电设备时，都有可能受到电击伤害。在遇到这些情况时一定要马上离开工作台，远离漏电设备。情况允许时，马上关闭设备电源。当同伴发生严重触电时，切勿用手臂去拉开，应该用绝缘的扫帚或者杆状物，将同伴拉离危险区域。

以上这些都是在发生一些事故时自己可以紧急处理的。但当发生严重事故,或者一些处于急救盲区的事故时,如自己的眼睛受到伤害,切勿自己处理,一定要马上寻求专业医生的帮助。另外,千万要记住急救电话120。遇险时处理要冷静,报警要果断。

思考题与习题

1. 小型机器人制作过程中常用的五金工具是什么?常用的测量工具是什么?
2. 小型机器人制作过程中需要常备哪些电子制作工具及测量仪器?
3. 整理一个常用小药箱,并梳理制作过程中的安全注意事项。

第 3 章

小型机器人的设计和运动学分析

3.1　自主移动机器人的机械结构

随着社会发展和科技进步,机器人在当前生产生活中得到了越来越广泛的应用。移动机器人是研发较早的一种机器人,移动机构主要有轮式、履带式和腿式等。

3.1.1　腿式机器人

腿式机器人的运动轨迹是一系列离散的足印,相比传统的移动机器人,腿式行驶机构因其出色的越野能力,得到了机器人专家的广泛重视,在其开发和研制上投入了大量的时间和精力,并且取得了较大的成果。图 3.1.1 所示为腿式机器人腿部坐标分析图。从移动的方式上来看,腿式移动机器人可以分为两种:动态行走机器人和静态行走机器人。也可根据腿的数量进行分类。轮腿式机器人作为腿式机器人的一种,具有更强的地形适应性,这是因为其每条腿能实现不同的动作,因而可以依靠腿的协调动作来保持机身平稳从而适应复杂地形,此外轮式结构的设计可保证该机器人在松软、崎岖的地面上能以较高速度运动。但是

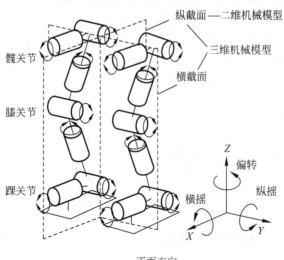

图 3.1.1　腿式机器人腿部坐标分析图

腿式机器人也存在许多不足之处,例如,为使腿部协调而稳定运动,从机械结构设计到控制系统算法都比较复杂;相比自然界的节肢动物,仿生腿式机器人的机动性还有很大差距;机构行走速度缓慢,控制上也存在很多困难,结构形式也最为复杂。目前该种机器人还处在实验室研究阶段,应用较少。

3.1.2　轮式机器人

轮式机器人具有运动速度快的优点,但越野性能不太强。随着各种各样轮子底盘的出现,轮式机器人的性能有了很大的提高,其研究得到了国内外学者的普遍关注。轮式移动机构运动平稳、操纵简单,适合于条件较好的路面行走,在无人工厂中,常用来搬运零部件或做其他工作。轮式机器人具有非常广泛的应用前景与商业价值。

1. 车轮的结构设计

轮式移动机器人通过车轮的滚动来实现其工作任务,达到"移动"的目的。该类机器人车轮的形状或结构形式取决于地面性质和车辆的承载能力。

(1)传统的车轮形状比较适合于平坦的坚硬路面,其形状如图 3.1.2 所示。

(2)随着轮式机器人应用场合的增多,球轮、充气球轮和锥形轮也出现在轮式机器人中,如图 3.1.3 所示。充气球轮比实心车轮弹性好,能吸收因路面不平而引起的冲击和振动。此外,充气球轮与地面的接触面积较大,特别适合沙丘地形。

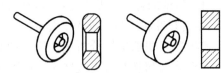

图 3.1.2　传统车轮形状

图 3.1.3　球轮、充气球轮和锥形轮

(3)随着航天机器人的发展,超轻金属线编织轮、半球形轮应运而生,如图 3.1.4 所示。这两种轮是为火星表面移动车辆开发而研制出来的,其中超轻金属线编织轮主要用来减轻移动机构的重量,减少升空时的发射功耗和运行功耗。

(4)前述几种轮子多用于机器人的驱动,承载机身的较多重量,但转向不太灵活。对于运动灵活性要求较高的机器人,上述轮子前后两向的运动方向很难满足需求。因此在机器人转向机构中,常使用万向轮或球形轮进行机器人的转向控制,如图 3.1.5 所示。

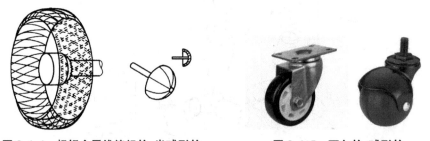

图 3.1.4　超轻金属线编织轮、半球形轮　　　　图 3.1.5　万向轮、球形轮

【小贴士】　万向轮、球形轮一般只用于较小、较轻的机器人转向控制,不能加装电机或其他动力系统,不能作为驱动轮使用。

（5）麦克纳姆轮也称瑞典轮，是一种多轮系的复合轮，它不仅能够实现全方位的自由移动，还能作为机器人的驱动轮，承载机身的全部重量。如图 3.1.6 所示，麦克纳姆轮是一种多轮系结构，在它的轮缘上斜向分布着许多小滚子，故轮子可以横向滑移。小滚子的母线很特殊，当轮子绕着固定的轮心轴转动时，各个小滚子的包络线为圆柱面，所以该轮能够连续地向前滚动，从而保证了机器人在任意方向上自由地移动，而不改变轮轴本身的方向。麦克纳姆轮结构紧凑，运动灵活，是很成功的一种全方位轮。但它制造成本较高，控制时需要计算小滚子的合力矢量方向，具有一定的计算难度，可以根据机器人制作的预算和具体需求进行选择。

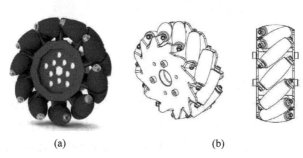

图 3.1.6　麦克纳姆轮

（a）实物图；（b）示意图

2. 底盘的结构设计

根据车轮数量可以对地面移动轮式机器人作不严格的分类，常见的轮式机器人可以分为单轮滚动机器人、两轮移动机器人、三轮及四轮移动机器人四种。

1）单轮滚动机器人

单轮滚动机器人是一种全新概念的移动机器人，如图 3.1.7 所示。从外观上看它只有一个轮子，它的运动方式是沿地面滚动前进，后来开发的球形机器人也属于单轮滚动机器人。早期的典型代表之一美国卡内基-梅隆大学机器人研究所研制的单轮滚动机器人Gyrover。Gyrover 是一种陀螺稳定的单轮滚动机器人。它的行进方式是基于陀螺运动的基本原理，具有很强的机动性和灵活性。近年来，我国也对单轮滚动机器人进行了深入研究。香港中文大学设计了一种单轮滚动机器人，它的驱动部件是一个旋转的飞轮，飞轮的轴承上安装有双链条的操纵器和一个驱动马达。飞轮不仅可以使机器人实现稳定运行，还可以控制机器人运动方向。哈尔滨工业大学设计了一种球形滚动机器人，在进行结构和控制系统设计时，使转向与直线行走两种运动相互独立，从而避免了非完整约束的存在，简化了动力学模型和控制算法。该机器人转向灵活。单轮滚动机器人的研究具有广阔的应用前景：利用其水陆两栖的特性，将它引入到海滩和沼泽地等环境，进行运输、营救和矿物探测；利用其外形纤细的特性将它用作监控机器人，实现对狭窄地方的监控；在航天领域，基于单轮滚动机器人的原理可以开发一种不受地形影响、运动自如的月球车。

2）两轮移动机器人

这种类型主要有自行车机器人和两轮呈左右对称布置的两轮移动机器人。自行车机器人是机器人学术界提出的一种全新的智能运输（或交通）工具的概念，由于其车体窄小，可作小半径回转，运动灵活、结构简单，因此可在灾难救援、森林作业中得到广泛应用。但到目前

图 3.1.7　单轮滚动移动机器人

为止,仍处于理论探讨和初步的实验研究阶段。自行车机器人运动力学特征较为复杂,其两轮纵向布置,与地面无滑动接触,它本身就是一个欠驱动的非完整系统,还具有一定的侧向不稳定性,如果不对它实施侧向控制,则一定不能站立起来。自行车机器人的控制相当困难,既不能采用连续或可微的纯状态反馈实现系统的渐近稳定,又不能采用非线性变换实现整体线性化等。所以,自行车机器人是一个令人非常感兴趣的研究领域,其动力学与控制极具挑战性,往往会辅助陀螺仪等设备进行倾斜角的控制,如图 3.1.8 所示。

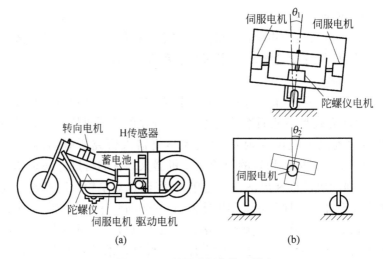

图 3.1.8　利用陀螺仪的两轮车

(a) 外形图;(b) 驱动机构图

不加装车体的两轮移动机器人是典型的机器人结构,左右轮分别由一个电机驱动,依靠差速实现转向,转向灵活。但当安装上车体时,就同自行车机器人一样,要考虑机器人的平衡问题。但是这种两轮移动机器人具有极强的灵活性。两轮行走机构是自然不稳定体,是高阶次、不稳定、多变量、非线性、强耦合系统。目前它还存在许多问题,不能实际应用。

3) 三轮及四轮移动机器人

轮式移动机器人中最常见的机构是三轮及四轮移动机器人,如图 3.1.9、图 3.1.10 所示。当在平整地面上行走时,这种机器人是最合适的选择。

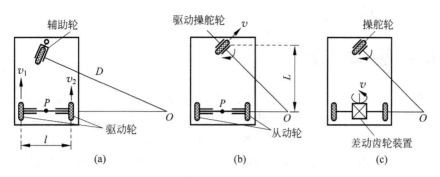

图 3.1.9　三轮移动机器人的底盘结构示意图

(a) 后轮独立驱动；(b) 中前轮由操舵机构和驱动机构合并；(c) 差动齿轮传动

图 3.1.9(a) 为后轮用两轮独立驱动，前轮用小脚轮构成的辅助轮组合。这种机构的特点是机构组成简单，而且旋转半径可从 D 到无限大，任意设定。但是它的旋转中心是在连接两驱动轴的直线上，所以旋转半径即使是 0，旋转中心也与车体的中心不一致。

图 3.1.9(b) 中前轮由操舵机构和驱动机构合并而成。与图 3.1.9(a) 相比，操舵机构和驱动机构都集中在前轮部分，所以机构复杂。在这种场合，旋转半径可以从零到无限大连续变化。

图 3.1.9(c) 是为避免图 3.1.9(b) 所示机构的缺点，通过差动齿轮进行驱动的方式。近年来不再用差动齿轮，而采用左右轮分别独立驱动的方法。当两轮转速大小相等、方向相反时，可以实现整车灵活的零半径回转。但是如果要沿比较长的直线移动时，因两驱动轮的直径差和转速误差会影响到前轮的偏转，这时采用前轮转向方式更合适。

四轮移动机器人的驱动机构和运动基本上与三轮移动机器人相同，如图 3.1.10 所示。图 3.1.10(a) 为两轮独立驱动，前后带有辅助轮的方式；图 3.1.10(b) 是所谓汽车方式驱动，适合于高速行走，但在进行低速的运输搬运时，由于费用不合算，所以不常采用。

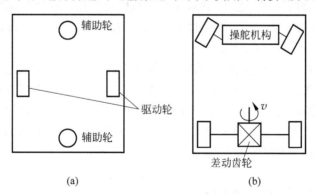

图 3.1.10　四轮移动机器人底盘结构示意图

(a) 两轮独立驱动；(b) 汽车方式驱动

四轮移动机器人移动机构的转向装置通常有铰轴转向和差速转向两种控制方式。铰轴转向式的转向轮装在转向铰轴上，转向电机通过减速器和机械连杆机构控制铰轴，从而控制转向轮的转向。在轮式机器人中，差速转向式控制较复杂，但精度较高，在机器人的左、右轮上分别装上两个独立的驱动电机，通过控制左、右轮的速度以实现车体的转向，在这种情况下,非驱动轮应为自由轮。四轮的稳定性好,承载能力较大。

3.1.3 履带式机器人

　　履带式机器人(图 3.1.11)的行驶机构也称为机器人移动平台,包括驱动履带行走的传动电机控制系统、机架或车体及其他功能附件。履带式机器人可以很好地适应地面的变化,具有良好的越障性能和较长的使用寿命,适合在崎岖的地面上行驶。履带式行驶机构最早出现在坦克和装甲车上,后来应用在某些地面行驶的机器人上。国内外的学者和研究机构对履带式机器人进行了大量研究。我国对履带式机器人的研究也取得了一定的成果,如沈阳自动化研究所研制的 CLIMBER 机器人、北京理工大学研制的四履腿机器人、北京航空航天大学研制的可重构履腿机器人等。这种履带式行驶机构曾被认为是替代轮式结构的一种很好的选择,但是,其沉重的履带和繁多的驱动轮使得整体机构笨重不堪,消耗的功率也相对较大。

(a)　　　　　　　　　　　　(b)

图 3.1.11　履带式机器人

(a) 法国 Cybernetics 公司的 TEODOR 排爆机器人;(b) 法国 Cybernetics 公司的 CASTOR 小型排爆机器人

　　履带式行走机构主要由主动轮、从动轮、承重轮、驱动装置、张紧装置、履带板等构成,履带起到了为车轮铺路的作用。总之,该类型行走机构适合在平整度不高的路面上移动,在设计过程中,有足够的刚度和强度、耐磨性等要求,有较小的质量,有合理的结构和良好的转向、行进功能。它一般具有以下特点。

　　(1) 支撑面积大,适合松软、泥泞的路面,与路面的滚动摩擦小,通过性能良好。

　　(2) 因履带的支撑面上有履带齿,保证了对地面的附着力,因此可获得足够牵引力。

　　(3) 履带式机构往往具有重量较大、运动惯性大、结构复杂、零部件易损等缺点。

　　由于履带机器人具有优良的越障功能,以及良好的路面适应性,在环境较为恶劣的特殊作业环境中常常选用履带式底盘结构,如拆弹、排爆机器人等。

3.1.4 其他机器人结构

　　由于轮式、履带式等移动机器人都具有各自的优点和缺点,因此研制复合式机器人就显得十分必要,复合式移动机器人已逐渐成为现代移动机器人发展的方向。复合式移动机构即轮式、履带和腿式的随机组合,包括复合轮式、轮-腿式、关节-履带式、关节-轮式、轮-腿-履带式等。此类机器人广泛应用于复杂地形,以及反恐防暴、空间探测等领域,具有较强的爬坡、过沟、越障和上下楼梯能力以及运动稳定性。轮-腿式移动机构运动稳定,具有较强的地形适应能力,应用较多;关节-履带式移动机构运动平稳性好,但速度比较慢,它与履带式机器人一样,功耗较大;关节-轮式移动机构运动速度较快,但越障能力差,较多应用于管型构件中;轮-腿-履带式机构越障性能好,但转向性能差、功耗较大,运动控制比较复杂。图 3.1.12 所示为轮-履带式移动机器人底盘结构示意图。

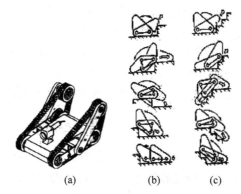

(a)　　　　　　(b)　　　　　(c)

图 3.1.12　轮-履带式移动机器人底盘结构示意图

(a) 整体结构图;(b) 越障模式;(c) 上下台阶模式

3.2　差动机器人运动学分析与轨迹控制的实现

3.2.1　机器人建模与运动学分析

在研究机器人的运动规律时需要把物体在空间中表示出来,需对机器人的运动规律进行运动学分析。

移动机器人运动学模型分为位移运动学模型、速度运动学模型和加速度运动学模型三种。本书主要描述轮式机器人的运动轨迹控制,因此这里对移动机器人的速度运动学模型进行分析。

如图 3.2.1 所示为两轮驱动的模型,用坐标(X,Y)和小车纵轴与 X 轴之间的夹角来描述机器人小车的位姿。

这里假定机器人和地面之间是纯滚动的,车轮只旋转不打滑,得到运动学模型公式

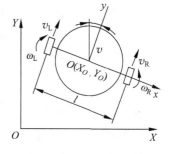

图 3.2.1　两轮驱动模型

$$\begin{cases} \dot{x} = v\sin\theta(t) \\ \dot{y} = v\cos\theta(t) \\ \dot{\theta} = \omega \end{cases} \tag{3.2.1}$$

式中,(x,y)——机器人中心 O 点的参考坐标;

$\quad\theta$——机器人中心 O 点的运动方向角;

$\quad v$——机器人中心 O 点的速度;

$\quad\omega$——机器人差动转向的角速度。

根据上述数学模型,结合机器人的结构特点,把机器人的运动简化为与地面接触的两点运动,两点的位置决定了机器人的位置,两点的运动状态决定了机器人的运动状态。图 3.2.1 中 OXY 为全局坐标系,oxy 为车体坐标系,$O(X_O,Y_O)$ 为机器人坐标在 OXY 上的投影。在此,把前进的方向作为正方向,把后退的方向作为负方向,统一起来分析,设在某一时刻,左、右车轮的速度为 v_L、v_R,左、右车轮的角速度为 ω_L、ω_R,在很短的时间间隔 Δt 内,机器人的方向和线速度可以近似认为不变。两轮与地面接触点之间的距离(即机器人两后轮的跨距)为 l。

在行走过程中,控制系统一般把规划好的路径转变成随时间变化的两个独立驱动轮的角速度的控制,通过驱动器和电动机分别驱动两个驱动轮,两个驱动轮的角速度都要根据规划路径的变化而变化。在此将机器人的运动学分析与两轮角速度结合在一起讨论,使其符合实际控制的需要。

1. 机器人角速度的约束方程

在运动过程中,机器人左右轮间的距离 l 是始终不变的,在任意初始位置,从 $t_1 \sim t_2$ 时刻内转过 θ 角后,到达另一位置,则左轮比右轮多转过的曲线位移为

$$\omega_L rt - \omega_R rt = \theta l \tag{3.2.2}$$

式中,t——$t_1 \sim t_2$ 时刻的时间间隔;

ω_L——机器人左轮角速度;

r——机器人驱动轮的半径;

ω_R——机器人右轮角速度;

θ——机器人中心经过时间 t 转过的角度;

l——机器人左右驱动轮的间距。

由此得

$$\omega_L - \omega_R = \frac{\theta l}{rt} \tag{3.2.3}$$

式(3.2.3)即为两驱动轮角速度间的约束方程。

下面按上文所建立的运动学模型,结合机器人的两种运动方式——直线运动和绕转运动,讨论吸尘机器人左右两轮的角速度方程。

由式(3.2.3)可知,普通绕转运动时左右轮的角速度关系模型为

$$\omega_L = \frac{\theta l}{rt} + \omega_R \tag{3.2.4}$$

对于直线运动而言,$\theta = 0$,两轮同速转动,即 $\omega_L = \omega_R$。

2. 机器人中心的方程

对移动机器人作轨迹规划时,一般是以两独立驱动轮的轮基中心为基点来进行的,为了控制方便,将机器人的运动简化为中心 $O(X_0,Y_0)$ 的运动,通过中心 $O(X_0,Y_0)$ 的运动得到机器人的运动。利用左、右车轮角速度 ω_L、ω_R,由 $v = \omega r$,$d\theta = \omega dt$ 得到

$$v = \frac{\omega_L + \omega_R}{2} r \tag{3.2.5}$$

$$d\theta = \frac{\omega_L - \omega_R}{l} r \, dt \tag{3.2.6}$$

式中,v——吸尘机器人中心 O 点的速度;

$d\theta$——吸尘机器人在 dt 时间内转过的角度。

令吸尘机器人的初始方位角为 θ_0，机器人初始位置 (x_0, y_0)，由式(3.2.1)、式(3.2.5)可推出

$$L = L_0 + \int_0 \frac{\omega_L + \omega_R}{2} r\mathrm{d}t \qquad (3.2.7)$$

$$\theta = \theta_0 + \int_0 \frac{\omega_L - \omega_R}{l} r\mathrm{d}t \qquad (3.2.8)$$

$$x = x_0 + \int_0 \frac{\omega_L + \omega_R}{2} r\sin\theta\mathrm{d}t \qquad (3.2.9)$$

$$y = y_0 + \int_0 \frac{\omega_L + \omega_R}{2} r\cos\theta\mathrm{d}t \qquad (3.2.10)$$

式(3.2.7)~式(3.2.10)中：

L——吸尘机器人中心 O 点走过的弧长；

θ——吸尘机器人 t 时刻后的方位角；

x, y——吸尘机器人中心 O 点 t 时刻后的位置。

通过几何关系，可以推导出吸尘机器人左右两轮角速度 ω_L、ω_R 和转弯半径 R 满足以下关系式：

$$R = \frac{l(\omega_L + \omega_R)}{2(\omega_L - \omega_R)} \qquad (3.2.11)$$

由式(3.2.3)、式(3.2.5)、式(3.2.7)~式(3.2.11)可以看出，只要合理控制机器人左右两驱动轮的角速度 ω_L、ω_R，即可控制机器人中心的速度、转向角度及位置，使其沿任意设定的轨迹运动。

3.2.2 运动轨迹控制的实现

轮式机器人的运动控制就是通过调节机器人的运动速度和运动方向，使机器人沿期望的轨迹运动。

1. 直线运动

定理 3.1：当差动轮式移动机器人左右两轮的速度大小相等且方向相同时，机器人的运动轨迹为直线，如图 3.2.2 所示。

下面进行证明。

设 $t = 0$ 时机器人移动坐标系 (X_0, Y_0, P_0) 与世界坐标系 (X_W, Y_W, O) 重合，经过时间 t 后机器人运动到

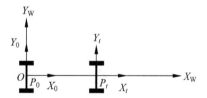

图 3.2.2 直线运动原理图

新的移动坐标系 (X_t, Y_t, P_t)，当机器人左右两轮的速度大小相等且方向相同 $(v_R = v_L)$ 时，由式(3.2.8)有

$$\theta(t) = \frac{1}{l}\int_0^t [v_R(t) - v_L(t)]\mathrm{d}t = 0$$

将 $\theta(t) = 0$ 代入式(3.2.9)和式 3.2.10)得

$$x(t) = \frac{1}{2}\int_0^t [v_R(t) + v_L(t)]\cos[\theta(t)]\mathrm{d}t = v_R t \qquad (3.2.12)$$

$$y(t) = \frac{1}{2}\int_0^t [v_R(t) + v_L(t)]\sin[\theta(t)]\mathrm{d}t = 0 \qquad (3.2.13)$$

由式(3.2.12)、式(3.2.13)以及 $\theta(t)=0$ 可知,当机器人左右两轮的速度大小相等且方向相同时,机器人的运动轨迹为直线。

2. 旋转运动

定理 3.2:当差动轮式机器人左右两轮的速度大小相等而方向相反时,机器人在原地绕移动坐标系的原点旋转。

下面进行证明。

设 $t=0$ 时,机器人移动坐标系 (X_0,Y_0,P_0) 与世界坐标系 (X_W,Y_W,O) 重合,如图 3.2.3 所示。

经过时间 t 后机器人运动到移动坐标系 (X_t,Y_t,P_t),当机器人左右两轮的速度大小相等且方向相反 $(v_R=-v_L)$ 时,由式(3.2.11)~式(3.2.13)有

$$x(t) = \frac{1}{2}\int_0^t [v_R(t)+v_L(t)]\cos[\theta(t)]dt = 0 \tag{3.2.14}$$

$$y(t) = \frac{1}{2}\int_0^t [v_R(t)+v_L(t)]\sin[\theta(t)]dt = 0 \tag{3.2.15}$$

$$\theta(t) = \frac{1}{l}\int_0^t [v_R(t)-v_L(t)]dt = \frac{\Delta v}{l}t \tag{3.2.16}$$

由式(3.2.14)~式(3.2.16)可知,当机器人左右两轮的速度大小相等而方向相反时,机器人在原地绕移动坐标系的原点旋转。

3. 圆弧运动

定理 3.3:当差动轮式机器人左右两轮的运动方向相同、速度大小保持不变且速度差固定不变时,机器人的运动轨迹为圆弧。

下面进行证明。

设 $t=0$ 时机器人移动坐标系 (X_0,Y_0,P_0) 与世界坐标系 (X_W,Y_W,O) 重合,经过时间 t 后机器人运动到新的移动坐标系 (X_t,Y_t,P_t),如图 3.2.4 所示。

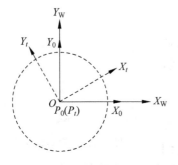

图 3.2.3　旋转运动原理图

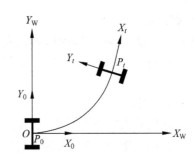

图 3.2.4　圆弧运动原理图

当机器人左右两轮的速度差大小相等,且方向不变 $(v_R-v_L=常量)$ 时,由式(3.2.8)有

$$\theta(t) = \frac{1}{l}\int_0^t [v_R(t)-v_L(t)]dt = \frac{\Delta v}{l}t$$

将 $\theta(t)=\frac{\Delta v}{l}t$ 和 $v_R=v_L+\Delta v$ 代入式(3.2.9),得

$$x(t) = \frac{1}{2}\int_0^t [v_R(t)+v_L(t)]\cos[\theta(t)]dt = \frac{1}{2}\int_0^t [2v_R(t)+\Delta v]\cos\left(\frac{\Delta v}{l}t\right)dt$$

求定积分,得

$$x(t) = \frac{2v_L(t) + \Delta v}{2} \cdot \frac{l}{\Delta v} \cdot \sin\left(\frac{\Delta v}{l}t\right) \tag{3.2.17}$$

将 $\theta(t) = \frac{\Delta v}{l}t$ 和 $v_R = v_L + \Delta v$ 代入式(3.2.10)得

$$y(t) = \frac{1}{2}\int_0^t [v_R(t) + v_L(t)]\sin[\theta(t)]dt = \frac{1}{2}\int_0^t [2v_L(t) + \Delta v]\sin\left(\frac{\Delta v}{l}t\right)dt$$

计算定积分,得

$$y(t) = \frac{2v_L(t) + \Delta v}{2} \cdot \frac{l}{\Delta v} \cdot \left[1 - \cos\left(\frac{\Delta v}{l}t\right)\right] \tag{3.2.18}$$

由式(3.2.17)有

$$\sin\left(\frac{\Delta v}{l}t\right) = \frac{2}{2v_L(t) + \Delta v} \cdot \frac{\Delta v}{l} \cdot x(t) \tag{3.2.19}$$

由式(3.2.18)有

$$\cos\left(\frac{\Delta v}{l}t\right) = 1 - \frac{2}{2v_L(t) + \Delta v} \cdot \frac{\Delta v}{l} \cdot y(t) \tag{3.2.20}$$

而 $\sin^2\left(\frac{\Delta v}{l}t\right) + \cos^2\left(\frac{\Delta v}{l}t\right) = 1$,故由式(3.2.20)有

$$\left[\frac{2}{2v_L(t) + \Delta v} \cdot \frac{\Delta v}{l} \cdot x(t)\right]^2 + \left[1 - \frac{2}{2v_L(t) + \Delta v} \cdot \frac{\Delta v}{l} \cdot y(t)\right]^2 = 1 \tag{3.2.21}$$

由式(3.2.21)可知,机器人的轨迹为一圆弧,将式(3.2.21)转化为圆的标准方程,得

$$x^2(t) + \left[y(t) - \frac{2v_L(t) + \Delta v}{2} \cdot \frac{l}{\Delta v}\right]^2 = \left[\frac{2v_L(t) + \Delta v}{2} \cdot \frac{l}{\Delta v}\right]^2$$

由式(3.2.20)、式(3.2.21)可知,当机器人左右两轮的运动方向相同、速度大小保持不变且速度差固定不变时,机器人的运动轨迹为圆弧。圆弧的圆心在世界坐标系(X_W, Y_W, O)的Y_W轴上。圆心的坐标为$\left(0, \frac{2v_L(t) + \Delta v}{2} \cdot \frac{l}{\Delta v}\right)$,圆弧的半径为$\frac{2v_L(t) + \Delta v}{2} \cdot \frac{l}{\Delta v}$。

当机器人右轮速度大于左轮速度($v_R - v_L = $常量$>0$)时机器人运动轨迹在世界坐标系$(X_W, Y_W, O)$的一、二象限,当机器人右轮速度小于左轮速度($v_R - v_L = $常量$<0$)时机器人运动轨迹在世界坐标系$(X_W, Y_W, O)$的三、四象限,如图 3.2.5 所示。

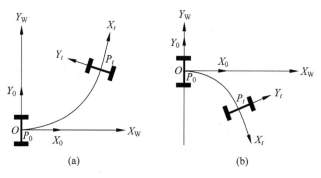

图 3.2.5 机器人圆弧运动方向与左右轮速度差的关系图

(a) $v_R > v_L$; (b) $v_R < v_L$

3.3　差动驱动机器人动力学分析

3.3.1　左右轮驱动力矩模型

差动驱动机器人右驱动轮的受力情况如图 3.3.1 所示。

由图 3.3.1 可知,驱动轮的牛顿-欧拉方程为

$$f_\text{R} - F_\text{R} = ma_\text{R} \tag{3.3.1}$$

$$T_\text{R} - f_\text{R}r = J_\text{W}\alpha_\text{R} \tag{3.3.2}$$

式中,f_R——地面对右驱动轮的摩擦力;

　　F_R——移动机器人对右驱动轮的作用力;

　　m——右驱动轮的质量;

　　a_R——右驱动轮的线加速度;

　　T_R——电动机的驱动力矩;

　　J_W——右驱动轮对轮心的转动惯量;

　　α_R——右驱动轮的角加速度。

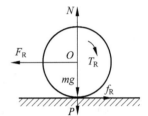

图 3.3.1　右驱动轮的动力学分析

假设机器人在运动过程中只有滚动而没有滑动,则对右驱动轮进行分析,可得

$$a_\text{R} = r\alpha_\text{R} \tag{3.3.3}$$

设吸尘机器人右驱动轮与地面间的最大静摩擦系数为 μ,右驱动轮对机器人车身的垂直弹力为 P,则纯滚动无滑动的条件为

$$f_\text{R} \leqslant \mu(P + mg) \tag{3.3.4}$$

由式(3.3.1)~式(3.3.4)可推导出机器人驱动右轮的力矩需满足

$$T_\text{R} \leqslant \frac{\mu(P + mg)(mr^2 + J_\text{W}) - F_\text{R}J_\text{W}}{mr} \tag{3.3.5}$$

同理,对机器人左驱动轮,应满足关系式:

$$T_\text{L} \leqslant \frac{\mu(P + mg)(mr^2 + J_\text{W}) - F_\text{L}J_\text{W}}{mr} \tag{3.3.6}$$

3.3.2　机器人制动的力学模型

当机器人遇到障碍物时,为避免与障碍物发生碰撞,要进行紧急停车制动,然后进行避障行走。制动过程中,施加的制动力为 F',地面摩擦力为 f',根据能量守恒可用公式描述为

$$\frac{1}{2}Mv^2 = \int_0^{t_x} (F' + f')\mathrm{d}x \tag{3.3.7}$$

式中,t_x——停车所用的时间;

　　M——机器人的质量。

当机器人停车时制动力 F' 以及 f' 为常数时,机器人制动后移动的距离可表示为

$$x = \frac{Mv^2}{2(F' + f')} \tag{3.3.8}$$

思考题与习题

1. 常见的机器人移动机构的结构有哪些，各有什么特点？
2. 试简述双轮式机器人的运动轨迹控制方法。

第 4 章

机械设计辅助软件

4.1 SolidWorks 简介

SolidWorks 软件是世界上第一个基于 Windows 开发的三维 CAD 系统,是全球著名的三维设计软件之一。它是 CAD 软件开发商 SolidWorks 公司的产品。该软件自面世以来,就凭借其强大的功能、易学性和易用性受到设计师们的好评。SolidWorks 三维设计软件实用性强,它能使企业在产品设计中更加主观,更容易检查设计中的错误及不足之处。

目前在计算机三维机械设计软件市场中,SolidWorks 属于主流的设计软件。因具有易学和易用的特点,所以它成为大部分设计人员及从业者首选的设计软件,成为工程师应用的通用 CAD 平台。在世界范围内,有很多公司都基于 SolidWorks 开发了专业的工程应用系统,将其作为插件集成到 SolidWorks 中,其中包括零件设计、模具设计、模具制造、产品分析、产品演示和数据转换等。

SolidWorks 除了实现计算机辅助设计以外,还可以以插件的形式将其他功能模块嵌入到主功能模块中。因此,SolidWorks 具有在同一平台上实现 CAD/CAE/CAM 三位一体的功能。

SolidWorks 三维设计软件在机械设计领域主要用到零件工程、装配体工程和工程图工程,分别用来进行零件设计、装配体装配和为所设计零件画相应的工程图。为了使用好这款强大的三维设计软件,使用者需具备一定的工程制图、机械原理和机械设计知识,了解零件加工的各类方式及加工工艺。

本章以 SolidWorks 2014 为平台,以小型机器人的机身零件设计为例,对 SolidWorks 软件的各种功能进行介绍。希望通过本章的学习,读者可以绘制出小型机器人的机械设计图。

4.2 零件造型设计

4.2.1 创建新零件文件

首先打开 SolidWorks 主界面,如图 4.2.1 所示。
这个界面主要由菜单栏、工具栏和 SolidWorks 搜索与帮助栏组成。主菜单栏被隐藏在

图 4.2.1　SolidWorks 主界面

SolidWorks 图标的右侧，需要将光标移到箭头上才能够显示。主菜单栏图标如图 4.2.2 所示。工具栏和 SolidWorks 搜索与帮助栏如图 4.2.3 和图 4.2.4 所示。

图 4.2.2　主菜单栏

图 4.2.3　工具栏　　　　　　　　**图 4.2.4　搜索与帮助栏**

单击工具栏左侧第一个【新建】按钮，将会弹出【新建 SolidWorks 文件】对话框，如图 4.2.5 所示。

图 4.2.5　【新建 SolidWorks 文件】对话框

在该对话框中可以新建三种不同的工程，分别是零件工程、装配体工程和工程图工程。选择不同的工程后，单击【确定】按钮，就会新建不同的工程。在不同的工作界面中，工具按钮和对话框的布局一般会有区别。例如，分别新建【零件】和【工程图】工程，进入零件和工程图界面，如图 4.2.6 和图 4.2.7 所示。

按照上面的操作，一个新的零件工程就被创建了。

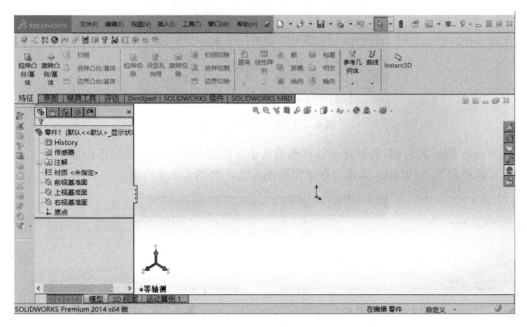

图 4.2.6　零件界面

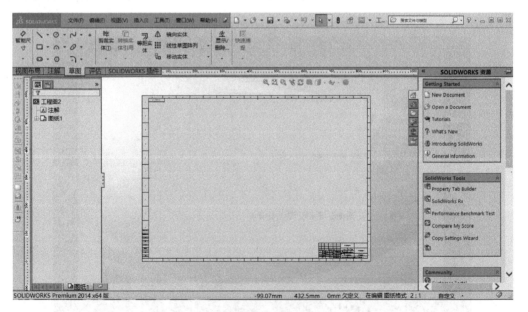

图 4.2.7　工程图界面

4.2.2　创建草图

1. 基准面设置

在创建模型时,由于零件是基于草图设计的三维模型,因此可首先利用【零件】工具进入零件设计环境。接着,在工作界面左侧切换至【草图】选项卡,单击【草图绘制】按钮,进入草图绘制环境。此时,工作界面中会显示出设置基准面的线框,包括前视、上视和右视三个基准面。默认情况下,一般选择前视基准面,如图 4.2.8 所示。

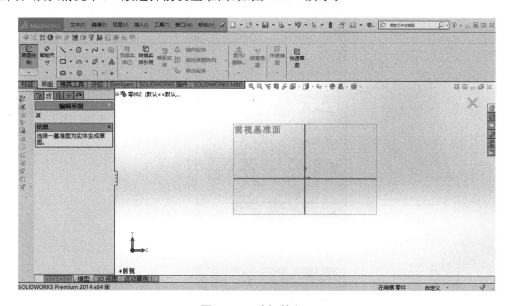

图 4.2.8　选择基准面

2. 基础线条绘制

1) 直线绘制

选择基准面后,系统自动进入草图绘制环境,然后利用草图工具栏中的草图绘制工具绘制草图或者截面图形,如图 4.2.9 所示。例如,单击【直线】按钮,然后用鼠标点选两点画一条直线。当单击【直线】按钮后,会自动弹出【线条属性】管理器,在管理器中可以看到所画线条现有的几何关系,也可以对所画线条添加几何关系,如"竖直""水平""固定"。在"选项"一栏中,可供选择的有"作为构造线"和"无限长度"两项,选择"作为构造线"选项可将所绘直线变为中心线,选择"无限长度"选项可将所画直线长度变为无限长。在"参数"一栏中,也可以看到直线长度和角度参数。

在 SolidWorks 中,所有的草图都是由最基本的图元所构成,这些图元包括直线、矩形、圆弧、样条线、文字、点等。可以作为辅助轨迹线、基准曲线以及基准辅助创建实体模型,还可以组成丰富的平面图形作为实体模型的剖截面使用。一般情况下,绘制由图元组成的剖截面草图是实体模型的基础。

2) 圆形绘制

前面已经讲过直线的画法,下面讲圆形的画法。

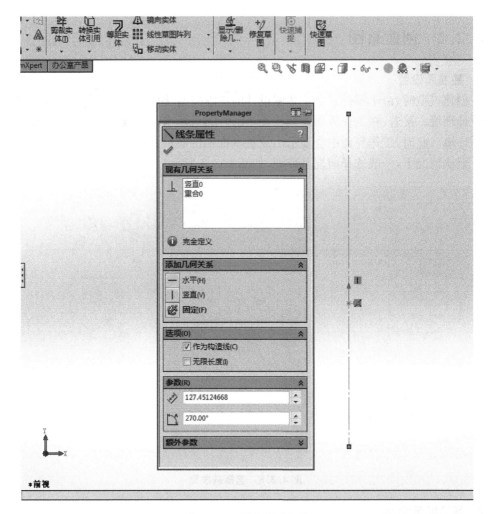

图 4.2.9 新建草图文件

在机械设计中，圆是一个重要的二维建模工具，由它生成的特征包括多种类型。在创建轴类、盘类以及圆环等具有圆形截面特征的实体模型时，往往需要在草图绘制环境中绘制出圆形截面的轮廓线，然后再通过相应的【拉伸】【旋转】等工具，创建出实体模型，例如球体、圆柱体、圆台、球面以及多种自由度曲面等。在 SolidWorks 中，图形可分为标准圆（圆心坐标和半径构建）、三点圆两种类型。

（1）标准圆

该方法通过指定圆心和圆上一点而确定一个圆，其中圆心可以是中点、端点或坐标系原点等，圆上一点可确定圆的半径。在草图工具中，单击【圆】按钮，然后在绘图区依次选取圆心和圆上一点，即可绘出一个圆。在【圆】属性管理器的【参数】面板中，可以修改圆心位置和圆心半径，如图 4.2.10 所示。

（2）三点圆

三点圆也称为周边圆，是通过指定圆上的任意三点确定一个圆。需要注意的是，选取的三点不能在一条直线上。单击【周边圆】按钮，然后依次选取圆上的任意三点，即可绘制一个

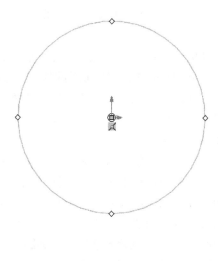

图 4.2.10　标准圆绘制圆形

圆形,即外接圆。依次选取由三点连接的直线段,可绘制与这三条边相切的公切圆,即内切圆,如图 4.2.11 所示。

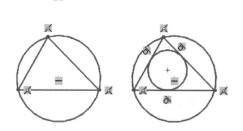

图 4.2.11　绘制三点圆

其他像矩形、样条线、多边形、椭圆图元操作与圆和直线类似,可根据操作命令的指示自行练习。

3. 尺寸标注

尺寸标注是绘制图形过程中的重要步骤,所绘制零件的真实大小将以图样上标注的尺寸数值为依据。尤其在绘制工程图时,单一的图形文件只能表达所绘制零件的结构、形状以及装配关系。只有为图形文件添加准确清晰的尺寸标注,才能反映出该图形所表达零件的真实大小及装配零件之间的位置关系。

在使用 SolidWorks 进行设计时,由于空间中的几何体具有一定的外形和大小,因此需要对几何体进行约束和限制。有关尺寸标注的类型及操作方法需要读者了解并熟练掌握。

1) 标注线性尺寸

不论哪种类型的尺寸标注,其标注的方法就是以鼠标左键选取图元移动到合适的位置后再次单击鼠标,即可标注该尺寸。一般来说,线性尺寸标注是使用频率最高的尺寸标注类型。

线性尺寸标注包括单一直线长度、两平行线的间距、两点间的距离、点到线的距离、直线到圆的距离、直线与弧的距离等。按照尺寸标注的方式,可以将其分为两种,分别是水平尺寸标注和竖直尺寸标注。

（1）水平尺寸标注

标注水平尺寸主要包括直线和直线之间、两点之间以及直线到其他图元之间的水平距离。在草图工具栏中单击【水平尺寸】按钮,然后在绘图区选取要标注的图元,并拖动鼠标至合适位置,单击鼠标即可,如图 4.2.12 所示。

与此同时,系统打开【修改】对话框和【尺寸】属性管理器,如图 4.2.13 所示。利用"修改"对话框可重新设置尺寸值,也可以在【线条属性】管理器的【主要值】面板中设置该尺寸值。需要注意的是,在管理器的【标注尺寸文字】面板中还可以设置标注尺寸的文本位置,并为其添加或去除前缀或后缀等。

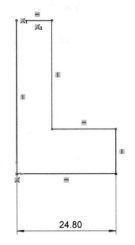

图 4.2.12　标注水平尺寸

图 4.2.13　设置并修改尺寸值

（2）竖直尺寸标注

标注竖直尺寸与水平尺寸的范围和方法基本相同,只不过该尺寸反映的是线性竖直方向上的长度和距离,实现方法是单击数值尺寸按钮,然后选取要标注的图元,并在合适位置单击鼠标。此时,若无须修改尺寸值,则连续单击对话框和管理器中的确认按钮,即可完成该图元的竖直尺寸标注,如图 4.2.13 所示。

2）标注径向尺寸和角度尺寸

径向尺寸包括半径、直径、弧线的曲率或弧线的直径等,而角度尺寸包括两直线之间的夹角或曲线以及圆弧的弧度。在 SolidWorks 中标注这两类尺寸时需要使用【智能尺寸】工具来完成,下面介绍这两种尺寸的标注方法。

（1）径向尺寸标注

利用"智能尺寸"工具标注径向尺寸时,系统可以根据选取的对象自动判断径向尺寸的类型,例如单击【智能尺寸】按钮,然后选取整个圆图形,并在合适位置单击即可标注该圆直径,如图 4.2.14 所示。

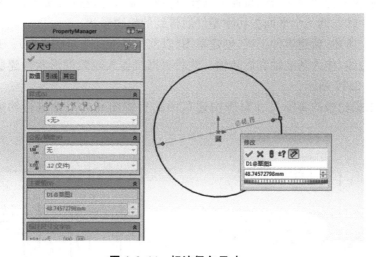

图 4.2.14 标注径向尺寸

（2）角度尺寸标注

标注角度尺寸时,一般需要选取两条成角度的直线或圆弧切线等图元,但相同的两个图元可能有锐角和钝角两种类型,如图 4.2.15 所示。

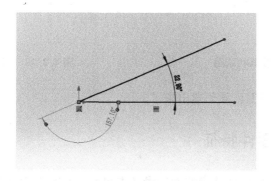

图 4.2.15 标注角度尺寸

4. 小型机器人轮毂绘制示例

如图 4.2.16 所示，下面以小型机器人的车轮轮毂为例，来练习画草图。

(a)　　　　　　　(b)　　　　　　　(c)

图 4.2.16　机器人轮毂实物图

(a) 机器人轮毂视图 1；(b) 机器人轮毂视图 2；(c) 机器人轮毂视图 3

首先观察零件，零件为圆盘形，因此可以通过使基准草图围绕某一中心线旋转画出零件的外形，然后再进行切除、打孔、拉伸的操作，得到机器人轮毂的三维模型。所画轮廓的形状应为过零件中轴线的一个平面去切除零件后得到的轮廓形状。

按照上文所述，新建零件工程、创建草图（以前视基准面为草图平面）。过原点画一条竖直方向的中心线，作为基准轴和旋转轴。然后根据机器人轮毂的形状构建所画草图的大致形状，如图 4.2.17 所示。

然后，根据轮毂的实际尺寸对所构建草图的直线图元的尺寸进行约束，如图 4.2.18 所示。

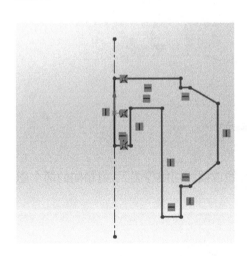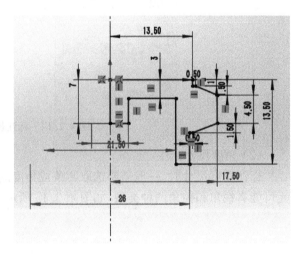

图 4.2.17　构建轮毂形状草图　　　　　**图 4.2.18　精细尺寸约束**

这样，一个轮毂的草图就被创建出来了。

4.2.3　创建零件特征

基础特征是构建空间实体或者曲面的最基本单元。在 SolidWorks 中，它主要包括四种类型：拉伸特征、旋转特征、扫描特征和放样特征。设计者使用这些特征作为载体来添加或者细化其他特征，从而创建出形状各异的零件造型。基础特征选项所在位置如图 4.2.19 所示。

图 4.2.19　特征工具栏

1. 拉伸凸台/基体

拉伸操作是最简单、最常用的一种造型方法，通过【拉伸】工具将一个剖截面沿着与界面垂直的方向延伸形成的实体或曲面称为拉伸特征。

在工程实践中，多数零件、工业用品等模型都可以看作是多个拉伸特征相互叠加和切除的结果，它可以是曲面、实体实心和薄壁三种类型，而任何一种拉伸特征类型，都可以构成模型实体的重要组成部分。

在 SolidWorks 中，拉伸可以沿着垂直于草绘平面的方向单向拉伸创建特征，它既可以向模型中添加材料，也可以从模型中去除材料，且添加或者去除材料后的每一部分特征都是独立的个体，可以对其进行单独编辑和修改。

创建拉伸特征，主要是通过【拉伸】属性管理器实现的，如图 4.2.20 所示。在草图环境中，单击【特征工具栏】，选择【拉伸】按钮，打开【拉伸】属性管理器。其中，图标显示彩色表示在当前环境下可以创建此项特征，灰色表示在当前环境下无法创建该项特征。

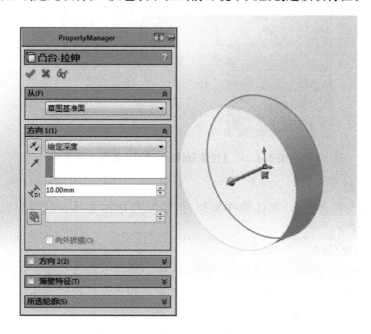

图 4.2.20　【拉伸】属性管理器

通过【拉伸】属性管理器可以确定需要拉伸的平面、拉伸的方向、拉伸的终止方式和拔模等特征。

拉伸的平面一般为草图中绘制的封闭曲线包络的平面，如果所绘草图完全正确，能形成一个完全封闭的平面，则当打开【拉伸】属性管理器后，在控制面板右侧能预览创建拉伸特征的效果。如果存在问题，例如图形不完全封闭，或者某条直线/曲线与其他线段发生交叉，则控制面板右侧不能创建拉伸特征的效果。SolidWorks在执行拉伸命令时默认选择草图所有封闭的轮廓，但如果某些封闭的轮廓不需要拉伸，则可以在属性管理器所选轮廓选项下，消除不希望拉伸的轮廓。因此在使用拉伸命令前，应预先检查所绘草图是否正确。拉伸的方向可通过自行拖动控制面板右侧预览特征效果图中的箭头进行改变。拉伸的终止方式选择"方向1"下面 ![图标] 右侧的选择框。终止方式有"给定深度""成形到一顶点""成形到一面""到离指定面指定的距离""成形到实体""两侧对称"，读者可按零件的拉伸要求自行选择，如图4.2.21所示。

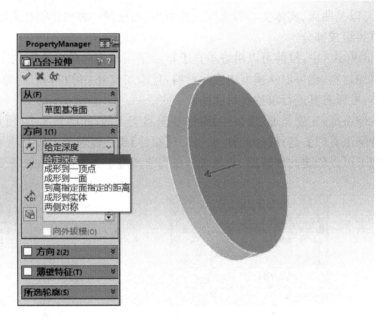

图4.2.21 【拉伸】属性管理器拉伸终止选项

2. 拉伸切除

拉伸切除与拉伸凸台/基体操作类似，但拉伸是增加实体，而拉伸切除是去除实体，如图4.2.22所示。

3. 旋转凸台/基体

旋转操作可以将剖截面绕着草绘平面内的中心轴线单向或双向旋转一定角度，形成旋转特征。例如轴类零件上的割槽特征可以通过旋转并去除材料的操作获得。使用旋转【凸台/基体】工具即可执行旋转操作。

要执行旋转凸台/基体的指令，草图必须满足两个条件：一是草图必须是封闭的轮廓；二是草图具有旋转轴。在完成草图后，单击【特征】菜单栏，选择【旋转凸台/基体】按钮，会弹出【旋转凸台/基体】属性管理器，如图4.2.23所示。

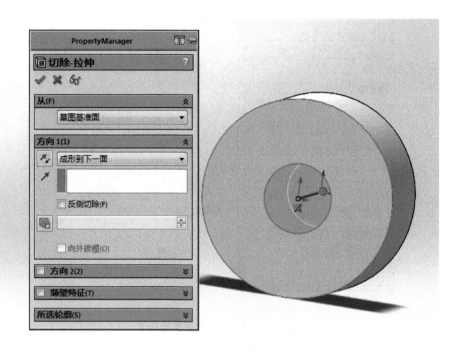

图 4.2.22 【拉伸】属性管理器

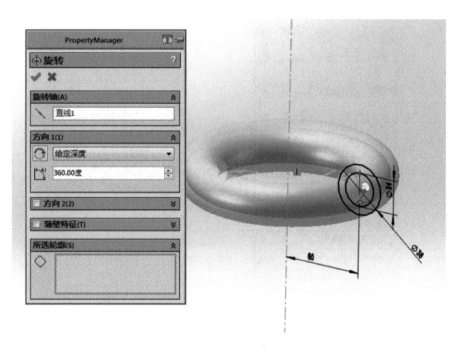

图 4.2.23 【旋转凸台/基体】属性管理器

在属性管理器中,可以选择旋转轴、旋转的终止方式、需要旋转的轮廓。

旋转轴一般为草图中所绘制的中心线。如果想要改变旋转轴,可以单击"旋转轴"一栏图标 \ 右侧的选项框,选中其他中心线即可,如图 4.2.24 所示。

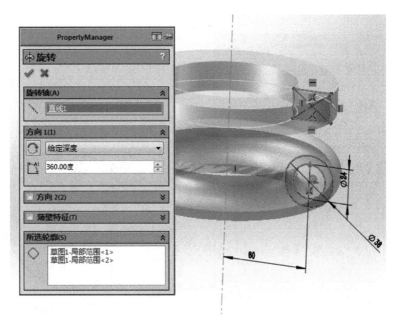

图 4.2.24 旋转轮廓的选择 1

所选轮廓一般会默认选择草图中的封闭轮廓。如果想要改变旋转轮廓,可在"所选轮廓"一栏单击 ◇ 右侧选项框,选择(或消除)其他轮廓即可,如图 4.2.25 所示。

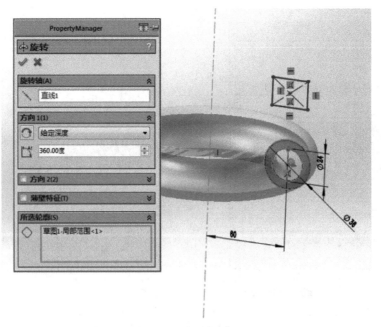

图 4.2.25 旋转轮廓的选择 2

旋转的终止方式在"方向 1"栏下,通过 ◯ 右侧的选项框进行选择,终止方式有"给定深度""成形到一顶点""成形到一面""到离指定面指定的距离""两侧对称",如图 4.2.26 所示。

一般情况下选择"给定深度",默认为 360°。如果旋转其他角度,可以在终止选项栏下面的角度一栏中输入其他角度,旋转 270°的效果如图 4.2.27 所示。

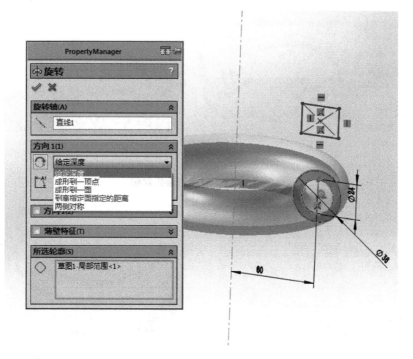

图 4.2.26　【旋转】属性管理器旋转终止选项

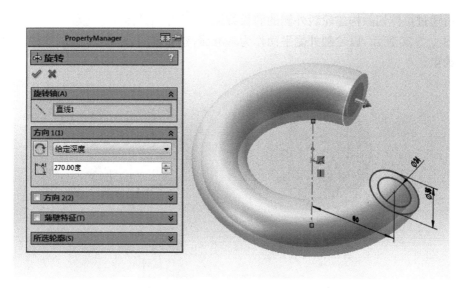

图 4.2.27　旋转 270° 的效果

4. 旋转切除

旋转切除与旋转凸台/基体操作类似，但旋转是增加实体，而旋转切除是去除实体，如图 4.2.28 所示。

根据前面建立的小型机器人车轮轮毂的草图，可以选择旋转命令来创建实体，旋转后的效果如图 4.2.29 所示。需要注意的是，在退出草图的情况下，要自己选择需要旋转的轮廓和中心轴线。

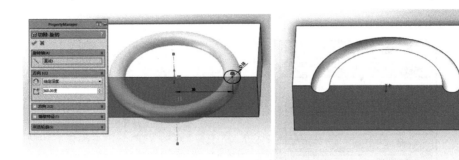

图 4.2.28 旋转切除效果图

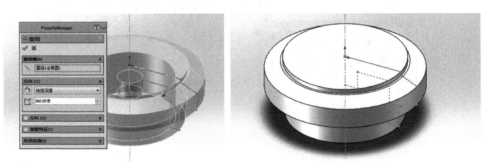

图 4.2.29 旋转后的轮毂

然后通过拉伸切除构建轮毂外侧的肋板特征,下面介绍具体操作过程。

如图 4.2.30 所示,以轮毂外侧平面作为基准面,建立草图,建立中心线,构建草图,并进行尺寸约束。

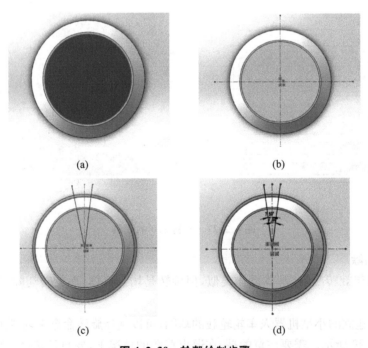

图 4.2.30 轮毂绘制步骤

(a) 建立草图;(b) 建立中心线;(c) 构建草图;(d) 尺寸约束

随后剪裁多余的边线,形成封闭轮廓。单击【剪裁实体】按钮 ，打开【剪裁实体】属性对话框,在【选项】栏里选择【剪裁到最近端】按钮,就可以对所画图形进行剪裁了。单击需要裁剪的线段,即可完成图形的裁剪,如图 4.2.31 所示。

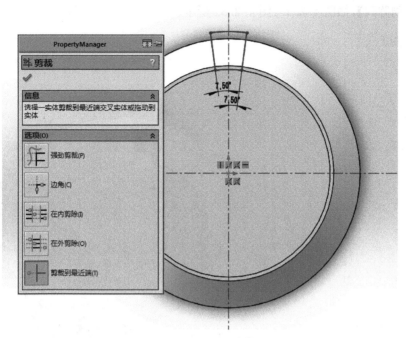

图 4.2.31　图形剪裁

单击【特征】菜单,进入特征工具栏,如图 4.2.32 所示,选择【切除-拉伸】按钮,待【切除-拉伸】属性对话框出现后,终止方式选择"指定深度",深度为 4.50mm,单击对话框右上角的绿色对勾,拉伸切除就完成了。

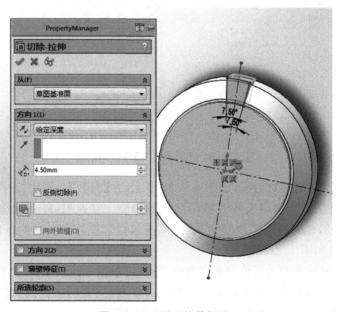

图 4.2.32　图形拉伸切除

因为轮毂外侧一共需要完成 12 次拉伸切除，并且拉伸的位置沿轮毂外圆面周上均匀分布，因此可采用圆周阵列完成其他 11 个拉伸切除特征。首先选中设计树里的【切除-拉伸 1】，然后在特征工具栏下找到【线性阵列】按钮，单击按钮下方的箭头，出现一个选择的菜单，然后选择【圆周阵列】，如图 4.2.33、图 4.2.34 所示。

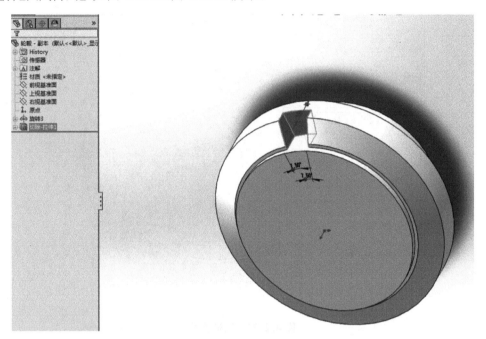

图 4.2.33   选择对象

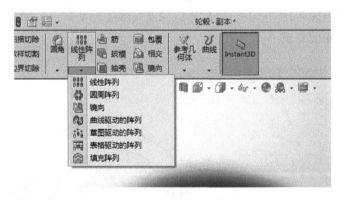

图 4.2.34   【圆周阵列】属性对话框

出现【圆周阵列】属性对话框，如图 4.2.35 所示，在【参数】一栏中，选择圆周阵列的阵列轴、需要阵列的特征的个数以及相邻特征之间的角度。在这里，阵列轴选择为轮毂的外圆面，阵列个数为 12，相邻特征间角度为 30°。单击属性管理器右上角的绿色对勾，完成圆周阵列设置，其效果如图 4.2.36 所示。

轮毂内侧肋板与外侧肋板绘图方式类似，读者可根据上述步骤自行完成，其草图尺寸如图 4.2.37 所示，拉伸切除终止方式为完全贯通。需要注意的是，内侧拉伸切除的位置要与外侧相差 30°。内侧被拉伸后的效果图如图 4.2.38 所示。

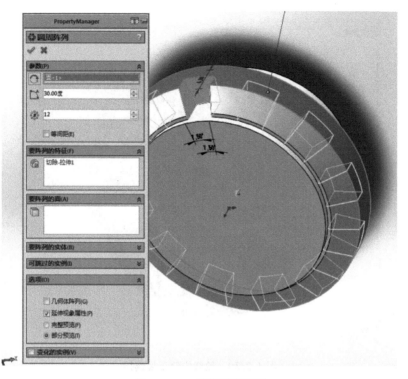

图 4.2.35 设置圆周阵列

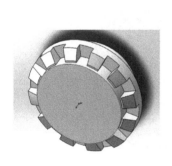

图 4.2.36 轮毂外侧效果图

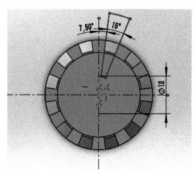

图 4.2.37 轮毂内侧设计图

图 4.2.38 轮毂效果图

接下来进行轮毂内侧凸台的拉伸操作。如图 4.2.39 所示,单击轮毂内侧平面,鼠标的右上角会出现一个菜单栏,单击其中的【正视图】菜单,所选中的平面就会正视于绘图者,如图 4.2.40 所示。

然后单击【草图绘制】按钮,进入草图绘制界面。绘制需要拉伸的草图,并进行尺寸约束,如图 4.2.41 所示。

单击【特征】菜单,进入特征工具栏,选择【拉伸凸台/基体】按钮,待【拉伸凸台/基体】属性对话框出现后,终止方式选择"给定深度",深度为 1.00mm,单击对话框右上角的绿色对勾,拉伸凸台就完成了,如图 4.2.42 所示。

为完成轮毂零件三维模型的绘制,还需要完成两次拉伸切除,其整体效果如图 4.2.43 所示。

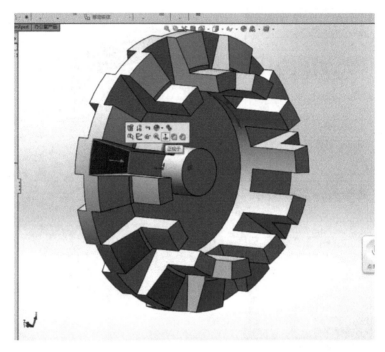

图 4.2.39　轮毂内侧正视选择

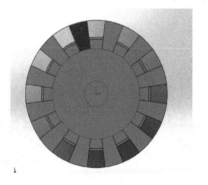

图 4.2.40　内侧正视图

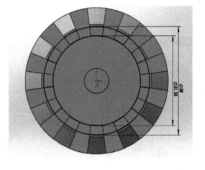

图 4.2.41　尺寸约束

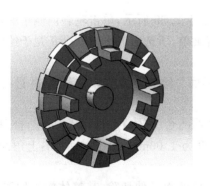

图 4.2.42　拉伸操作

图 4.2.43　轮毂三维模型图

第一次拉伸的草图如图 4.2.44 所示,切除终止方式为完全贯通。第二次拉伸的草图如图 4.2.45 所示,终止方式为"给定深度"0.50mm。这两部分操作读者可自行完成。

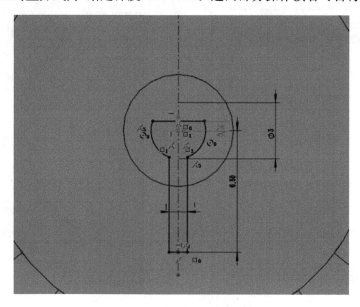

图 4.2.44　第一次拉伸草图

小型机器人车轮轮毂三维建模到此只差倒角一步了,下面介绍给零件倒角的操作过程。

如图 4.2.46 所示,在【特征】工具栏里,找到【圆角】按钮,单击按钮下面的箭头,出现"圆角""倒角"选项,选择"倒角"。

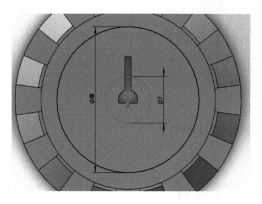

图 4.2.45　第二次拉伸草图

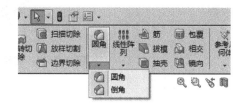

图 4.2.46　【倒角】工具栏选择

弹出【倒角】属性对话框,在"倒角参数"一栏中,可在 图标右侧选择框中选取需要倒角的边线、点或面。选择框下方有【角度距离】和【距离-距离】选项,用来确定倒角的形式。一般采用【角度距离】方式。在【距离】图标 和【角度】图标 图标右侧的对话框里,可分别设置倒角的距离和角度。角度一般默认为 45°。在本零件中,倒角距离为 0.5mm,角度为 45°,如图 4.2.47 所示。

在参数设置完毕后,单击属性管理器右上角的绿色对勾,倒角就完成了。至此,小型机器人轮毂的三维建模就完成了,其效果如图 4.2.48 所示。

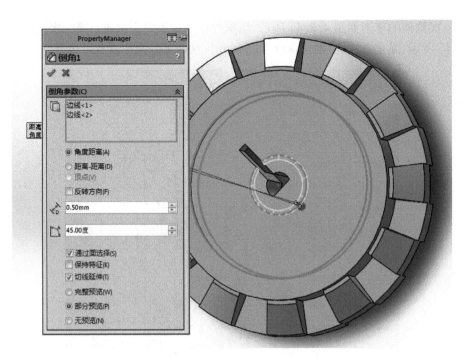

图 4.2.47 【倒角】属性管理器

图 4.2.48 建模完成的轮毂三维模型图

4.3 部件造型设计

4.3.1 创建装配体项目

装配体文件与零件文件的创建过程相似,都是通过指定文件类型和子类型进行创建的。但装配体模型和零件模型设计过程的不同之处在于:零件模型通过向模型中增加特征来完成模型的设计,而装配体模型通过向模型中增加元件来完成产品的设计。

单击【新建文件】按钮,打开【新建 SolidWorks 文件】对话框,如图 4.3.1 所示。此时,单击【装配体】按钮,并单击【确定】,即可进入装配体操作环境。

图 4.3.1　打开【新建 SolidWorks 文件】对话框

完成上述操作后,在装配界面左侧显示【开始装配体】属性管理器。这里需要说明的是,如果需要插入的文件已经在 SolidWorks 中打开,那么它就会出现在打开文档下面的对话框里。如果文件未打开,则需要单击【要插入的零件/装配体】选项组下的【浏览】按钮,将打开【打开】对话框,如图 4.3.2 所示,指定路径选取元件,即可将该元件载入装配环境中。

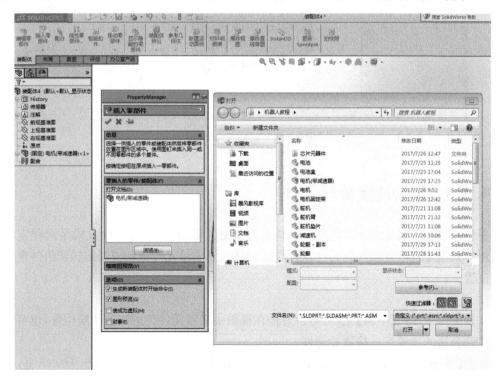

图 4.3.2　新建装配文件

4.3.2　添加装配元件

装配元件是指将已经创建的元件文件插入到当前装配文件中,并执行多个约束设置,限制元件的自由度,从而准确定位各个元件在装配体中的位置。

单击界面右侧的【插入零部件】按钮 ，然后在打开的属性管理器中单击【预览】按钮,并在打开的【打开】对话框中指定相应的路径打开有关元件。对应的元件将添加到当前的装配环境中,同时激活【装配】选项卡,如图 4.3.3 所示。

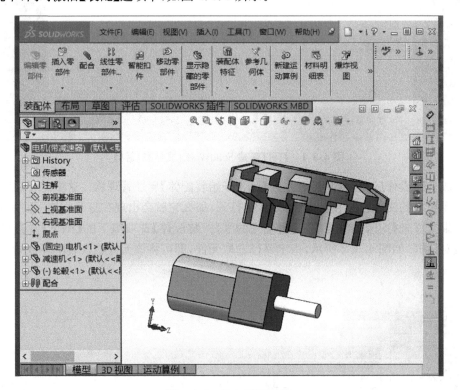

图 4.3.3　添加装配元件

4.3.3　移动或者旋转元件

平移和旋转工具相对于其他移动工具是最简便的移动方法,这两种方式是两种定向模式。用户只需要选取新载入的元件,然后拖动鼠标,便能将元件移动或者旋转到组件窗口的任意位置。

1. 平移元件

在装配体中使用【平移】工具,可以直接在视图中平移元件到适当的装配位置,也可以移动元件到合适的位置后直接放置元件。

单击【移动零部件】按钮 ，系统进入移动操作界面。此时鼠标将变为十字标志,选取参照面即可拖动对应元件,并且预先连接的元件也将跟随移动。

此外在左侧的设计树中包含多个单选项,可根据需要选择移动方式。例如,选择【碰撞检查】单选按钮,然后按照上述移动元件的方式移动指定元件,发生干涉时将停止移动。

2. 旋转元件

使用旋转工具可绕选定参照轴旋转元件,操作方法与平移类似,单击【旋转零部件】按钮 <span></span> ,选择旋转参照轴并选取元件,然后拖动鼠标即可旋转元件,再次单击即可退出旋转模式。

4.3.4　元件的配合

放置约束就是制定元件安装参照,限制元件在装配体中的旋转自由度或者移动自由度,从而使元件完全定位到装配体中。放置约束是所有约束方式中最简单的约束方法,同时也是整个装配体设计的关键,合理地选取约束类型十分重要。

1. 重合配合

重合是默认的重合类型,设置该约束可使元件和组件的参照面贴合在一起。此时按住 Ctrl 键,依次选取两零件对应参照面,约束类型自动设置为重合,单击【配合】按钮 <span></span> ,系统进入配合约束设置环境,此时单击属性管理器中的【重合】按钮,选取参照面即可设置重合约束。

1）轴线重合

当对齐圆柱、圆锥和圆环等对称实体时,将使轴线保持一致,在设置轴线重合时,并不要求相关联对象的直径相同。

2）边线重合

当对齐边缘和线时,将使两直线重合。其中边多指实体边。

3）面重合

重合是默认的约束类型,设置该约束可使元件和组件的参照面贴合在一起,使两个表面共面并且方向相同。分别选中两个面后,约束类型设置为重合约束。

2. 同轴心配合

同轴心配合是指定两个具有回转体特征的元件中心轴线对齐,即装配对象的中心与装配组件对象的中心重合。设置轴对齐约束元件只能绕该轴移动或者旋转,而其他的自由度被完全限制。

单击【配合】按钮 <span></span> ,系统进入配合约束设置环境,此时按住 Ctrl 键,依次选取两零件对应的参照面,单击属性管理器中的【同心轴】按钮 <span></span> ,选取参照平面即可设置同轴心约束。

3. 设置平行约束

设置平行约束是指使两组件的装配对象的方向矢量彼此平行。该约束方式与重合约束相似,不同之处在于:平行装配操作使两平面的法向矢量同向,并且能够使两平面位于同一个平面上。

单击【配合】按钮 <span></span> ,系统进入配合约束设置环境,此时按住 Ctrl 键,依次选取两零件对应参照面,单击属性管理器中的【平行】按钮 <span></span> ,选取两参照平面,即可获得平行约束效果。

4. 设置垂直约束

设置垂直约束是指使两组件的装配对象的方向矢量垂直。单击【配合】按钮 <span></span> ,系统进入配合约束设置环境。此时按住 Ctrl 键,依次选取两零件对应参照面,单击属性管理器中的【垂直】按钮 ⊥,选取两组件的对应表面设置垂直约束。

5. 距离配合

使用偏距方式定义重合约束时,选取的元件参照面与装配体参照面平行,并设置偏移距离,设置距离约束用于指定两个相关联的对象间的最小距离。

单击【配合】按钮 🔗,系统进入配合约束设置环境。此时按住 Ctrl 键,依次选取两零件对应参照面,单击属性管理器中的【距离】按钮 ⊢┤,输入距离参数即可获得距离配合约束效果。

6. 角度配合

只有在选取的两个参照面具有一定的角度时,角度约束才可用。在【距离】列表框的右侧可输入任意角度值,新载入的元件将根据参照面角度值旋转到指定位置。

单击【配合】按钮 🔗,系统进入配合约束设置环境,按住 Ctrl 键,依次选取零件的参照面,此时单击属性管理器中的【角度】按钮 ◿,然后在该按钮右侧列表框中输入角度参数值,即可获得角度约束效果。

7. 相切配合

相切配合是指装配体模型与装配元件之间成相切的关系,选取对象是模型中的表面或者基准平面,并且必须选取一个曲面方可执行该操作。

单击【配合】按钮 🔗,系统进入配合约束设置环境,此时单击属性管理器中的【相切】按钮 ◿,按住 Ctrl 键,依次在装配体模型和装配元件中选取对应参考对象,系统会自动改变装配元件的放置位置,使用相切约束控制两个曲面在切点位置的接触。

4.3.5　装配体配合实例

现在练习将图 4.3.4 中的电机固定架、电机、轮毂和轮胎装配在一起。

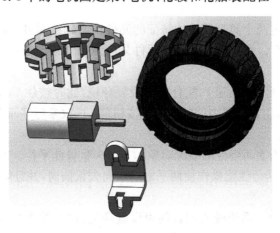

图 4.3.4　电机固定架、电机、轮毂、轮胎零件图

首先,完成电机与轮毂的配合。电机与轮毂的配合关系有三个,一是电机轴线和轮毂轴线重合,二是电机轴端面与轮毂端面重合,三是电机轴侧面与轮毂内孔侧面重合。

如图 4.3.5 所示,单击【配合】按钮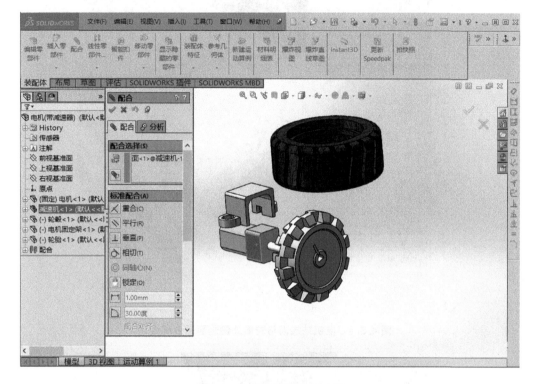,待【配合】属性管理器打开后,选中电机轴圆形的面和轮毂内孔面,SolidWorks 2014 会默认选择轴线重合配合。单击【配合】属性管理器右上角绿色对勾即可完成轴线重合配合。

图 4.3.5　【配合】属性管理器

单击【配合】按钮,待【配合】属性管理器打开后,选中电机轴端面和轮毂外侧端面,SolidWorks 2014 会默认选择面重合配合。单击【配合】属性管理器右上角绿色对勾即可完成面重合配合,如图 4.3.6 所示。

单击【配合】按钮,待【配合】属性管理器打开后,选中电机轴侧面和轮毂孔侧面,SolidWorks 2014 会默认选择面重合配合。单击【配合】属性管理器右上角绿色对勾即可完成面重合配合,如图 4.3.7 所示。

电机与轮毂的配合就完成了,下面进行轮毂与轮胎的配合。轮毂与轮胎的配合有两个,一是轮胎内部边沿与轮毂外侧端面配合,二是轮毂和轮胎轴线重合。

单击【配合】按钮,待【配合】属性管理器打开后,选中轮胎内部边沿和轮毂外侧端面,SolidWorks 2014 会默认选择面重合配合。单击【配合】属性管理器右上角绿色对勾即可完成面重合配合,如图 4.3.8 所示。

接下来完成轮毂和轮胎的轴线重合配合。

单击【配合】按钮,待【配合】属性管理器打开后,选中轮胎外圆面和轮毂外圆面,SolidWorks 2014 会默认选择同心配合,如图 4.3.9 所示,单击【配合】属性管理器右上角绿色对勾即可完成面重合配合。

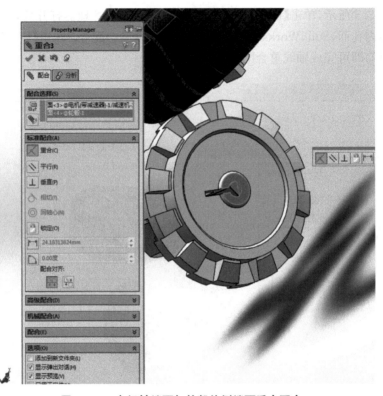

图 4.3.6　电机轴端面与轮毂外侧端面重合配合

图 4.3.7　电机轴侧面与轮毂孔侧面重合配合

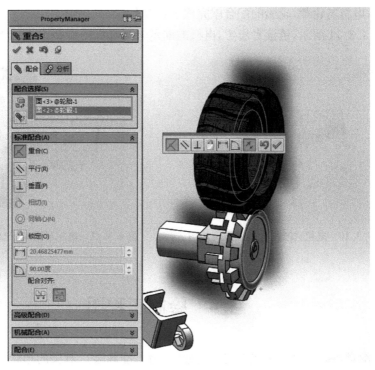

图 4.3.8　轮胎内部边沿与轮毂外侧端面配合

图 4.3.9　轮毂和轮胎的轴线重合配合

这样,电机与轮毂、轮胎的配合就完成了,如图 4.3.10 所示。

如图 4.3.11 所示,请读者思考,电机的固定架与电机需要哪几种配合。

图 4.3.10　电机、轮毂、轮胎装配完成图　　　图 4.3.11　电机固定架、电机装配完成图

4.4　绘制工程图

工程图是在创建对象的三维实体模型后,为了准确表达对象的形状、大小、相对位置及技术要求等内容,按照一定的投影方法和有关技术规定,以二维方式表达实体模型的图形。在 SolidWorks 2014 中,工程图是一个独立的模块,利用该模块可以绘制实体模型的工程图,并且能够添加标注和修改尺寸。此外,工程图中的所有视图都是相关的,如果改变一个视图的尺寸值,系统会自动更新其他工程视图的显示。

在工业生产中,为了便于产品设计人员间的相互交流,提高工作效率,需要在创建完成零件之后建立相应的工程图。尽管三维建模已经成为当今社会发展的主流趋势,但利用工程图可以直接显示零件的尺寸、公差以及装配组件之间的关系和顺序,还可以清晰表达复杂零件或组件的内部结构。由于工程图是一个独立的模块,因此需要在创建工程图之前,先新建工程图文件,再进行一系列相关的设置。

4.4.1　进入工程图环境

进入工程图环境是创建工程图的基础。由于每一个工程图环境和独立的工程图文件相对应,因此进入工程图环境之前,需要像创建零件模型一样,先新建工程图文件,然后再依据系统提示设置工程图布局。

要直接进入工程图环境,启动 SolidWorks 软件后,选择【新建】选项,打开【新建 SolidWorks 文件】对话框,在该对话框中单击【工程图】按钮,进入工程图界面,如图 4.4.1 所示。

在工程图界面打开后,【模型视图】属性管理器会自动打开。【模型视图】属性管理器的主要作用是插入需要投影的三维零件图,然后根据需要投影出它的主视图、俯视图和左视图,如图 4.4.2 所示。

图 4.4.1　【新建 SolidWorks 文件】对话框

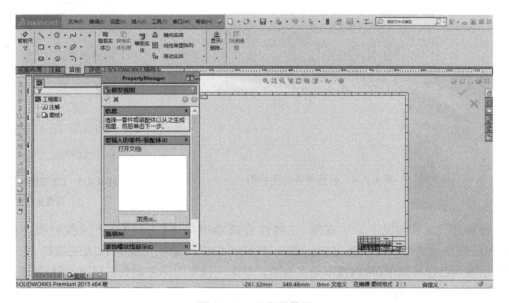

图 4.4.2　工程图界面

单击【模型视图】属性管理器中的【浏览】按钮,系统会自动打开所要投影零件的文件夹,然后选择需要投影的文件,单击【打开】即可。在这里,我们打开零件【支撑板 1】,并进行后续操作。如果想要投影的零件不在打开的文件夹中,可在 Windows 操作环境下自由改变打开的路径,如图 4.4.3 所示。

单击【打开】后,在界面中单击鼠标左键,即可投影出所选零件的主视图,如图 4.4.4 所示。

单击投影出的主视图,会弹出【工程图视图 3】属性管理器,如图 4.4.5 所示,在属性管理器中,可以定义当前视图的投影方式与比例。

图 4.4.3 【模型视图】属性管理器

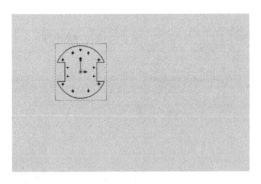

图 4.4.4 所选零件的主视图

图 4.4.5 【工程图视图 3】
属性管理器

投影方式默认情况下为主视图,在属性管理器中单击【方向】栏下的各种视图的图标,即可改变当前图纸的投影方向。图 4.4.6(a)中中间的视图按钮代表主视图,它以深色显示表示已经被选中,目前视图是主视图。单击主视图图标左侧的右视图,图标和视图发生了如图 4.4.6(b)所示的变化。

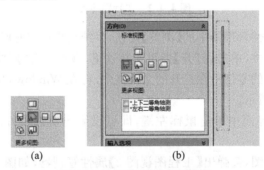

(a)   (b)

图 4.4.6 更多投影方向选择

(a)更多投影方向选择放大图;(b)更多投影方向选择整体图

一般情况下,希望能够把零件图以原比例表达出来,这就需要更改图纸比例。在属性管理器【比例】一栏中,选中【使用自定义比例】前的圆形图标,然后选择下拉菜单中的【1∶1】选项,主视图与原零件图的比例变为 1∶1,如图 4.4.7 所示。

图 4.4.7　主视图与原零件图的比例设置

把所选零件图依旧设置为主视图,比例为 1∶1,效果如图 4.4.8 所示。

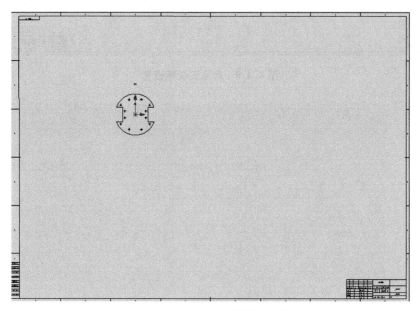

图 4.4.8　零件主视图效果图

4.4.2　创建标准三视图

在 SolidWorks 中,标准视图是与模型相关联的视图,该视图是从已经创建好的模型中直接生成的,可以通过一个、两个或者四个视图查看模型或者工程图。标准视图都是相互独立的,可以单独操作每一个标准视图。标准视图包括标准三视图、模型视图、相对视图、预定义视图和空白视图五种。其中标准三视图最基础,应用最广泛。下面重点介绍标准三视图。

首先,新建工程图文件。接着,在【工程图】工具栏中单击【标准三视图】按钮 。然后,在管理器中单击【浏览】按钮,并在【打开】对话框中查找并选择已有的模型文件,单击【打开】按钮,即可在视图中以三视图的形式打开,如图4.4.9所示。此时,在设计树中创建了三个工程图,即标准三视图,如图4.4.10所示。

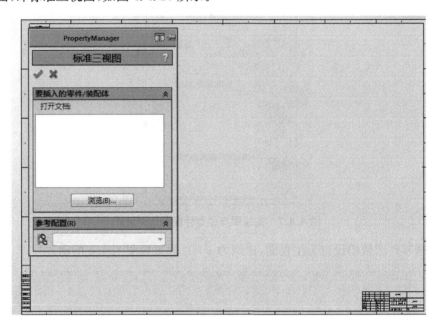

图 4.4.9　标准三视图设置

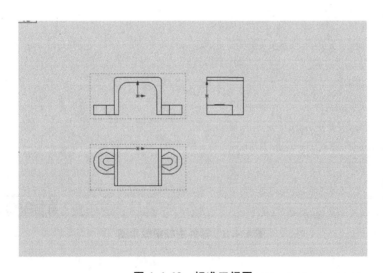

图 4.4.10　标准三视图

若在图纸中单击选择一个视图,即可打开【工程视图】属性管理器,在【显示样式】面板中单击【隐藏线可见】按钮 ,可在视图中显示隐藏的部分轮廓,如图4.4.11所示。

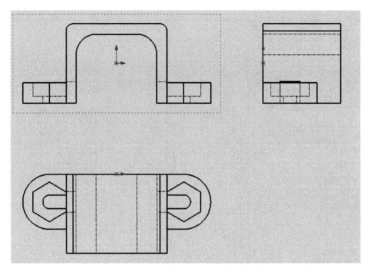

图 4.4.11　显示隐藏线

4.4.3　尺寸标注

零件图尺寸是零件加工制造的主要依据,零件图的尺寸标注在绘图过程中占有重要的地位,应当正确、完整、清晰、合理地标注出零件尺寸。在为零件添加尺寸标注时,既要保证尺寸的设计要求,又要满足加工、测量、检验和装配等制造工艺要求。一个完整的工程图,只有图和尺寸是远远不够的,特别是在一些模具零件、机床配件等复杂的零件或者装配视图上,都需要很多的相关文字或者其他文本说明。

在打开一个零件或者工程图文件后,在【注解】工具栏中单击【模型项目】按钮 ，打开【模型项目】属性管理器,如图 4.4.12 所示。

在该管理器中,包括要插入的"尺寸""注解""参考几何体"等在内的多个模型项目分布在各个不同的面板中,主要面板说明如下。

"来源/目标":该面板用于定义插入模型项目的来源和目标。在零件工程图中,有【整个模型】和【所选特征】两个源目标;在装配体工程图中,除以上两个源目标以外,还包括【所选零部件】和【仅对装配体】两个源目标;若启用【将项目输入到所有视图】复选框,则系统将模型项目插入到图纸上的所有工程视图中。

"尺寸":该面板用于为工程图定义标注的尺寸类型。最常用的是利用【为工程图标注】 工具,显示工程视图中的尺寸标注,它与模型相关联,而且模型中的变更会反映到工程图中。此外,利用【孔标注】 、【异形孔导向轮廓】 以及【实例/圈数计数】 等工具标注简单孔、异型孔以及实例阵列等特征;若起用【消除重复】复选框,则仅插入唯一的模型项目,不插入重复项目。

"注解":该面板用于为工程图定义标准粗糙度、形位公差、焊接符号、文本注释以及基准符号等辅助项目。单击所有按钮,则为工程图标注所有的辅助项目;否则,给予个别项目标注。

"参考几何体":该面板用于为工程图定义标准基准面、基准轴、原点、曲面、曲线等参照项目。此类几何体在模型中不参与特征的构建,主要用于辅助特征的生成。

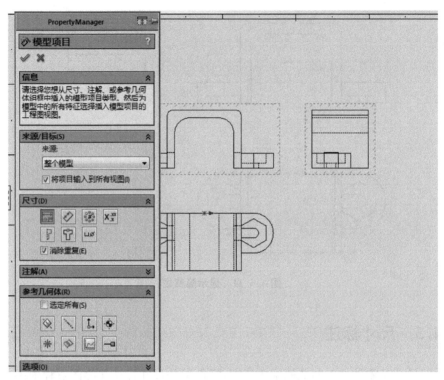

图 4.4.12 【模型项目】属性管理器

"选项"：在该面板中启用【包括隐藏特征的项目】复选框，将同时插入隐藏特征的模型项目；启用【在草图中使用尺寸放置】复选框，将模型尺寸从零件图中插入到工程图的相同位置。

"图层"：利用该面板中的下拉列表可以将模型项目插入到指定的工程图图层。

在属性管理器中可以设置各种属性。例如，在【尺寸】面板中单击【为工程图标注】按钮，然后在图纸中单击视图，即可在视图中显示所有与模型关联的尺寸，最后单击确定按钮 即可，如图 4.4.13 所示。

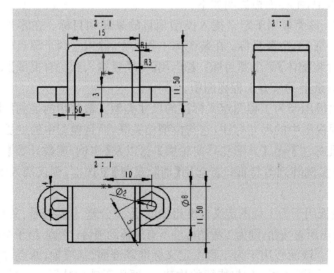

图 4.4.13　工程图标注尺寸

4.4.4　编辑尺寸

在 SolidWorks 中,为了使零件尺寸的标注不遗漏、不多余且符合制图标准,并考虑设计、加工、检验的要求,往往需要对手动标注的尺寸或者被限制的尺寸执行删除、移动、修改尺寸数值或其他属性值等操作。

1. 删除尺寸文本

在工程图中删除尺寸与删除视图一样,首先选择需要删除的尺寸,然后单击【删除】按钮或者按 Delete 键将其删除。

2. 移动尺寸文本

移动尺寸文本是相对于基线而改变尺寸文本位置的过程。选择要移动的尺寸并拖动鼠标,此时,尺寸文本会随着鼠标移动,直到所需位置松开鼠标左键即可。

3. 编辑尺寸属性

编辑尺寸属性包括尺寸数值、尺寸界线、箭头样式,以及文本大小、高度等内容。在 SolidWorks 中,编辑尺寸属性同草图绘制环境中的尺寸属性基本相同,都是利用【尺寸】属性管理器完成的。

4. 对齐尺寸

对齐尺寸是将数个尺寸标注左对齐、右对齐、上对齐、下对齐、水平对齐、竖直对齐以及在直线之间对齐。具体操作方法是:按住 Ctrl 键在绘图区选择要对齐的尺寸,然后选择【尺工具】→【对齐】→【水平对齐】(或【左对齐】【右对齐】【上对齐】【下对齐】【竖直对齐】或【在直线之间对齐】)选项,即可将尺寸文本与选择的第一个尺寸对齐,如图 4.4.14 所示。

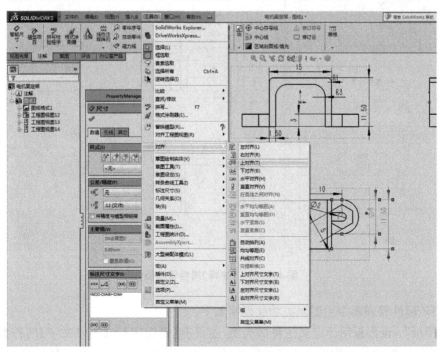

图 4.4.14　对齐尺寸

5. 插入转折引线

转折引线是标注倒角、圆角的特征轮廓时,需要将尺寸线转折引出,然后在其上标注倒角或者圆角的参数。选择【插入】→【注解】→【多转折引线】选项,然后在需要标注特征的边界线上移动指针并在每个转折点处单击,连续双击该视图,即可进行转折引线的绘制。

4.4.5　添加文本注释

一张完整的工程图不仅包括各类表达模型形状大小的视图和尺寸标注,还包括对视图进行补充说明的各类文本注释。工程图中的文本主要用来说明图纸的技术要求、标题栏内容以及特殊加工要求等。在 SolidWorks 中,注释可为浮动或者固定,也可带有一条指向某项(面、边线或者顶点)的引线而放置。它可以包含简单的文字、符号、参数文字或超文本链接。

欲向工程图中添加文本注释,首先新建或打开一个已有的零件或者装配体工程图文件,然后单击【注释】按钮 **A** ,打开【注释】属性管理器,如图 4.4.15 所示。

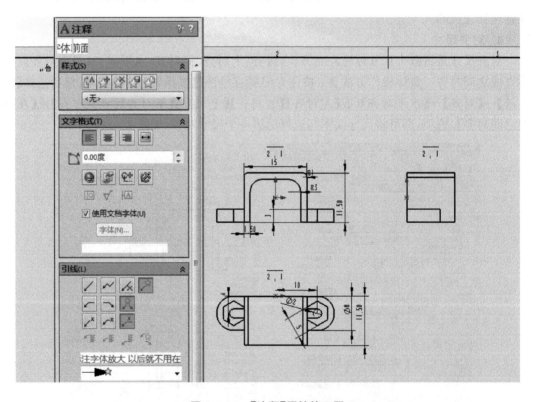

图 4.4.15　【注释】属性管理器

"注释"属性管理器中主要面板功能说明如下。

"常用项":该面板用于定义注释的类型,主要有【带文字】和【不带文字】两种类型。选择【带文字】选项,在注释中输入文本并将其另存为常用注释,该文本便会随注释属性保存。

第 4 章　机械设计辅助软件　｜ 69

当生成新注释时,选择该常用注释并将注释放在图形区域中,注释便会与该文本一起出现。若选择视图中的文本,然后选择一常用类型,便会应用该常用类型的属性,而不更改所选的文本。选择【不带文字】选项,生成不带文本的注释并将其另存为常用注释,则只保存注释属性。

"文字格式":该面板用于定义文本的对齐位置、放置角度、文本样式、高度和间距等属性,还可以利用【添加符号】<img_2>、【锁定/解除锁定注释】<img_3>、【插入行位公差】、【插入表面粗糙度】等工具为工程图解锁锁定注释,并灵活添加基准特征、形位公差、表面粗糙度以及其他替代符号。

"引线":该面板用于定义添加的注释引线类型、样式和引线方向,主要包括【引线】【多转折引线】【无引线】【自动引线】【引线靠左】【引线靠右】【直引线】【折弯引线】等工具图标。若激活【箭头样式】下拉列表,还可以定义标注箭头的样式。

"块属性":该面板只有在编辑块中注释时才显示。利用该面板可以将属性设置为【只读】【不可见】等形式,然后利用【属性名称】文本框,为具有 AutoCAD 输入的属性的注释,在提供的文本中输入或编辑属性名称。

接着,根据需要在属性管理器中依次设置注释属性,并在图纸中单击选取合适位置来放置注释或单击拖动形成边界框,如图 4.4.16 所示。若注释有引线,应该先单击以放置引线。

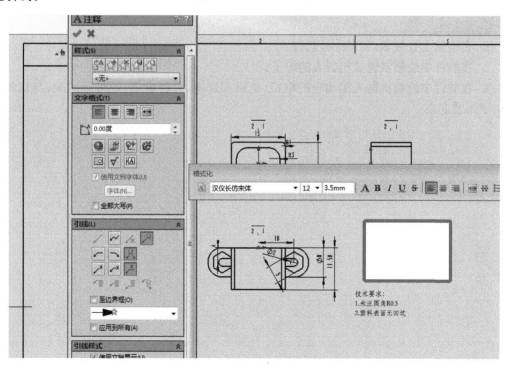

图 4.4.16　定义注释位置

然后,在边界框内输入文字,并在打开的【格式化】工具栏中设置字体样式、大小等属性。最后,在边界框外单击完成注释,如图 4.4.17 所示。

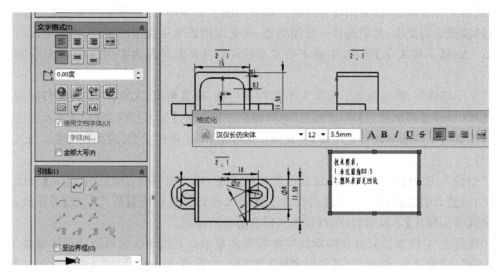

图 4.4.17   注释文本

思考题与习题

1. 在电脑上安装 SolidWorks 软件。

2. 在软件中绘制双轮式机器人的轮子。

3. 在软件中绘制机器人驱动轮的电机、电机固定架，并将电机、电机固定架，与机器人的轮子组装起来。

第 **5** 章

小型机器人机械结构的制作及装配

5.1　小型机器人常用制作材料

5.1.1　木质材料

木材比金属、玻璃要轻，并且不易弯曲，成本低廉，割断或切削加工都很容易。木质零件可以使用质量较好的木工胶水黏合，方便易行。当需要制作支柱类零部件时，使用木质材料要比使用金属材料更便于组装，相对来说，木材更适合制作轻型机器人。由于干燥的木材不导电，因此不会产生采用金属材料时所担心的短路现象。

在制作机器人时，厚 3cm 以上的木材相对来说比较重，也比较难加工。当需要这种材料时，可以采用椴木胶合板来取代。由于胶合板一般都比较薄，直接使用往往满足不了零部件的强度要求。为此，需要先将它制作成箱体，或者通过添加金属加固件来提高强度，这样就可以用木材制作出既轻又结实的本体。木材可以从木工车床加工供应商的目录中查到，它们包括柚木、胡桃木、花梨木等。在多层结构的机器人中，它们可以作为分离各安装层的坚固支撑架。

注意：在机器人制作过程中，不是所有木头都能够满足强度要求。对小型机器人而言，航空级桦木或其他硬木胶合板（如 1/4 英寸或 3/8 英寸的板材）可以提供足够的强度。要避免使用较软的板条，如松木、冷杉等。

5.1.2　塑料材料

塑料是一种制作机器人的常见材料。在材料商店中，有很多如聚酯塑料板之类的塑料材料出售。在废弃的日常生活用品中，也有很多可以作为机器人的制作材料。

聚碳酸酯是一种高硬度的防刮擦材料，常用来替代玻璃，使用手动或电动工具可以对其进行切割。厚度为 3mm（约 1/8 英寸）的聚碳酸酯板材非常适用机器人的制造。

常用的还有厚度为 6mm（约 1/4 英寸）的 PVC 塑料。这种材料的硬度虽然比不上聚碳酸酯，但是 PVC 很容易加工，使用普通的木工工具就可以了。

厚度为 3mm 或 6mm 的 ABS 塑料也适用于机器人的制造。这种材料的特点是切割和钻孔比聚碳酸酯容易，制成的零件可以使用常见的便宜的液态黏合剂黏合。

丙烯酸塑料可能是一种最不理想的制作步行机器人的材料了。虽然它的外观看起来像聚碳酸酯,但是它的强度不高,并且在受力的情况下容易开裂。重复弯曲的塑料,随着时间的推移,其弯曲的部位会形成细微的裂纹和"炸纹"。

5.1.3　金属材料

机器人的结构制作一般选用金属材料。机器人应具有足够的强度,因此主要材料选用各种碳钢和铝合金。

在使用金属材料制作机器人时,若使用专业工具,加工金属材料要比想象的简单。材料不同,加工的难易程度有所不同。一般来说,在对厚度在 1mm 以上的金属进行弯折或切削时,需要使用特殊的工具,加工起来比较困难。另外,当金属材料比较短时,其强度很高,随着尺寸增加,金属材料会因自重发生弯曲,因而达不到预想的强度。在制作小型机器人时,可以采用将金属薄板两边卷起的方法来增加强度,应该尽量避免使用比较厚重的金属材料。

材料截面对构件质量和刚度有重要影响,通过合理选择构件截面可以较好地满足机器人的使用要求,如空心圆截面、空心矩形截面和工字型截面等。若空心矩形截面是边长 a、壁厚 t 的正方形,空心圆截面的外圆直径也为 a,壁厚也为 t,且令 $t=0.2a$,通过计算可以得出,在相同壁厚的条件下,正方形空心截面比空心圆截面的惯性矩可提高 69%～84%,而质量仅增加 27%。壁厚越薄,效果越明显。

若空心矩形截面和空心圆截面的型材相同、截面相等,且 $D=a$,设空心圆截面壁厚 $t=0.2a$,则可以计算出正方形空心截面比空心圆截面的刚度提高了 40%～60%。所以在机器人的制作过程中多采用以下材料:10mm×10mm、20mm×20mm、25mm×25mm 铝合金方管,15mm×15mm、18mm×25mm、20mm×30mm 角铝以及 18mm×20mm 槽铝等。

在不影响机器人性能的情况下,应选择截面尺寸尽量小的方型铝合金管材来制作主体构件,而且在不影响构件强度和刚度的前提下,可以在构件垂直方向上打通孔,以减轻材料的质量。同时,当零件要求比较高的疲劳强度和韧性时,可以选用一些角钢、钢板、硬铝板以及铝合金型材等,以满足不同的需要。

例如对于铝材的切割和钻孔成形,高度在 300mm 以下的步行机器人可以使用 1～4.2mm 厚的铝板。预制件通常使用计算机控制的大型水刀切割机进行切割。

5.1.4　轻型复合材料(碳纤维)

复合材料主要有泡沫板、玻璃纤维、树脂、复合碳纤维等。复合材料质量很小,虽然强度不高,但是很适用于制作模型或者用于代替木材或塑料等材料,并且该类材料在加工时只需用刀和直尺就可以进行切割。但强度较高的复合材料价格昂贵,而且不易买到。通常复合材料只能从特定的零售商和工业产品供应商处才能得到。

以下是对典型轻型复合材料的简介。

1. 以板材为典型形式的各种层压材料

通常层压材料是将木材、纸、塑料或者金属进行压合以提高刚度和强度,其材料特性依赖于它的组成成分的特性。泡沫板(如泡沫夹芯板)是一种常见的层压复合材料,它是将两层硬纸中间夹一层弹性的泡沫塑料制成的。层压材料还可能由木材和金属、材料和纸或者任何其他的材料组合而成。

2. 所有使用玻璃纤维和树脂的材料

所有使用玻璃纤维和树脂的材料,有时会在树脂中加入金属、纺织品或碳的填充物,以使其具有额外的强度。

3. 所有使用碳或石墨增加强度的材料

这些材料可包含其他成分。一个很好的例子是复合碳纤维,它们质量小、弹性好而且强度非常高。

表 5.1.1 列出了制作机器人时经常要用到的原材料及这些原材料的主要特征。"实用性"是指获得这些原材料的难易程度,虽然一些原材料性能非常优异,但获得它们却比较困难。"强度"某种程度上依赖于实际购买的是何种材料,它们的变化可能会很大。"切割"是指精确地切割这种原材料并且将其边缘平滑化的难易程度。"稳定性"是衡量原材料的尺寸随时间和温度的变化而变化的程度。"抗振性"是指原材料所能承受机器人振动的能力。

表 5.1.1　机器人原材料对比表

原材料	实用性	成本	强度	切割	稳定性	抗振性
木材	优	好	次优	次优	次优	好
胶合板	优	良	优	良	次优	优
钢	好	好	优	次良	优	好
铝	好	良	好	良	优	良
纸板	优	优	次良	优	差	差
泡沫板	好	好	良	优	差	优
有机玻璃	好	好	良	次良	好	差
胶合苯乙烯	好	良	次良	极优	好	差

5.2　常用机械零件

5.2.1　连接零件

零件要以适当的形式连接起来才能成为机器,实现给定的运动和功能。在高质量的工程设计中,零件的连接方法是极其重要的,设计者必须熟练掌握各种连接方法以及连接件的使用条件和性能,机器运行过程中所有连接必须可靠,否则会酿成事故。

螺纹连接是利用带有螺纹的零件构成的可靠连接,它的功用是把两个或两个以上的零件连接在一起,这种连接结构简单、拆装方便、互换性好、工作可靠、形式灵活多样,可反复拆装而不破坏任何零件。螺纹连接有不需要附加零件的连接和采用一种或多种附加零件的连接,这种将零件和零件连接起来的零件叫作连接件,也称紧固件。紧固件螺纹的基本牙型为三角形,这种螺纹有很好的自锁性。螺纹连接件多为标准件,由专业工厂成批生产,成本低廉,应用广泛。

螺纹连接件的种类繁多,根据使用的广泛性,有适用面广、用量大的通用紧固件,还有满足各种需要、具有特殊结构的专用螺纹紧固件。为适应国际往来,国际标准化组织(ISO)发布了许多有关标准,常用的标准螺纹紧固件有螺栓、螺钉、双头螺柱、螺母和垫圈五大类,这些零件的结构形式和尺寸规格均已标准化,只需根据有关标准选取适当的连接件。

1. 螺栓和螺钉

螺纹连接件是按照使用方法命名的。如果设计结构是将连接件装入螺纹孔,这种连接件为螺钉,在螺钉头部施加转矩就可拧紧连接;如果设计结构是将连接件穿过被连接件的光孔再拧上螺母,这种连接件为螺栓,拧紧连接需要在螺母上施加转矩。

螺栓和螺钉的头部有多种形状,如六角头、方头、半圆头、扁圆头、圆柱头、沉头、盘头、半沉头、内六角头、双六角头及 T 形头。除此之外还有地脚、U 形和铰链用螺栓等。

螺栓和螺钉的尾端形状也很多,有碾制端、倒角端、球面端、锥端、截锥端、平端、凹端、圆柱端、刮削端及断颈端等,设计时根据需要选用适当的尾端形状。

2. 双头螺柱

双头螺柱是无螺钉头的外螺纹紧固件,两端螺纹有等长和不等长之分。不等长双头螺柱其两端的螺纹参数可以相同,也可以不同,且短的一端旋入机体,应用较为广泛。另外还有一些用于特殊场合的螺柱,如一端有螺纹的焊接螺柱和全螺纹的螺杆。

3. 螺母

螺母是内螺纹紧固件,其形状有六角形、方形和圆形。其中六角螺母有普通六角、厚六角和薄六角等,应用最广泛的是普通六角螺母。

4. 垫圈

垫圈是辅助连接件,置于螺母和支撑面之间。垫圈可以增大支撑面,遮盖较大孔或垫平被连接件表面,还可保护被连接件表面。螺纹连接中的垫圈有平垫片、斜垫片、弹簧垫圈、止动垫片等。

5.2.2 轴承

按轴承原理,可将轴承分为滚动轴承和滑动轴承。

1. 滚动轴承

滚动轴承的结构如图 5.2.1 所示。

滚动轴承由内圈、外圈、滚动体和保持架组成。保持架的作用是把滚动体均匀地隔开。滚动体的形状很多,常见的有球、圆柱滚子、滚针、圆锥滚子、球面滚子和非对称球面滚子等。

按滚动体形状,滚动轴承可分为球轴承和滚子轴承。按滚动轴承能否自动调心,可分为调心轴承和非调心轴承。按滚动轴承的滚动体列数可分为单列、双列和多列轴承。按滚动轴承能承受主要载荷的方向,有向心轴承($\alpha=0°$)、推力轴承($\alpha=90°$)和角接触轴承

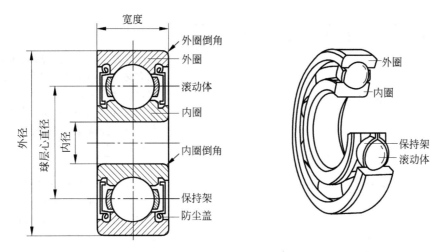

图 5.2.1　滚动轴承的结构

$(0°<\alpha<90°)$。其中,α 为公称接触角。公称接触角是指滚动轴承的外圈和滚动体接触点的法线与垂直于轴承轴线平面的夹角。

向心轴承主要承受径向载荷,推力轴承主要承受轴向载荷,角接触轴承可以承受径向、轴向联合载荷(接触角 α 越大承受轴向载荷的能力也越大)。为了满足不同的需要,向心角接触球轴承有 $\alpha=15°$(70000C 型),$\alpha=25°$(70000AC 型),$\alpha=40°$(70000B 型)等多种公称接触角,圆锥滚子轴承的接触角为 $10°\sim29°$。国家标准上,常用的滚动轴承分为 13 个基本类,表 5.2.1 列出了其中几种。

表 5.2.1　常用滚动轴承

类　　型	类型代号	额定动载荷比	极限转速比	特　　性
调心球轴承	1000	0.6～0.9	中	外圈的滚道是以轴承中心为球心的内球面,故可以自动调心。允许内外圈轴线在倾斜 $1.5°\sim3°$ 条件下正常工作。主要承受径向载荷,也能承受微量的轴向载荷
调心滚子轴承	20000	1.8～4	低	结构、特性和应用与调心球轴承基本相同,不同的是滚动体为滚子,故承载能力较调心球轴承大。允许内外圈逐渐倾斜 $1.5°\sim2.5°$
圆锥滚子轴承	3000 $\alpha=10°\sim18°$ 3000B $\alpha=27°\sim30°$	1.1～2.5	中	适用于同时承受径向和轴向载荷的场合,应用广泛,通常成对使用。内外圈可以分离,安装时应调整间隙
推力球轴承	50000	1	低	只能承受轴向载荷。内孔较小的是轴圈,与轴配合;内孔较大的是圆孔,与基座固定在一起。极限转速较低。51000 型只能承受单向轴向载荷,52000 型可以承受双向轴向载荷

续表

类　型	类型代号	额定动载荷比	极限转速比	特性
深沟球轴承	60000	1	高	摩擦力小,极限转速高,结构简单,使用方便,应用最广泛。但轴承本身刚性差,承受冲击载荷的能力较差。主要承受径向载荷,也能承受少量的轴向载荷,适用高速场合。内外圈的轴线相对倾斜 $2'\sim10'$
角接触球轴承	70000C $\alpha=15°$ 70000AC $\alpha=25°$ 70000B $\alpha=40°$	1	高	除滚动体为球外,其结构特性和应用与圆锥滚子轴承基本相同。承载能力较圆锥滚子轴承小,但极限转速比圆锥滚子轴承高
圆柱滚子轴承	外圈无挡边 N0000 内圈无挡边 NU0000	1.5～3	高	只能承受径向载荷,对轴的相对偏斜很敏感,只允许内外圈轴线倾斜在 $2'$ 以内。内外圈可以分离,工作时允许内外圈有小的相对轴向位移
滚针轴承	NA0000	—	低	在相同的内径下,其外径最小。用于承受纯径向载荷和径向尺寸受限制的场合。对轴的变形和安装误差非常敏感。一般不带保持架

滚动轴承的类型很多,同一种类型也有不同的尺寸结构和公差等级区别。为了便于制造、标记和选用,国家标准 GB/T 272—2017 和行业标准 JB/T 2974—2004 规定了滚动轴承代号表示方法,轴承代号由基本代号、前置代号和后置代号组成,见表 5.2.2。

表 5.2.2　轴承代号表示

内径尺寸		代号表示			举例	
范围	特征	第三位	第二位	第一位	代号	内径
<10	整数	0	直径系列代号	内径	25	5
	小数	0	9	内径整数部分	96	6.3
	小数(<3)	0	直径系列代号	代号/内径	100008/1.5	1.5
10～17	10 12 15 17	直径系列代号	0	0 1 2 3	300 302	10 15
20～495	5 的倍数	直径系列代号	内径/5 的商		211	55
	内径/5 为小数	9	内径/5 的商最相近整数		910	49
500 以上		直径系列代号	代号/内径		10777/750	750

在设计机械时,滚动轴承的合理选择是重要的一环。首先选择轴承的类型,然后选择轴承尺寸,即型号。滚动轴承的类型选择见表 5.2.3。

表 5.2.3　滚动轴承的类型选择

考 虑 因 素	应 用 条 件	适 应 轴 承 类 型
载荷方向	径向载荷	10000 型、20000 型、60000 型主要承受径向力和少许轴向力；N0000 型、NU000 型、NA0000 型只能承受纯径向力
	轴向载荷	51000 型、52000 型主要承受径向力
	联合载荷	一般选 70000 型、30000 型、29000 型。接触角 α 根据轴向载荷的大小而定，若轴向载荷较大，则选择 α 大一些的轴承
载荷大小	轻、中载荷	球轴承
	重载荷	滚子轴承
允许空间	径向空间受限制	滚针轴承，直径系列为 0、1 的其他轴承
	轴向空间受限制	宽度系列为 0、1 的轴承
对中性	有对中误差，如轴和支撑变形大，安装精度低	10000 型、20000 型、29000 型等调心轴承
刚性	要求轴承刚度高	滚子轴承
转速		除特殊情况外，转速较高时一般选球轴承；反之，选滚子轴承
安装、拆卸	安装、拆卸频繁	内外圈可分离的轴承，如 N0000 型、NU000 型、NA000 型、30000 型

2. 滑动轴承

常用的滑动轴承一般分为径向滑动轴承、推力滑动轴承、轴瓦结构几种，小型机器人中很少用到，多用在工业机器人上。滑动轴承的结构如图 5.2.2 所示。

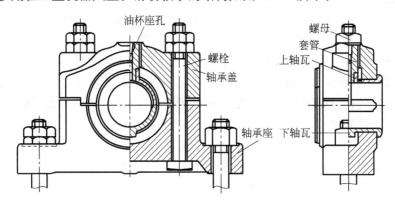

图 5.2.2　滑动轴承的结构

工业机器人轴承主要包括薄壁轴承、交叉圆柱滚子轴承、谐波减速器轴承和关节轴承等，其中主要是交叉圆柱滚子轴承。交叉圆柱滚子轴承以其独特的轻型结构与良好的性能，可简化设计、节省空间，在机器人关节和旋转单元、精密转台及航空航天领域得到广泛应用。

焊接机器人关节中的交叉圆柱滚子轴承的结构特点是：圆柱滚子在轴承内外圆滚道内相互垂直交叉排列，单个轴承就能同时承受径向力、双向轴向力与倾覆力矩的共同载荷。轴承承载能力大，刚性好，回转精度高，安装简便，节省空间，质量轻，能显著降低摩擦，并能提供良好的旋转精度，使主机的轻型化、小型化成为可能。

5.2.3　联轴器

联轴器和离合器是连接两轴且使两轴共同旋转并传递转矩的机械装置。通过联轴器连接的两轴只能通过拆卸联轴器才能分离，而通过离合器连接的两轴可以在工作中随时结合或分离。

由于制造、安装的误差，以及工作中零部件的变形，被联轴器连接的两轴线之间会存在相对位置误差，这种误差可以分为轴向误差、径向误差、角度误差和综合误差，如图5.2.3所示。

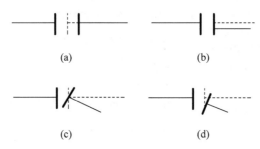

图 5.2.3　轴连接误差种类

（a）轴向误差；（b）径向误差；（c）角度误差；（d）综合误差

1. 联轴器的分类

具有自动补偿被连接两轴线相对位置误差能力的联轴器称为挠性联轴器，不具有自动补偿能力的联轴器称为刚性联轴器。挠性联轴器按照其补偿方法可分为有弹性元件的挠性联轴器和无弹性元件的挠性联轴器。有弹性元件的挠性联轴器依靠联轴器中的弹性元件的变形实现补偿，无弹性元件的挠性联轴器则依靠联轴器中不同零件之间的相对运动实现补偿。有弹性元件的挠性联轴器按照弹性元件的材料可以分为金属弹性元件挠性联轴器和非金属弹性元件挠性联轴器。

1）刚性联轴器

刚性联轴器不具有自动补偿被连接两轴线相对位置误差的能力，要求有连接的两轴具有较高的位置精度和刚度。刚性联轴器具有较高的承载能力。常用的刚性联轴器有套筒联轴器、凸缘联轴器和夹壳联轴器。

套筒联轴器如图5.2.4所示。

通过联轴套连接两轴，所连接的两轴直径可以相同，也可以不同，联轴套与轴之间可以通过销连接传递转矩，也可以通过键连接或花键连接传递转矩。此种方式结构简单、制造方便、成本低、占用径向尺寸小，但是装配和拆卸都不方便，适用于低速、轻载、工作平稳的连接。

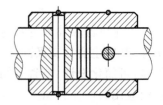

图 5.2.4　套筒联轴器

凸缘联轴器由两个带有椭圆的半联轴器组成，两个半联轴器分别安装在两个被连接的轴端，半联轴器与轴通过轴毂相连传递转矩。两个半联轴器之间通过螺栓连接传递转矩，根据传递转矩的大小，可采用普通螺栓连接，也可以采用铰制孔用螺栓连接；两个半联轴器之间可以通过铰制孔用螺栓连接定心。如图5.2.5所示，可以用中榫定心，也可用对中环定心。

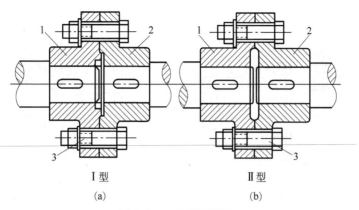

图 5.2.5　凸缘联轴器

（a）用凸肩和凹槽对中

1—凸肩联轴器；2—凹槽联轴器；3—连接螺栓

（b）用铰制孔螺栓对中

1—半联轴器；2—半联轴器；3—连接螺栓

此种联轴器结构简单，制造和使用较方便，工作可靠，承载能力大，用于高速以及两轴具有较高位置精度和刚度的场合。

2）无弹性元件的挠性联轴器

无弹性元件的挠性联轴器依靠联轴器中不同零件之间的相对运动来补偿两轴线之间的位置误差，通常需要在良好的润滑和密封条件下工作，不具有缓解环境冲击的能力。常用的类型有滑块联轴器、齿式联轴器、万向联轴器和链条联轴器等。

滑块联轴器可以补偿所连接者之间的径向位置误差，但是其工作中有噪声、传动效率低、滑块磨损较快，常用于低速、无冲击载荷的场合。

齿式联轴器通过次数相同的内外齿轮啮合传递转矩，同时承载的齿数多，承载能力大，径向尺寸小，但成本较高。齿式联轴器具有综合误差补偿能力，为提高补偿能力，通常将齿轮沿轴向修成球面，球心在轴线上，将齿面沿轴向修成鼓形，齿侧留有较大的间隙。齿式联轴器需要在良好的润滑和密封条件下工作。

3）有弹性元件的挠性联轴器

有弹性元件的挠性联轴器通过内部弹性元件的变形除了补偿被连接两轴线相对位置误差以外，还具有缓解冲击载荷、吸收振动的作用。联轴器中的弹性元件可以是金属材料，也可以是非金属材料。常用的有弹性元件挠性联轴器有以下几种。

弹性套柱销联轴器，由两个半联轴器和多组带有弹性套的柱销组成，形状与凸缘联轴器相近。将带有弹性套的柱销装入半联轴器的凸缘孔中，通过柱销在两个半联轴器之间传递转矩。弹性套柱销联轴器结构简单，制造和使用都很方便，成本低。但是弹性元件工作寿命短，承载能力小。弹性套柱销联轴器的结构如图 5.2.6 所示。

弹性柱销齿式联轴器将尼龙柱销置于两个半联轴器与联轴器外套之间，通过柱销的剪切在半联轴器外表面的圆弧槽与联轴器外套内表面圆弧槽之间传递转矩。为防止柱销沿轴向脱落，在外套两端设有挡板。弹性柱销齿式联轴器结构简单，制造和使用方便，工作寿命长，使用中不需要采取专门的润滑和密封措施，成本低，承载能力强。由于弹性零件的刚性较大，减震效果较差，工作中有噪声。

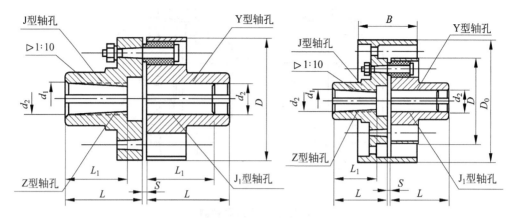

图 5.2.6　弹性套柱销联轴器

梅花形弹性联轴器由两个形状相同的端部带有凸爪的半联轴器和梅花形弹性元件组成。梅花形弹性元件置于两个半联轴器的凸爪之间,通过凸爪与弹性元件之间的挤压传递转矩。它的结构简单,零件数量少,结构尺寸小,不需要润滑,承载能力较高,但是更换弹性元件时需要将联轴器沿轴向移动。梅花形弹性联轴器如图 5.2.7 所示。

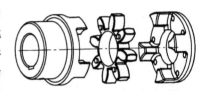

图 5.2.7　梅花形弹性联轴器

蛇形弹簧联轴器将蛇形弹簧嵌在两个半联轴器凸缘的齿间,通过蛇形弹簧在两个半联轴器之间传递转矩。蛇形弹簧用金属材料制造,其承载能力大,工作寿命长,通过改变与弹簧接触的齿面形状可以得到不同的刚度特性。由于弹簧与齿面接触点处有相对滑动,为改善润滑条件并防止弹簧因离心力被甩出,需要将联轴器的工作空间封闭并加注润滑油。

膜片联轴器通过螺栓连接将多组金属膜片交错地安装在两个半联轴器之间,通过膜片在两个半联轴器之间传递转矩,通过膜片的弹性变形,实现对所连接的两轴相对位置误差的补偿。这种补偿方法无工作间隙,无相对滑动,工作无噪声,不需要润滑,承载能力大,工作寿命长。通过改变每组膜片的数量可以改变其承载能力。膜片形状可以是连杆式,也可以是整片式。

2. 联轴器的选择

联轴器是常用标准部件,除了有关于各种类型联轴器的尺寸、形状、承载能力、最高转速等内容的标准外,国家标准 GB/T 12458—2017 定义了联轴器的分类方法,GB/T 3507—2008 规定了联轴器的公称转矩系列,GB/T 3852—2017 规定了联轴器的轴孔和连接形式与尺寸。常用联轴器已标准化,用户只需根据有关标准和产品样本选用。选用联轴器,包括选择联轴器的分类尺寸(型号)及联轴器与轴的连接方式。

不同类型联轴器的工作性能差别很大,选择联轴器的类型时应综合考虑工作条件对联轴器各方面性能的要求。

如果被联轴器连接的两轴线位置精度较高,可以选用刚性联轴器。如果由于制造安装的误差、受力后结构的变形及零部件的磨损等原因使轴线位置精度变差,则应选用具有补偿两轴线相对位移能力的挠性联轴器。

不同类型的联轴器,由于结构的复杂程度不同、所用材料不同、对加工精度的要求不同、而成本差异很大,使用中不应盲目选择性能好、精度高、价格高的联轴器,应综合考虑各方面的要求,选择最符合需要的联轴器。

确定联轴器的类型后,应根据工作能力确定联轴器的型号。行业标准 JB/T 7511—1994 规定了机械式联轴器的选用计算方法,下面介绍的方法是对这一标准的简化。

首先查询各种型号的联轴器许用转矩 T,如果原动机和工作机引起严重的载荷波动,将对联轴器的工作能力产生较大影响,应根据有关手册推荐的方法对许用转矩进行修正。所确定的联轴器的型号应保证 $T_c \ll T$,其中 T_c 为联轴器需要传递的计算转矩,T 为所选联轴器的许用转矩。

为保证所选联轴器正常工作,在确定联轴器型号时,还应保证 $n \ll n_{max}$,其中,n 为联轴器的转速,n_{max} 为所选联轴器允许的最高转速。

同一型号的联轴器一般允许有不同的直径尺寸系列值可供选用,可以选择圆柱孔或圆锥孔,也可以选用多种不同的轴毂连接方式。

5.3　小型机器人制作常用基本操作

5.3.1　划线

在毛坯或工件上,用划线工具划出待加工部位的轮廓线或作为基准的点、线的操作叫划线。划线是在加工前或加工过程中按图纸尺寸要求画出所需的加工界限。

划线的目的在于:使工件在加工时有明确的标志;通过划线检查毛坯是否正确,有些不合格的毛坯通过划线借料的方法可以得到补救,如图 5.3.1 所示。

1. 划线的作用

(1) 作为加工和安装的依据。

(2) 检查毛坯的形状和尺寸是否合格。

(3) 合理分配各加工表面的余量。

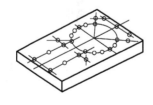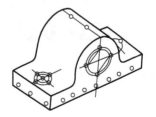

图 5.3.1　划线示意图

2. 划线的分类

划线分为平面划线和立体划线,如图 5.3.2 所示。

(1) 平面划线:在工件的一个平面上划线。

(2) 立体划线:在工件的几个表面上划线。

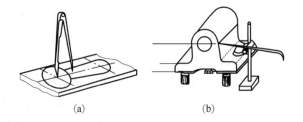

图 5.3.2　划线分类

(a) 平面划线；(b) 立体划线

3. 划线工具

(1) 基准工具主要有划线平板、划线方箱，如图 5.3.3 所示。

(2) 划线测量工具主要有游标高度尺、钢尺和直角尺，如图 5.3.4 所示。

 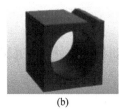  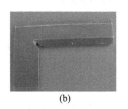

(a)　　　　　　(b)　　　　　　　　　　(a)　　　　　　(b)

图 5.3.3　划线基准工具　　　　　　　图 5.3.4　划线测量工具

(a) 划线平板；(b) 划线方箱　　　　　(a) 游标高度尺；(b) 直角尺

(3) 绘划工具主要有划针、划规(图 5.3.5)、划针盘(图 5.3.6)、样冲(图 5.3.7)。

(4) 夹持工具主要有 V 形铁、千斤顶，如图 5.3.8 所示。

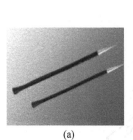 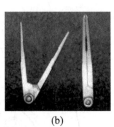  

(a)　　　　　　(b)　　　　　　　　　　(a)　　　　　　(b)

图 5.3.5　绘划工具　　　　　　　　　图 5.3.6　划针盘

(a) 划针；(b) 划规　　　　　　　　(a) 普通划规盘；(b) 可调式划线盘

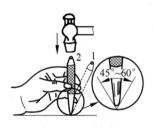 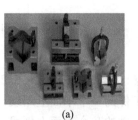 

(a)　　　　　　(b)

图 5.3.7　样冲　　　　　　　　　　图 5.3.8　夹持工具

(a) V 形铁；(b) 千斤顶

4. 划线步骤

1) 划线前的准备

(1) 工具准备

划线前必须根据工件划线的图形及各项技术要求,合理地选择所需要的各种工具,并且要对每件工具进行检查和校验。如有缺陷,应进行修理和调整,否则将影响划线的质量。

(2) 工件准备

① 工件清理。毛坯上的污垢、氧化皮、飞边、泥土,铸件上残留的型砂、浇注冒口,半成品上的毛刺、铁屑和油污等都必须清除干净。尤其是划线的部位更应仔细清理,以保证划线质量。

② 工件检查。检查工件的目的是预先发现工件上的缩孔、砂眼、裂纹、歪斜以及形状和尺寸等方面的缺陷。在认定划线之后能够消除缺陷或这些缺陷不致造成废品时,才可进行下一步工作。

③ 工件表面涂色。为了使划出的线清晰,工件上的划线部位应该涂色。

2) 划线基准的选择

工件在划线时,必须首先选定一个或几个平面(或线)作为划线的依据,其余的尺寸从这些线或面开始,这样的线或面就是划线基准。正确地选择划线基准是划好线的关键,有了合理的基准,划线才能准确、清晰、迅速。因此,划线前要对图纸进行认真、细致的分析,选择正确的基准。

3) 开始划线

(1) 认真分析图样或实物,选定划线基准并考虑下道工序的要求,确定加工余量和需要划出哪些线。

(2) 初步检查毛坯的误差情况,去除不合格毛坯,并在工件表面涂色(蓝油)。

(3) 划线时,应先划水平线,再划垂直线、斜线,最后划圆、圆弧和曲线等。

(4) 对照图样或实物,详细检查划线的精度、正确性以及是否有漏划的线。

(5) 检查无误后,在划好的线上打出样冲眼。

5.3.2　锯削

用锯对材料或工件进行切断或切槽的加工方法叫锯削。锯削是一种切削加工,主要用于锯断各种原材料或半成品、锯掉工件上的多余部分以及在工件上开槽等。

锯削分手工锯削和机械锯削两种。

手工锯削时,右手握住锯柄,左手握住锯弓的前上部。起锯时,速度要慢,用力不要过大;推锯时,锯齿起切削作用,要加以适当的压力。锯削硬性材料时,因不易切入,压力应大些,以防止产生打滑现象;锯削软性材料时,压力应小些,以防止发生咬住现象。但在向回拉锯时,不仅不需要加压力,还要把锯弓稍稍抬起,以减少锯齿的磨损。当工件快锯断时,要用手扶住悬在虎钳外的一段,以免工件落下伤人或摔坏工件。

根据工件材料及厚度选择合适的锯条。粗齿锯条适宜锯削铜、铝等软金属及厚的工件,细齿锯条适宜锯削钢材、板料及薄壁管等,加工低碳钢、铸铁及中等厚度的工件多用中齿锯条。

将锯条安装在锯弓上,锯齿应向前。锯条松紧要合适,否则锯削时易折断。

工件应尽可能夹在虎钳左边,以免操作时碰伤左手。工件伸出要短,否则锯削时会颤动。

起锯时以左手拇指靠住锯条,右手稳推手柄,起锯角度稍小于15°。锯弓往复行程要短,压力要轻,锯条要与工件表面垂直。锯成锯口后,逐渐将锯弓改至水平方向。

锯弓应直线往复,不可摆动;前推时加压,用力均匀;返回时从工件上应轻轻滑过,不要加压用力。锯削速度不宜过快,通常每分钟往复30～60次。锯削时用锯条全长工作,以免锯条中间部分迅速磨钝。锯削钢料时应加机油润滑。快锯断时,用力要轻,以免碰伤手臂。

几种常见原材料的锯削方法如下:

(1) 锯薄板。比较薄的板料,锯削时会产生弯曲和颤动,使锯削无法进行。因此,锯削时应将板料夹在两块废木板的中间,连同木板一起锯开,如图5.3.9所示。

(2) 锯圆管。锯圆管一般不用一锯到底的办法,而是当快将管壁锯透时,把圆管向推锯方向移动,边锯边转,直到锯掉为止,如图5.3.10所示。

(3) 锯扁钢。为得到整齐的锯口,应从扁钢较宽的面下锯,这样锯缝的深度较浅,锯条不致卡住,如图5.3.11所示。

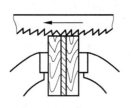　　　　　　　　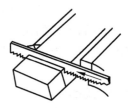

图 5.3.9　薄板的锯法　　　　图 5.3.10　锯圆管　　　　图 5.3.11　锯扁钢

5.3.3　锉削

锉削是利用锉刀对工件材料进行切削加工的操作。在机器人机械结构制作、装配过程中,锉削经常用于机械部件外表面、内孔、沟槽和各种形状复杂表面的加工,如图5.3.12所示。

图 5.3.12　锉削

1. 锉削工具

锉削工具的材料主要有 T12、T13。锉削工具的种类如图5.3.13所示。其中,普通锉按断面形状不同分为五种,即平锉、方锉、圆锉、三角锉、半圆锉。整形锉用于修整工件上的细小部位。特种锉用于加工特殊表面。锉刀的粗细以锉刀10mm长的锉面上锉纹条数的多少来确定。其中,粗锉刀用于加工软材料(如铜、铅等)或粗加工,细锉刀(13～24)用于加工硬材料或精加工,光锉刀(30～40)用于最后修光表面。

2. 锉削方法

开始锉削时身体要向前倾斜10°左右,左肘弯曲,右肘向后。锉刀推出1/3行程时身体向前倾斜15°左右,此时左腿稍直,右臂向前推,推到2/3时,身体倾斜到18°左右,最后左腿继续弯曲,右肘渐直,右臂向前使锉刀继续推进至尽头,身体随锉刀的反作用方向回到15°位置。小型锉刀的握法如图 5.3.14 所示。

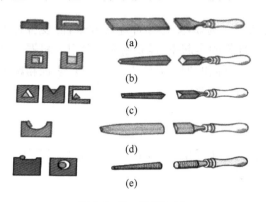

图 5.3.13 锉削工具

(a) 平锉;(b) 方锉;(c) 三角锉;(d) 半圆锉;(e) 圆锉

图 5.3.14 小型锉刀的握法

锉削时有两个力,一个是推力,一个是压力,其中推力由右手控制,压力由左手控制。在锉削时,要保证锉刀前后两端所受的力矩相等,即随着锉刀的推进左手所加的压力由大变小,右手的压力由小变大,否则锉刀不稳易摆动。

锉削方法主要有顺向锉、交叉锉和推锉,如图 5.3.15 所示。

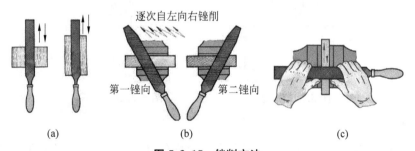

图 5.3.15 锉削方法

(a) 顺向挫;(b) 交叉锉;(c) 推锉

3. 曲面锉削

外圆弧锉削方法如图 5.3.16 所示。

外圆弧锉削的运动形式为横锉和顺锉。

锉削方法包括横向圆弧锉法和滚锉法两种,横向圆弧锉法用于圆弧粗加工,滚锉法用于精加工和余量较小时的加工。

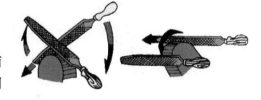

图 5.3.16 外圆弧锉削方法

锉刀使用及安全注意事项如下:

(1) 不使用无柄或柄已裂开的锉刀,防止刺伤手腕。

(2) 不能用嘴吹铁屑,防止铁屑飞进眼睛。

(3) 锉削过程中不能用手抚摸锉面,以防锉时打滑。

(4) 锉面堵塞后,用铜锉刷顺着齿纹方向刷去铁屑。

(5) 锉刀放置时不应伸出钳台以外,以免碰落砸伤脚。

5.3.4　孔加工

在机器人制作过程中,经常需要进行孔的加工。例如,要把零件连接起来,需要各种不同尺寸的螺钉孔、销钉孔和铆钉孔;为了把传动部件固定起来,需要各种安装孔;机器零件本身也有许多孔,如油孔、工艺孔、减重孔等。选择不同的加工方法得到的精度、表面粗糙度不同。合理地选择加工方法有利于降低成本,提高工作效率。

1. 常见孔的加工方法

1) 钻孔

用钻头在实心工件上加工孔叫钻孔。钻孔只能进行孔的粗加工,加工精度在 IT12 左右,表面粗糙度在 $Ra12.5\mu m$ 左右,如图 5.3.17 所示。

2) 扩孔

扩孔用于扩大已加工的孔,它常作为孔的半精加工。加工精度在 IT10 左右,表面粗糙度在 $Ra6.3\mu m$ 左右,预留加工余量为 0.5～4mm,如图 5.3.18 所示。

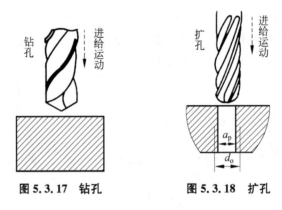

图 5.3.17　钻孔　　　　图 5.3.18　扩孔

3) 锪孔

锪孔是用锪钻对工件上已有的孔进行孔口形面的加工,其目的是保证孔端面与孔中心线的垂直度,以便使与孔连接的零件位置正确,连接可靠,如图 5.3.19 所示。

图 5.3.19　锪孔

2. 钻孔设备

1) 台式钻床

台式钻床钻孔直径一般为 12mm 以下,特点是小巧灵活,主要用于加工小型零件上的小孔,如图 5.3.20 所示。

2) 立式钻床

立式钻床主要由主轴、主轴变速箱、进给箱、立柱、工作台和底座组成,可以完成钻孔、扩孔、铰孔、锪孔、攻螺纹等,适于加工中小型零件上的孔,如图 5.3.21 所示。

图 5.3.20　台式钻床

图 5.3.21　立式钻床

3) 手电钻

在其他钻床不方便钻孔时,可用手电钻钻孔。

另外,现在市场有许多先进的钻孔设备,如数控钻床,减少了钻孔划线及钻孔偏移的烦恼,还有磁力钻床等。

3. 钻孔注意事项

(1) 按划线钻孔时,钻孔前应在孔中心打好样冲眼,划出检查圆,以便找正中心,便于引钻,然后钻一浅坑,检查是否对中。若偏离较多,可用样冲在应钻掉的位置錾出几条槽,以便把钻偏的中心校正过来。

(2) 用麻花钻头钻较深的孔时,要经常退出钻头以排出切屑和进行冷却,否则可能使切屑堵塞在孔内卡断钻头或由于过热而加剧钻头磨损。为降低切削温度,提高钻头的耐用度,需要施加切削液。

(3) 直径大于 30mm 的孔,由于有较大的轴向抗力,很难一次钻出。这时可先钻出一个较小的孔(孔径为加工孔径的 50% 左右),然后用第二把钻头将孔扩大到所要求的直径。

5.3.5　攻、套螺纹

1. 螺纹

螺纹分为内螺纹和外螺纹,按牙型可分为矩形螺纹、三角形螺纹、梯形螺纹、锯齿形螺纹、方螺纹、圆螺纹、管螺纹等,如图 5.3.22 所示。

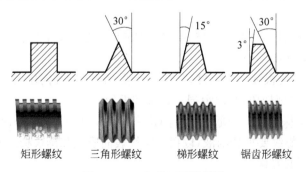

矩形螺纹　　三角形螺纹　　梯形螺纹　　锯齿形螺纹

图 5.3.22　各种牙型的螺纹

2. 加工螺纹

1）攻螺纹

用丝锥加工工件内螺纹的方法叫攻螺纹，如图 5.3.23 所示。

攻螺纹的方法：

（1）工件装夹要正，要将工件需要攻螺纹的一面置于水平或垂直位置，以便在攻螺纹时，容易判断和保持丝锥垂直于工件的方向。

（2）在开始攻螺纹时，要尽量把丝锥放正，然后用一只手压住丝锥柄的中部，用另一只手轻轻转动铰杠。当丝锥的切削部分全部进入工件时，就不需要再施加轴向力，靠螺纹自然旋进即可。

（3）攻螺纹时，每次扳转铰杠，丝锥旋进不应太多，一般以每次旋进 0.5～1 转为宜。

（4）扳转铰杠时，两手用力要平衡。切忌用力过猛或左右晃动，否则容易将螺纹牙型撕裂，导致螺纹孔扩大或出现锥度。

（5）在塑性材料上攻螺纹时，要经常浇注足够的切削液。

（6）攻不通螺纹时，要经常把丝锥退出，将切屑清除，以保证螺纹孔的有效长度。

（7）丝锥用完后，要擦洗干净，涂上机油，隔开放好。切不可混在一起，以免将丝锥刃口碰伤。

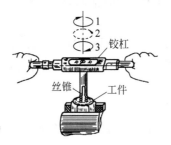

图 5.3.23　攻螺纹示意图

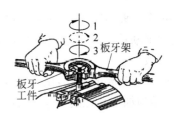

图 5.3.24　套螺纹示意图

2）套螺纹

用板牙或螺纹切头加工工件螺纹的方法叫套螺纹。套螺纹的方法如图 5.3.24 所示。

（1）为了使板牙容易对准工件和切入，圆杆端部要倒成 15～20°的斜角，锥体的最小直径要比螺纹小径小，以避免切出的螺纹端部出现锋口。否则，螺纹端部容易发生卷边而影响螺母的拧入。

（2）套螺纹时，切削力矩很大，圆杆要用硬木或厚铜板垫好，才能可靠地夹紧。而且，圆杆套螺纹部分离钳口也要尽量近。

（3）开始时，为了使板牙切入工件，要在转动板牙时施加轴向压力。但等板牙面旋入并切出螺纹时，则不需再施加压力，以免损坏螺纹和板牙。

（4）套螺纹时，应保持板牙的端面与圆杆的轴线垂直。否则，切出的螺纹牙一面深一面浅。

（5）在钢料上套螺纹要加切削液，以提高螺纹表面质量和延长板牙寿命。

3）攻、套螺纹用的刀具

（1）丝锥。丝锥是专门用来攻内螺纹用的一种刀具，由工具钢或高速钢制成，并经过淬火处理。

丝锥由切削部分、导向部分和柄部组成。切削部分在丝锥的前端,呈圆锥形,有锋利的切削刃,切削工作主要靠这部分来完成。导向部分又叫修光部分,攻螺纹时起修光和导向作用。切削部分和导向部分有 3~4 条容屑槽,用来容纳、排除切屑并形成切削刃。丝锥的柄部为圆柱形,末端有方榫,用来把丝锥安装在扳手上,起传递扭矩的作用。丝锥的构造及分类如图 5.3.25 所示,丝攻扳手如图 5.3.26 所示。

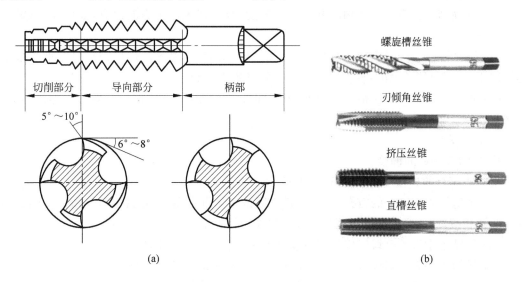

图 5.3.25　丝锥的构造及分类

(a) 丝锥的构造;(b) 丝锥的分类

(2) 板牙及板牙架。板牙是加工外螺纹的一种工具,由合金工具钢和高速钢制成,并经过淬火处理。板牙有固定式和开缝式两种,常用的为固定式,孔两端的 60°锥度部分是板牙的切削部分,不同规格的板牙配有相应的板牙架,如图 5.3.27 所示。

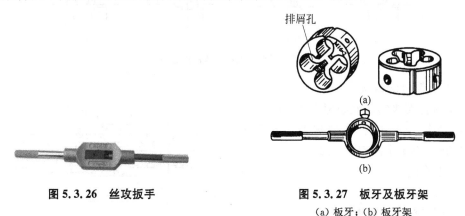

图 5.3.26　丝攻扳手

图 5.3.27　板牙及板牙架

(a) 板牙;(b) 板牙架

5.3.6　铆接

利用铆钉把两个或两个以上的零件或构件连接为一个整体,这种连接方法称为铆接。

制作机器人的铆接要用铆枪和铆钉来完成。

铆接具有工艺设备简单、抗振、耐冲击和牢固可靠等优点,但结构一般较为笨重,被连接件(或被铆件)上由于制有钉孔,强度受到较大的削弱。因此,目前应用已经逐渐减少,多被焊接和胶接所代替。

1. 铆接的种类

(1) 强固铆接。应用于结构需要有足够强度,承受强大作用力的地方,如桥梁、车辆和起重机等。

(2) 紧密铆接。应用于低压容器装置,如气包、水箱、油罐等。这种铆接只能承受很小的均匀压力,但对接缝处的密封性要求比较高,以防止渗漏。

(3) 强密铆接。即使在很大压力下,液体和气体也能保持不渗漏。一般用于蒸汽锅炉、压缩空气罐及其他高压容器的铆接。

2. 铆接方法

1) 半圆头铆钉的铆接

半圆头铆钉的铆接步骤如图 5.3.28 所示。

(1) 铆钉插入配钻好的钉孔后,将顶模夹紧或置于垂直而稳固的状态,使铆钉半圆头与顶模凹圆相接,用压紧冲头把被铆接件压紧贴实(见图 5.3.28(a))。

(2) 用锤子垂直锤打铆钉伸出部分使其镦粗(见图 5.3.28(b))。

(3) 用锤子斜着均匀锤打周边,初步形成铆钉头(见图 5.3.28(c))。

(4) 用罩模铆打,并不时地转动罩模,垂直锤打,形成半圆头(见图 5.3.28(d))。

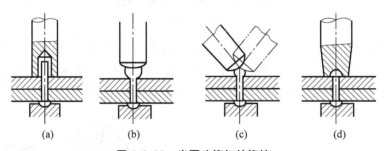

(a)   (b)   (c)   (d)

图 5.3.28   半圆头铆钉的铆接

2) 沉头铆钉的铆接

沉头铆钉铆接的步骤如图 5.3.29 所示。

(1) 铆钉插入孔后,在被铆接件下面支承好淬火平垫铁,再正中镦粗面 1、2。

(2) 铆合面 2。

(3) 铆合面 1。

(4) 用平头冲子修整。

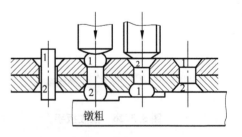

图 5.3.29   沉头铆钉的铆接

3. 铆接时应注意的问题

(1) 铆接零件表面与钉孔要擦干净,钉孔应对准(最好采用配钻),不得有毛刺、铁屑,铆接零件应紧密贴合。

(2) 铆接时,铆钉全长被镦粗,要填实整个铆钉孔。

(3) 采用热铆时,铆钉加热温度应准确,并迅速送至工件,立即铆合。热铆的压力须持续,并维持一定的冷却时间,使工件牢固并紧密贴合。

(4) 采用机铆时,加压的压杆中心要与铆钉同心。铆枪拉力方向应与铆钉杆方向一致,不可拉斜。

(5) 锤击铆接时,尤其是登高铆接作业时应特别注意人身安全。

5.4　小型机器人制作常用装配技术

5.4.1　装配的基础知识

将合格的零件按照规定的技术要求和装配工艺组装起来,并经调试使之成为合格产品的过程称为装配。

装配是机器人机械结构制造的最后阶段,装配质量的优劣对机器人的性能和使用寿命有很大的影响。若装配工艺不合理或者装配操作不正确,还可能影响机器人的电路控制效果。因此,装配在机器人制造过程中占有很重要的地位。

装配分为组件装配、部件装配、总装配。组件装配是将若干个零件安装在一个基础零件上。部件装配是将若干个零件、组件安装在另一个基础零件上。总装配是将若干个零件、组件、部件安装在另一个较大、较重的基础零件上构成产品。

常用装配工具有拉出器、拔销器、压力机、铜棒、手锤(铁锤、铜锤)、改锥(一字、十字)、扳手(呆扳手、梅花扳手、套筒扳手、活动扳手、测力扳手)、克丝钳(俗称老虎钳)。

5.4.2　装配过程

(1) 熟悉装配图和有关技术文件,了解所需机械的用途、构造、工作原理,以及各零部件的作用、相互关系、连接方法和有关技术要求,掌握装配工作的各项技术规范。

(2) 确定装配的方法和程序,准备必要的工艺装备。

(3) 准备好所需的各种物料,如铜皮、铁皮、保险垫片、弹簧垫圈等。

(4) 检查零部件的加工质量及其在搬运和堆放过程中是否有变形和碰撞,并根据需要进行适当的修整。

(5) 所有的耦合件和不能互换的零件要按照拆卸、修理或制作时所做的记号妥善摆放,以便成对成套地进行装配。

(6) 装配前,对零件进行彻底清洗,因为任何脏物或灰尘都会引起严重的磨损。

5.4.3　典型件的装配

1. 轴承的装配

在机器人的电机连接件、转向装置、手臂关节等部位常常会遇到轴承的装配。

1) 滑动轴承的装配

装配滑动轴承时,要根据不同的轴承结构采取不同的方法。装配后,要满足技术要求,

保证轴承有良好的润滑条件。整体式滑动轴承(轴套)的装配方法如下:

(1)压装轴套。根据轴套尺寸和过盈量的大小,采用敲入或压装的方法进行装配。当尺寸和过盈量较小时,可用手锤加垫板将轴套敲入;当轴套尺寸和过盈量较大时,则需用压力机或拉紧夹具把轴套压入机体;当直径过大或过盈量超过0.1mm时,可用加热机体或冷却轴套的方法进行装配,如图5.4.1所示。

(2)固定轴套。轴套压入后,为了防止转动,可用螺钉和定位销等加以固定。

(3)装配后的检查和修整。轴套(尤其是薄壁套)在压入后,常常产生变形(如内径缩小或成为椭圆形、圆锥形等)或造成工作表面损坏,因此装配后必须进行检查和修整。修整时,可采用铰削、刮研、珩磨等方法,使轴套和轴之间的间隙和接触点达到要求。

2)滚动轴承的装配

滚动轴承的装配主要是指轴承内环与轴、轴承外环与轴承孔的装配,如图5.4.2所示。

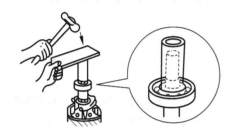 

图5.4.1 轴承套的敲入   图5.4.2 用铁条或铜棒安装轴承的方法示意图

滚动轴承的装配多数为较小的过盈配合,装配方法有直接敲入法、压入法和热套法。轴承安装在轴上时,作用力应作用在内圈上,安装在孔里时作用力应在外圈上,同时装在轴上和孔内时作用力应在内、外圈上,如图5.4.3所示。

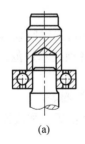 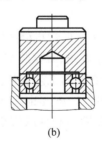 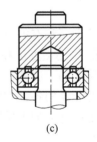

(a)   (b)   (c)

图5.4.3 滚动轴承装配

(a)施力于内圈;(b)施力于外圈;(c)同时施力于内、外圈

2. 螺纹连接的装配

螺纹连接的主要形式有以下几种:

(1)螺栓连接。当被连接件不太厚时,用普通螺栓贯穿两个(或多个)被连接的孔,再拧紧螺母,此种应用最广泛。

(2)双头螺柱连接。用于被连接件之一较厚而又经常拆装的场合。拆装时只需卸下螺母,不必拧出螺柱。

注意:设计时,双头螺柱必须紧固。在拧松螺母时,保证螺柱在螺孔中不得转动。

(3)螺钉连接。如被连接件之一较厚,即可采用螺钉连接。螺钉拧入深度与螺钉及被连接件的材料有关,按等强度条件决定的最小拧入深度可查有关手册。螺钉连接不适于经常拆卸的场合,经常拆卸可使螺孔磨损导致修理困难及被连接件报废。

螺纹连接方式如图 5.4.4 所示。

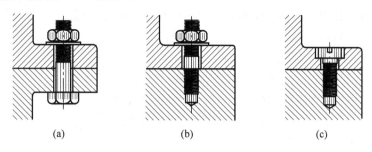

图 5.4.4　螺纹连接方式

(a) 螺栓连接;(b) 双头螺柱连接;(c) 螺钉连接

螺纹连接是机械结构装备时最常遇到的连接方式之一,装配不稳很容易影响机器人的运动稳定性,因此在装配时应注意以下问题:

(1) 螺钉或螺母与零件贴合的表面应光洁、平整,否则容易松动或使螺钉弯曲。

(2) 装配前,螺钉、螺母应在机油中清洗干净,螺孔内的脏物也要用压缩空气吹出。

(3) 在工作有振动时,为防止螺钉、螺母回松,应提高贴合质量,并采用防松装置,如增加垫圈。

5.4.4　小型机器人装配实例

下面以智能小型机器人为例,进行机器人主体的装配示范。小型机器人零件图如图 5.4.5 所示。

图 5.4.5　小型机器人零件图

1—电池盒;2—铜柱和螺钉;3—PCB 电路板;4—接口电路板;5—超声波传感器;6—杜邦线;7—舵机(含舵机臂);
8—透明支承板;9—底座;10—电机支承座;11—电机和轮毂;12—轮胎;13—球形轮;14—电池

1. 各零部件的作用

（1）电池盒：用于装载电池，将电池固定在机器人上。

（2）铜柱和螺钉：起连接和支撑的作用。

（3）PCB板和接口电路板：控制电机的运动和处理中心单元。

（4）超声波传感器：检测机器人周围的障碍。

（5）杜邦线：传输电流和信号。

（6）舵机（含舵机臂）：使超声波传感器旋转。

（7）透明支承板：支撑作用（PVC材质，轻便且成本低）。

（8）底座：支撑作用，承载部分电路（PVC材质，轻便且成本低）。

（9）电机支承座：固定电机。

（10）电机和轮毂：为机器人提供前进动力。

（11）轮胎：支撑车身，缓冲外界冲击。

（12）球形轮：辅助支撑作用。

（13）电池：为机器人提供能量。

2. 装配步骤

装配工具如图5.4.6所示。

小型机器人的装配步骤如下：

（1）装配轮毂和轮胎，并将电机用电机固定架固定，如图5.4.7～图5.4.10所示。

图5.4.6　装配工具

1—焊台；2—螺丝刀（一套）；3—尖嘴钳

图5.4.7　轮子的装配

图5.4.8　轮毂和轮胎装配好后的效果

图5.4.9　电机与电机固定架的装配

图5.4.10　装配好后的两个车轮

（2）将装配好的车轮固定到底座上，并焊接电机的电源线，如图 5.4.11 所示。将螺钉穿过底座上的光孔，紧固在电机固定架的螺栓上，但不要完全紧固，根据底座上的白块调整电机的位置，待电机位置调整好后，紧固螺栓。电机完全固定后，用焊枪将电机的电源线焊在底座的电源接头上，如图 5.4.12 所示。

电机固定白块

图 5.4.11　车轮与底盘的装配

图 5.4.12　完全固定并且焊接好的电机

（3）安装球形轮，安装时所需各种零部件如图 5.4.13 所示。首先，在底座上安装铜柱，铜柱安装位置如图 5.4.14 所示。安装完铜柱后需要注意，机器人底盘上一共有两个球形轮，安装位置如图 5.4.15 白色圆圈所示。安装完铜柱后，只需安装底座左侧的球形轮，右侧的球形轮在安装完电池盒后方可继续安装。

到此，机器人底座部分安装就结束了，如图 5.4.16 所示。

图 5.4.13　安装球形轮所需各种零部件

图 5.4.14　铜柱安装位置

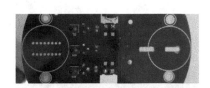

图 5.4.15　球形轮安装位置

图 5.4.16　安装好的球形轮

（4）安装舵机。将舵机放在透明支承板的矩形通槽内，如图 5.4.17 所示。用自攻螺钉进行紧固，固定在透明 PVC 上，如图 5.4.18 所示。

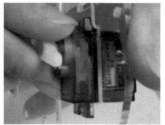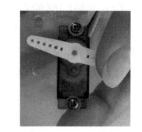

图 5.4.17　舵机装配位置　　　　　　　　　　　图 5.4.18　舵机固定

（5）用螺钉将超声波传感器固定在舵机臂上，如图 5.4.19 所示。

图 5.4.19　装配好的超声波传感器

（6）用螺钉和铜柱将 PCB1 固定在透明支承板上，如图 5.4.20、图 5.4.21 所示。

图 5.4.20　PCB1 及螺钉、铜柱　　　　　图 5.4.21　紧固好的 PCB1

（7）安装透明支承板上的长铜柱，如图 5.4.22、图 5.4.23 所示。

图 5.4.22　PCB 及长铜柱　　　　　图 5.4.23　安装长铜柱后的透明支承板

（8）将 PCB2 根据排针的位置插在 PCB1 上，如图 5.4.24～图 5.4.26 所示。

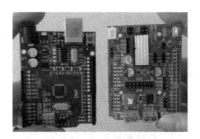

图 5.4.24　两块 PCB 对照

图 5.4.25　排针插脚连接

图 5.4.26　连接好的 PCB1 和 PCB2

（9）根据电路图进行接线，如图 5.4.27 所示。

图 5.4.27　电路模块及线路连接效果图

（10）将透明支承板通过长铜柱与底座连接起来，并将电池盒通过螺钉连接在底板上，并安装第二个球形轮，即可完成小型机器人的装配，如图 5.4.28、图 5.4.29 所示。

图 5.4.28　连接好铜柱的机器人

图 5.4.29　拧紧后的电池盒螺栓

如图 5.4.30 所示，一个小型机器人的装配就完成了。

图 5.4.30　装配完成效果图

思考题与习题

1. 一般机器人制作的材料有哪些？各有什么特点？小型机器人制作可以选择哪些材料？为自己的小型机器人选择一种或几种制作材料。

2. 常见的连接零件有哪些？试搜集螺钉、螺母的尺寸标准，并形成表格。

3. 轴承装配的方式有哪些？试阐述。

4. 按照第 5.4.4 节所述方法，尝试装配一个小型双轮机器人。

第 6 章

动力系统设计及制作

6.1 电池的选择

6.1.1 适用于机器人的电池种类

在机器人动力系统设计时,电池的选择是设计过程中非常重要的一环,到底选择什么样的电池才能够为机器人提供相应的能源呢? 下面,先了解一下电池种类,以及这些电池的特点。

电池主要分成两大类:一次性电池和可充电电池。

1. 一次性电池

1) 锌-锰电池

锌-锰电池是最传统的干电池,其组成结构是:正极为石墨棒,负极为金属锌圆筒,电解质为糊状氯化铵之类的物质,石墨棒周围有二氧化锰。锌-锰电池俗称干电池,在学术界中又称为勒克朗谢电池,如图 6.1.1 所示。

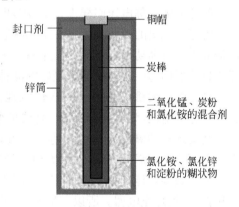

图 6.1.1 锌-锰电池

锌-锰电池的标称电压为 1.5V,常见的规格有 R20(1 号电池)、R14(2 号电池)、R6(5 号电池)和 R03(7 号电池)。现在除了一些老式手电筒、老式录音机和早期的电子钟还在使用 1 号和 2 号电池之外,其他大多数场合均使用 5 号电池(AA 电池)和 7 号电池(AAA 电池),如家中常用的电视机遥控器、空调遥控器以及小型玩具等。

锌-锰电池的价格较低,但电容量也较低(5 号电池的容量大约是 500mA·h),不适合大电流放电。此外,干电池在使用过程中也比较容易出现漏液现象,由于漏出的液体腐蚀性较强,所以最好不要在贵重设备中使用;在使用过程中需要定时检查电池是否出现异常,以防止漏液损坏设备,如果发现膨胀,就不要再继续使用了。

2) 高功率电池

高功率电池也称高容量电池,或者锌-锰纸板电池,其正极、负极的基本结构与锌-锰电池相同,但电解质被吸入纸板中。标称电压为 1.5V,规格型号为在锌-锰电池的型号上加后

缀 P，如 5 号电池为 R6P、7 号电池为 R03P。高功率电池价格是锌-锰电池的 2～3 倍，容量
在小电流放电时比糊式锌-锰电池略大些，大电流放电时间号称有 2～3 倍的容量。但从消
费者协会公布的实测数据看，其容量大是有限的，有些品牌甚至不及优质糊式锌-锰电池。
但该电池的优点是不易漏液。

高功率电池的输出功率较高，适用于大电流和连续工作场合，可用于随身听、电动玩具、
胶片自动相机等。在遥控器、电子门铃、石英电子钟等电池使用时间较长的设备中，这种电
池也很适合。不过高功率电池的单位时间的电费，在小电流应用时，高于普通锌-锰电池，而
大电流应用时，又高于碱性锌-锰电池，经济性不高。

3）碱性锌-锰电池

碱性锌-锰电池通常简称碱性电池，其规格标识是在普通的锌-锰电池型号上加前缀 L，
如 LR6、LR03 等，也有直接印刷英文 ALKALINE 的标识。碱性锌-锰电池的结构比较特
别，中心用一根锌棒作为负极，二氧化锰则是正极。你可能会问，这不就与普通锌-锰电池的
电极相反了吗？是的，没错！确实是相反的，但为了与一般电池一样使用，它把中心的负极
引出线做得与普通锌-锰电池一样平坦，而外壳正极上，冲出一个类似石墨棒的铜帽，包装时
再反过来，这样就与平时使用的普通电池几乎一样了。但是如果你够细心，仔细观察电池的
负极，就会发现负极与周围外壳之间有一条绝缘密封沟（类似南孚所谓的聚能环），而糊式
锌-锰电池和高功率电池的负极和侧边外壳是连体的，却没有这样的结构。正因为如此，这
可作为高功率电池假冒碱性电池的识别特征之一。这里补充一下第二个特征，那就是碱性
电池比较重。

碱性电池标称电压同样也是 1.5V，但是其容量却是普通电池的 5～10 倍，即使用于照
相机闪光灯充电的瞬时特大电流工作状态，其使用寿命也可超过普通电池 10 倍。同时，其
制造成本只有高功率电池的 2 倍左右。正是由于碱性电池这种大电流、大容量的特性，使其
成为目前通用型一次性电池中最好的品种。

碱性电池大都被认为是一次性电池，早期有过一
种碱性充电电池，型号为 R-LR6，大约可循环使用 100
次。其实现在的碱性电池也可称为半充电电池，但充
电时必须用低恒涓流充电，最大充电电流在 160mA 以
下。另外碱性电池充电后易漏液，且漏出的液体腐蚀
性很强，会损坏充电器。所以一般来说，将碱性电池当
成一次性电池使用较为安全。当然，这并不妨碍谨慎
的爱好者对其充电后再使用，如图 6.1.2 所示。

4）积层电池

所谓积层电池，其实就是锌-锰电池的一种变形，
每节电池像电蚊片一样。正极也是石墨和二氧化锰，

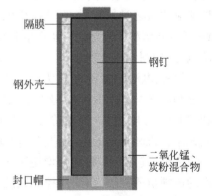

图中标注：隔膜、钢钉、钢外壳、二氧化锰、炭粉混合物、封口帽

图 6.1.2　碱性电池

负极为锌片，中间一层为半糊状电解质，每片 1.5V。型号为 6F××，即有 6 片积层，总电压
为 9V，外加铁壳包装。早先有过不同尺寸，4 片、6 片、15 片等多种，但现在见得到的只有用
于无线话筒、电子血压计或数字液晶万用表中，如图 6.1.3 所示。

积层电池电压高、电流小、容量小，早期用在必须有较高电压才能工作的弱电流设备中。
这种电池的最大放大电流只有几十毫安，平时只工作在毫安级。现在由于 DC-DC 芯片的普

图 6.1.3　积层电池

及,较高级些的这类设备也都改用一节 5 号电池供电,积层电池适用面日益萎缩。

5) 锂金属电池

新型的锂电池有两大类,一类是一次性锂金属电池,另一类为锂离子电池。锂金属电池的负极为锂金属,正极有二氧化锰、二硫化铁等。标称电压因正极材料不同而有 1.5V、2.8V 和 3V 多种,国内常见的是用于高档全自动相机的 3V 锂电池 CR123A 和 CR2,以及直径为 20mm 的大扣式电池 CR2016、CR2025 和 CR2032。

锂金属电池的能量质量比特别大,高达 900W·h/kg,故单位体积的电池容量特别大,一节用于全自动电子照相机的 CR123A,以 50% 用闪光灯拍摄,可拍 24 卷胶卷。锂金属电池还可连续大电流、长时间供电,最大电流在 2A 以上,而自放电率仅为(1%～1.5%)/月,保存性极好。

虽然锂的活动性很强,但由于锂金属电池采用了自淬火电化学系统,正常使用时非常安全,不慎出现内外部短路、过度放电、过热或外力冲击时,都有一定的自身保护功能。但请切记,锂金属电池不是可充电电池,若强行充电,容易引起爆炸或起火。

由于锂金属电池的大容量、大电流特点,现已被越来越多的便携式设备采用,如高档全自动照相机。锂金属扣式电池被广泛用在高档计算器、电子词典、电子笔记本和语音报时钟表中。

6) 氧化银电池(银锌电池)

氧化银电池也称银锌电池,其正极为氧化银,阴极为锌材,电解质有氢氧化钠和氢氧化钾两种。氧化银电池标称电压为 1.55V,电流微弱。氧化银电池都为扣式电池,常见的有 6.8mm×2.1mm、7.9mm×3.6mm 和 11.6mm×3.0/4.2/5.4mm 几种,容量分别为 15、40、80、120、170mA·h。

扣式电池密封可靠、不漏液,但材质的密封处会生锈,使用时要注意。由于其体积小,供出电流小,这类扣式电池都是用在电子表、计算器、照相机、微型遥控器和声响玩具中。用氢氧化钠作电解质的电池内阻较大,输出电流较小,适用于小电流设备,如指针式石英表。用氢氧化钾作电解质的电池内阻小,输出电流略大些,可用于数字式电子表。

扣式电池替换时,镊子只能夹持圆周边,若夹持上下面即造成电池短路。

7) 过氧化银电池

将氧化银电池的正极改为过氧化银材料就是过氧化银电池,其品质更好。过氧化银电池标称电压为 1.55V,容量比同体积氧化银电池高 30%~40%,除氧化银电池的适用范围外,还可用于有亮光和声响功能的电子表。

2. 充电电池

上述七种都是一次性电池,随着便携式电子设备的大量和长时间使用,一次性电池就显得费用太高,故充电电池越来越受到产品开发厂商和用户的关注。充电电池除制造成通用型电池外,还被大量制成专用型充电电池。充电电池的特性比一次性电池更复杂,除与一次性电池一样的注意事项外,还有充电特性要注意。不同种类的充电电池放电和充电特性不同,使用不当会大大缩短电池寿命。

充电电池的一些特殊指标如下:

(1) 最终放电电压:也称放电终止电压,此电压以下就不能再放电,强行放电会加速损坏电池。最终放电电压也是测定电池容量的结束点。

(2) 额定容量:以 5h 充满电的电池,放电至最终放电电压的电流和时间的乘积。额定容量用 C 来表示,单位为 mA·h。

(3) 充放电率:以 C 的比例来表示。若以容量数值电流放电,即称 C 率放电,即充放电率为 $0.1C$ 率的电池,可工作 10h。充电时,若效率为 100%,以 $1C$ 率充电,只需用 1h;以 $0.5C$ 率充电,需要 2h。

(4) 涓流:$0.1C$ 率称为涓流,涓流充电时间较长,但对各种充电电池都比较安全。例如,某充电电池容量为 1600mA·h,充电效率为 2/3,以 $0.5C$ 率,即 800mA 恒流充电,需要 3h,以 $0.1C$ 率(160mA)涓流充电,约 15h。

(5) 最大充电电压:不会破坏电池内部保护机制的最大允许充电电压。

(6) 最大充放电电流:具有过流保护机制的电池组允许的最大充放电电流。

下面介绍目前使用最广泛的三种充电干电池。

1) 镍镉电池(Ni-Cd)

镍镉电池是最早出现的干式充电电池,现技术成熟、价格低廉,售价为碱性电池的三四倍,实际使用相当于 500 节糊式锌-锰电池。它的正极采用氢氧化镍,负极为氧化镉,电解质为氢氧化钾。额定电压为 1.2V,出厂时为放电状态,初始电压不高于 1.0V,这是假冒充电电池或旧充电电池与新品的明显区别。满充电时的最大电压可达 1.6~1.8V,开始工作后,很快就回落到额定电压上。此后能保持很长时间的稳定电压值,到电量用完时,才迅速下跌。镍镉电池的最终放电电压为 1.0V。其自放电率大,达(25%~28%)/月,不宜充满电保存。

镍镉电池内阻极小,能提供特别大的放电电流,短路电流可达 6A,且放电电压稳定。反复充电次数大于 500 次。镍镉电池的能量质量比为 50W·h/kg,能量体积比为 150W·h/L,是几种充电电池中最差的。由于能量体积比不高,5 号镍镉电池的容量只与糊式锌锰电池持平,约为 500mA·h。

镍镉电池应采用恒流充电,可大电流充电。由于电量充足后,若继续充电,电压反而会下降,故可用负电压增量($-\Delta V$)自动控制,结束充电。若充足后继续充电,电能将全部转化成热能,电池剧烈发热。镍镉电池的一大优点为过充电的危险性不大,涓流充电的话,过充电对电池几乎没有影响。故可以用半波整流串电阻限流的定电压充电器充电,开始电流较大,此后逐步减小,不需具备定时或充足自动结束功能。稍好的可用大电流恒流快速充电方式,定时自动切断电源。

镍镉电池的一大缺点是具有记效应,如果没有用完电就充电,或没有充足电就放电,电池就会记住这个电压,以后充放电就会停止在这里,使可用容量大大减小。所以,平常使用应以用光充足为原则,不随意充电。这就对旅游和野外使用有所影响,可能突然出现电量用尽的情况。如已经出现记忆效应,即发现充电后使用时间很短,可用以下方法恢复:以涓流充足电量(宁过勿缺),然后以 5 小时放电率(5 号电池约 100mA)放电,直至 1.0V,如此反复 3～5 次,一般就能恢复正常。

镍镉电池虽然额定电压只有 1.2V,但由于其内阻小,路端电压与锌-锰类一次性电池基本相同,特别在大电流工作时,作用于负载上的电压更在其上。所以,凡是用 1.5V 一次性干电池的场合,都可以用 1.2V 的镍镉电池,其中以大电流设备更为适用,例如全自动相机、随身听、录音机、电机玩具、遥控舰模、电动剃须刀等。而在电子钟、遥控器中,则不合适或不经济。一些早期的电子闪光灯或自动相机,注明禁止使用镍镉电池,是因为担心镍镉电池提供的特大电流损坏闪光灯充电电路,后来的闪光灯一般不存在此问题。另外,由于镍镉电池的容量不大,故不宜用于长时间大电流设备,如液晶显示器、数码相机等。

2) 镍氢电池(Ni-MH)

镍氢电池采用与镍镉电池相同的镍氧化物作为正极,储氢金属作为负极,碱液(主要为氢氧化钾)作为电解液。镍氢电池额定电压为 1.2V,满充电时的最大电压可达 1.6～1.8V,最终放电电压为 1.0V。重复充电次数大于 500 次,自放电率为 20%。

镍氢电池是镍镉电池的后代产品,各方面性能都优于镍镉电池,放电最大电流可达 3A。能量质量比为 60～80W·h/kg,同样体积或同样质量可提供比镍镉电池大得多的能量,适合有质量、体积要求的设备,例如舰模和车模等。其单节 5 号电池的最大容量可达 1700mA·h。镍氢电池成本低,具有良好的快充性能,无记忆效应,无镉污染,温度使用范围广,安全性能好,温升迅速,自动结束充电。过充电后,能量也会变成热量散发掉,不过大电流过充电会影响电池寿命。

镍氢电池充电方式与镍镉电池基本相同,也为恒流充电。

虽然镍氢电池被认为没有记忆效应,可以随时充电。但充电器若没有充满自动停止功能的话,也只能以涓流充电。因为大电流恒流充电无准确估计时间,极易造成过充电。镍氢电池长期不用会出现休眠现象,容量大大降低,这时可按镍镉电池消除记忆效应同样的过程激活。

鉴于镍氢电池的特点,它可用于各种普通电池使用的场合,其中包括长时间大电流和瞬态超大电流工作状态,如航模舰模、玩具赛车、电动工具和采用 5 号电池的数码相机。也可用于长期放电,但电流不大的场合,如无绳电话。镍氢电池瞬态超大电流工作能力是更新型的锂离子充电电池都不能及的。

3) 锂离子电池(Li-ion)

锂离子电池是新型的充电电池,正极材料为含锂的金属氧化物($LiCoO_2$、$LiNiO_2$、$LiMn_2O_2$ 等),负极材料为焦炭或石墨,电解质为有机液,新电池需充电化成。锂离子电池的额定电压为 3.6V,满充电时的最大电压为 4.1～4.2V,最终放电电压硬碳型为 2.5～2.8V,石墨型为 3.0V。其能量质量比高达 170W·h/kg,是镍镉电池的 3 倍多,能量体积比为 300W·h/L,循环充电次数大于 1000 次,无记忆效应。其内部还具有多种安全设置,能保护电池在不当使用时不致损坏。

从上述指标可以看出,锂离子电池的能量密度更大,同样体积可以提供更多的能量,使用寿命长,单节电池的工作电压高。另外,锂离子电池放电适用环境温度范围大,从-10~60℃都能100%放电,仅低温时略差些。而镍镉、镍氢电池恰好相反,只有15℃左右能完全放出电量,温度上升放电容量会下降,60℃时能放出50%的电量。另外,锂离子电池也能用于浅放电状态,浅放电时容量也不下降。自放电率较低,约10%/月。充电时几乎不发热,充电效率高。

尽管锂离子电池在电池的指标特性上,几乎全部优于镍镉、镍氢电池,因而,很多介绍把其描述得近无缺点,实际上,它除价格昂贵外,仍有一些不足之处:第一,电池过充电或过放电容易使电池品质下降,甚至由发热发展到起火。第二,充电要求高。锂离子电池充电时要求先恒流后恒压,最后以最小充电电流结束充电。由于过充电有危险,实验证明电池会被烧得变形,故锂离子电池必须用专门的带自动控制的充电器。第三,充满电的电池不宜放置在高温环境下,因为电池品质会下降。第四,由于电池有自动保护功能,故不能进行超大电流放电,不能用于有重负载启动电机的设备。当短路或出现超大电流时,电压立刻跌到1.0V,以自动保护。撤去负载后,不会自动恢复,需充电几秒钟才能正常。

由于这些优点,锂离子充电电池都用于高档电子设备,如手机、摄录放一体机、笔记本电脑、数码相机、平板电脑等。这些设备的锂离子电池都是量体裁衣的专用型,自身充放电电路有较好的自动控制能力,并另带特殊的充电器,以保证电池和设备安全工作。由于锂离子电池可以随充随用,除非设备使用时间特长,一般不必再用脱机充电器充电,质量不高的脱机充电器会对电池产生不利影响。锂离子电池不宜用于有短时特大电流的航模、舰模和电动工具,尽管航模、赛车玩具有高能量质量比的要求。

锂离子电池没有通用型电池,一般不会用错。但也有用镍氢、镍镉电池制成专用型电池形状冒充锂离子电池的,这时可用短路有无自动保护功能来识别。

最后提醒一句,不管何种电池,即使是有绿色环保标志的,也都有污染。用完或损坏后都不应乱丢,请放入专门的回收箱中,让有关部门统一处理。

6.1.2　电池参数的选择

介绍了这么多种电池,那么到底该如何选择电池呢?在选择电池前我们需要先了解电池的几个参数。

1. 电池电压

电池电压的重要性是显而易见的,在制作机器人系统时,电池的电压至少要大于或等于系统所需的最大电压。如一个系统中,有12V电压的部分(如12V的电动机),也有5V电压的部分(工作电压为5V的芯片),还有3.3V的部分(工作电压为3.3V的芯片),那么我们至少要选择12V的电池作为电源,而5V和3.3V的电压可以通过降压得到。当然,也有一些特殊的场合,可以通过升压来得到所需的电压,此时电池的电压就不是系统中最高的电压了。

但是,我们只看电池上标着的电压就够了吗?

电池上标明的电压称为"标称",表示电池在放电过程中产生的特定电压。如1.5V的电池,其实际满电电压可能是1.65V,而在使用到完全放电后其电压可能就下降到1.2V。

2. 电池的容量

电池的容量一般用安·时(A·h)来表示。我们可以这样来理解,如一块电池的容量为 500mA·h 时,表示该电池在 500mA 的放电电流下可以连续工作 1h,而如果在 250mA 的放电电流下则可以连续工作 2h。

当然,这是理论上的电池容量,在真正使用过程中,是没有办法将电池的容量全部用完的。通常需要预留出一定的容量,一方面,是为了保护电池,延长电池的使用寿命。因为电池在使用过程中,如果放电过于干净,会对电池的电器特性产生影响,缩短电池的寿命。这也是为什么我们在使用智能手机时不建议将手机使用到自动

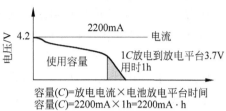

容量(C)=放电电流×电池放电平台时间
容量(C)=2200mA×1h=2200mA·h

图 6.1.4　电池容量变化曲线

关机了再去充电,而是在电池电量还有 20% 左右时就去充电。另一方面是考虑到机器人系统在启动时,电机所需的启动电流较大,为了满足电机启动的需要,我们也应该选择较大容量的电池。电池容量变化曲线如图 6.1.4 所示。

3. 电池的充电电压及充电电流

在选择机器人电池时,一般会选择可以充电的电池,在使用可充电电池时,要注意电池的充电电压以及充电电流。举个简单的例子,仔细观察手机充电器,就会发现充电器上有标明输入输出。

有的充电器充电电流比较大,也就是所谓的快充,充电电流可以达到 2A,而一般普通的充电器,其充电电流只有 1A、800mA 甚至 500mA,这实际上是由电池决定的。充电电压和电流如果低于电池所需的充电电压或电流,会损坏充电器,并且需要很长时间才能充满电池或者不能给电池充上电;而如果充电电压或充电电流高于允许的电压或电流,则会造成电池的损坏,严重的还会引起电池爆炸。所以在选择电池的同时,最好给它配置合适的充电器。

6.1.3　电池组的制作

什么是电池组? 简单说就是将电池组合起来使用,最常见的例子就是在遥控器中,我们使用两节干电池而不是一节,这就是电池的组合使用。

常见的电池组有两种连接方式,一种是串联连接,另一种是并联连接。

1. 串联连接(图 6.1.5)

串联连接能够提供更高的电压,所得到的电压是所有电池电压的和,所得到的电流不变。

2. 并联连接(图 6.1.6)

并联连接能够提供更大的电流,所得到的电流是所有电池输出电流的和,所得到的电压不变。

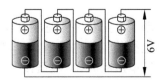

图 6.1.5　电池组的串联连接

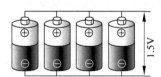

图 6.1.6　电池组的并联连接

6.1.4　常见问题及解决方案

1. 电池反接问题的预防

在搭建机器人系统或是在制作其他电路的过程中,要避免电池反接。电池反接带来的结果不可预测,极有可能使电路板烧坏,必须要重新更换才能正常工作。此外,在被烧坏的电路板上,具体被烧坏的部分并不确定,这一排查修复过程,将耗费较多的时间。

所以,不管利用什么样的方法,都要避免电池反接的情况发生,用来避免电池反接的方法通常有以下几种。

1) 设计插线接头,防止错接

这种方法就是利用不能反向插接的接线头来连接电池与主板。

常见的防反接插头有桶形同轴插头、T 形插头等。利用这种接线头将电池电线接在母头上,将主板上的供电线接在公头上,这样在插拔电池或更换电池时就不会将正负极接反了。防反接插头如图 6.1.7 所示。

插头配置
中心插针=公头

插座配置
中心插针=母头

图 6.1.7　防反接插头

当然,在主板设计的时候也可以利用这种方法进行传感器或其他模块接口的设计,这样在更换传感器或者电路模块时就不会因为接反电路而损坏传感器、模块或者主板电路了。

2) 设计电路反接保护

除了利用接线端子来防止电路电源的反接,还可以通过设计电路的方式来保护机器人,其中最常见也是最简单的一种方式就是利用二极管的单向导通性: 正向导通,反向截止,如图 6.1.8 所示。

在电源的正极串联一个二极管,二极管限制电流只能向一个方向流动,所以当电池反接时,二极管处于截止状态,此时电路中没有电流通过,机器人不会启动,电路板也不会受到损害。

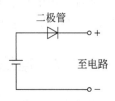

二极管

至电路

**图 6.1.8　二极管防
反接电路**

但是,使用这种方法保护电路,应注意以下两点:

(1) 二极管的最大允许通过电流应满足电路正常工作所需的最大电流。例如,1N4001 硅二极管可以承受的最大电流为 1A,1N5401 二极管可以承受的电流则为 3A。

(2) 二极管会产生一定的压降。例如,硅二极管的电压降大约为 0.7V,而肖特基二极管的电压降则为 0.3V。

2. 电池电压降压问题的解决方案

在制作机器人的过程中,可能会遇到这样的问题: 电路板主控芯片的工作电压为 3.3V,主板外接传感器的工作电压为 5V,机器人驱动电机的工作电压为 12V,为了让电机能够正常工作,我们选择 12V 的电池作为电源,但是 5V 电压和 3.3V 电压该怎么办呢?

我们需要对电池电压进行降压处理,常见的降压方案有以下 5 种:

(1) 利用二极管的导通压降进行降压。将二极管串联获取所需电压,这种方法并不是真正的降压,但操作上十分方便。

（2）利用稳压二极管进行降压处理。

（3）利用线性稳压器进行稳压处理。这种稳压方式最常见,造价便宜,但效率比较低。它可以把输入电压降低到另一个数值,差额部分转化成热量散发掉。

（4）利用开关式稳压电源进行降压处理。这种方式的转化效率比较高,可以达到 80%,且使用效果也比线性稳压器好,但在实际使用中外围电路相对复杂。

（5）利用 DC-DC 模块进行降压处理。这种方案最简单易行,且电路安全,但 DC-DC 模块价格较高,增加了制作成本。

1）利用二极管的压降进行降压

因为硅二极管有 0.7V 的管压降,可以利用串联二极管的方法进行电压的降压处理,如图 6.1.9 所示。

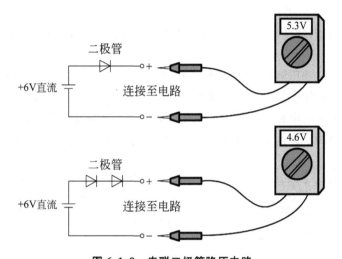

图 6.1.9　串联二极管降压电路

注意:实际压降是在电路工作时测量的。

图中,6V 的直流电源在串接一个二极管之后,电压被降到 5.3V,在串接两个二极管之后,电压则降到 4.6V。所以,从 12V 降到 5V 需要串接 10 个二极管,再从 5V 降到 3.3V,则需再串接 2 个二极管。

同样的,在使用这种方法进行降压处理时,同样需要考虑电路中的电流大小,即选择能够通过所需电流的二极管。

2）利用稳压二极管进行降压处理

在上一种方法中,我们发现利用二极管串接的方式虽然简单直接,但若从较高电压开始降压,就显得有点力不从心了。这时就需要专门用来进行稳压的二极管——稳压二极管。

稳压二极管,又叫齐纳二极管,它是利用 PN 结反向击穿状态,其电流可在很大范围内变化而电压基本不变的现象制成的起稳压作用的二极管。此二极管是一种直到临界反向击穿电压前都具有很高电阻的半导体器件,在临界击穿点上,反向电阻降到一个很小的数值,在这个低阻区中电流增加而电压保持恒定。稳压二极管是根据击穿电压来分挡的,因为这种特性,稳压管主要被作为稳压器或电压基准元件使用。稳压二极管可以串联起来在较高的电压上使用,通过串联可获得更高的稳定电压。

常见的稳压二极管电路如图 6.1.10 所示。

稳压二极管在平常状态下是没有电流通过的，只有当电压达到一定数值时才开始导通，我们称这个使二极管导通的电压为击穿电压。当稳压二极管被击穿时，非稳压电压输入端电压中超过这个电压值的部分会被稳压管分路，从而有效地限制电路中的电压。稳压二极管中有多种电压规格，常见的有 3.3V、5.1V、6.2V 等。

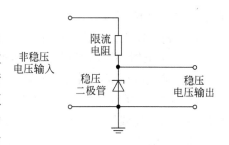

图 6.1.10　稳压二极管电路图

注意：稳压二极管同样是有电流大小限制的，此外，它们还有自己的额定功率。较低电流的应用场合，选择 0.25W 或者 0.5W 的稳压二极管即可满足要求；而在大电流应用场合，则可能需要1W、5W甚至10W稳压二极管。

3）利用线性稳压器进行稳压处理

相比稳压二极管，线性稳压器在使用上更加方便灵活。同时，线性稳压器的价格也不算特别贵。

比较常用的几种稳压器是 7805、7812 和 1117。7805 和 7812 输出的电压分别是 5V 和 12V，而 1117 常用的型号有 1117-5V（输出 5V 电压）和 1117-3.3V（输出 3.3V 电压）。

线性稳压器的一般电路设计如图 6.1.11 所示。左侧为输入电压，右侧为输出电压，稳压器两侧的电容是用来进行滤波处理的。此外纹波较小也是线性稳压器的特点之一。

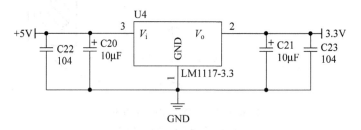

图 6.1.11　线性稳压器电路图

4）开关式稳压电源

线性稳压器的纹波较小，但是效率较低，因为输入电压与输出电压之间的电压差都以热量的形式散发了。而开关式稳压电源从原理上就不同于线性稳压器，其通过电路通断整流出所需电压，转化效率很高，但同时也会在电路中带入开关信号干扰。

最常见的开关电源是台式电脑的电源部分，如图 6.1.12 所示。

我们可以通过购买这样的开关电源模块的方式，也可以通过设计开关电路的方式来完成机器人电路。常用的开关电源芯片是 LM2596。LM2596 系列是德州仪器（TI）生产的 3A 电流输出降压开关型集成稳压芯片，它内含固定频率振荡器（150kHz）和基准稳压器（1.23V），并具有完善的保护电路、电流限制、热关断电路等。利用该器件只需极少的外围器件即可构成高效稳压电路。LM2596 系列提供 3.3V、5V、12V 及可调（ADJ）等多个电压挡位产品。

LM2596 系列开关稳压集成电路如图 6.1.13 所示，其主要特性如下：

图 6.1.12　开关式稳压电源

图 6.1.13　LM2596 稳压芯片

（1）输出电压：3.3V、5V、12V 及可调（ADJ）等，最大输出电压为 37V。

（2）工作模式：低功耗/正常两种模式，可外部控制。

（3）工作模式控制：TTL 电平相容。

（4）所需外部组件：仅 4 个（不可调）或 6 个（可调）。

（5）器件保护：热关断及电流限制。

（6）封装形式：5 脚（TO-220（T）、TO-263（S））。

LM2596 不仅可以输出常见的 12V、5V、3.3V 电压，还可以通过可调型号输出任意所需要的电压。

3. 熔丝保护和电压监视器

在电路使用过程中，经常会遇到负载过大、电流过大、电压过大等意外情况，为了避免重要电路及器件损坏，通常会设计保护电路。保护电路一般有两种，一种是电流保护，另一种是电压保护。

1）电流保护

电流保护，是电路在电流过大时进行的保护，一般采用熔断器来限制电路的电流。熔断器就是我们常说的保险丝，一般串接在电源的正极上，当电路中的电流大于熔断器所能承受的电流时，熔断器就会熔断，对电路起到保护作用。熔丝保护电路如图 6.1.14 所示。

2）电压保护

电压保护实际上是保证机器人的正常工作以及保护电池。有一些电池如果放电太彻底，会缩短电池的使用寿命甚至损坏电池，我们称这一现象为过放。

另一方面，当电池电量过低时，机器人不能正常工作，可能会引起一些不必要的麻烦，例如飞行器在飞行过程中突然没电了。所以，我们需要进行电压保护，即电压监测保护，也就是采集电池的电压，当电压值低于某一设定值时，机器人停止工作。

常见的方法是购买现成的电池电压检测器模块，该模块体积较小，可设定预警电压，当电压低于该值时，开始报警。或者通过设计电压比较监视器的方法来实现电压检测。

如图 6.1.15 所示，该电路的作用是当电源电压（图中为 5V）低于设定值（5.1V）时，输出端电压会立即降到 0，机器人主控芯片可以通过采集该输出端的信号得知电池电压情况。

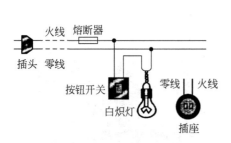

图 6.1.14　熔丝保护电路

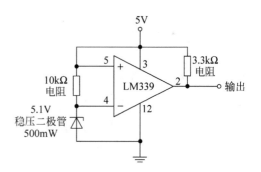

图 6.1.15　电压检测电路

6.2　电动机的选择

在进行电动机的选择之前,需要先了解都有哪些种类的电动机。

电动机按工作电源种类,可分为直流电动机和交流电动机。直流电动机按结构及工作原理可分为无刷直流电动机和有刷直流电动机,有刷直流电动机可分为永磁直流电动机和电磁直流电动机,电磁直流电动机可分为串励直流电动机、并励直流电动机、他励直流电动机和复励直流电动机,永磁直流电动机可分为稀土永磁直流电动机、铁氧体永磁直流电动机和铝镍钴永磁直流电动机。交流电动机可分为同步电动机和异步电动机,同步电动机可划分为永磁同步电动机、磁阻同步电动机和磁滞同步电动机,异步电动机可划分为感应电动机和交流换向器电动机,感应电动机可划分为三相异步电动机、单相异步电动机和罩极异步电动机等,交流换向器电动机可分为单相串励电动机、交直流两用电动机和推斥电动机。电机的分类如图 6.2.1 所示。

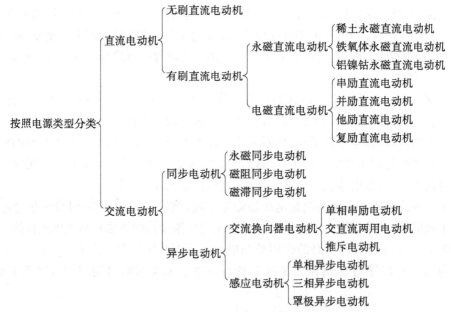

图 6.2.1　电动机的分类

6.2.1　直流电动机

直流电动机是依靠直流电压工作的电动机,广泛应用于收录机、录像机、影碟机、电动剃须刀、电吹风、电子表、玩具等。

1. 无刷直流电动机

无刷直流电动机是采用半导体开关器件来实现电子换向的,即用电子开关器件代替传统的接触式换向器和电刷。它具有可靠性高、无换向火花、机械噪声低等优点,广泛应用在高档录音机、录像机、电子仪器及自动化办公设备中。

无刷直流电动机由永磁体转子、多极绕组定子、位置传感器等组成。位置传感器按转子位置的变化,沿着一定次序对定子绕组的电流进行换流(即检测转子磁极相对定子绕组的位置,并在确定的位置产生位置传感信号,经信号转换电路处理后控制功率开关电路,按一定的逻辑关系进行绕组电流切换)。定子绕组的工作电压由位置传感器输出控制的电子开关电路提供。

常用的位置传感器有磁敏式、光电式和电磁式三种。

采用磁敏式位置传感器的无刷直流电动机,其磁敏传感器件(例如霍尔元件、磁敏二极管、磁敏电阻器或专用集成电路等)装在定子组件上,用来检测永磁体、转子旋转时产生的磁场变化。

采用光电式位置传感器的无刷直流电动机,在定子组件上按一定位置配置了光电传感器件,转子上装有遮光板,光源为发光二极管或小灯泡。转子旋转时,由于遮光板的作用,定子上的光敏元器件将会按一定频率间歇产生脉冲信号。

采用电磁式位置传感器的无刷直流电动机,是在定子组件上安装电磁传感器部件(例如耦合变压器、接近开关、LC 谐振电路等),当永磁体转子位置发生变化时,电磁效应将使电磁传感器产生高频调制信号(其幅值随转子位置变化而变化)。

2. 永磁直流电动机

永磁直流电动机由定子磁极、转子、电刷、外壳等组成,定子磁极采用永磁体(永久磁钢),有铁氧体、铝镍钴、钕铁硼等材料。按其结构形式可分为圆筒形和瓦块形等几种。录放机中使用的多数为圆筒形磁体,而电动工具及汽车用电器中的电动机多数采用砖块形磁体。

转子一般采用硅钢片叠压而成,较电磁式直流电动机转子的槽数少。录放机中使用的小功率电动机多数为 3 槽,较高档的为 5 槽或 7 槽。漆包线绕在转子铁芯的两槽之间(3 槽即有 3 个绕组),其接头分别焊在换向器的金属片上。电刷是连接电源与转子绕组的导电部件,具备导电与耐磨两种性能。永磁电动机的电刷为单性金属片或金属石墨电刷、电化石墨电刷。

录放机中使用的永磁直流电动机采用电子稳速电路或离心式稳速装置。

3. 电磁直流电动机

电磁直流电动机由定子磁极、转子(电枢)、换向器(俗称整流子)、电刷、机壳、轴承等构成,电磁直流电动机的定子磁极(主磁极)由铁芯和励磁绕组构成。根据其励磁(旧标准称为激磁)方式的不同又可分为串励直流电动机、并励直流电动机、他励直流电动机和复励直流电动机。

　　串励直流电动机的励磁绕组与转子绕组之间通过电刷和换向器串联,励磁电流与电枢电流成正比,定子的磁通量随着励磁电流的增大而增大,转矩近似与电枢电流的平方成正比,转速随转矩或电流的增加而迅速下降。其启动转矩可达额定转矩的 5 倍以上,短时间过载转矩可达额定转矩的 4 倍以上,转速变化率较大,空载转速甚高(一般不允许在空载下运行)。可通过外用电阻器与串励绕组串联(或并联),或将串励绕组并联换接来实现调速。

　　并励直流电动机的励磁绕组与转子绕组并联,其励磁电流较恒定,启动转矩与电枢电流成正比,启动电流为额定电流的 2.5 倍左右。转速则随电流及转矩的增大而略有下降,短时过载转矩为额定转矩的 1.5 倍;转速变化率较小,为 5%～15%,可通过削弱磁场的恒功率来调速。

　　他励直流电动机的励磁绕组接到独立的励磁电源供电,其励磁电流也较恒定,启动转矩与电枢电流成正比。转速变化也为 5%～15%,可以通过削弱磁场恒功率来提高转速或通过降低转子绕组的电压使转速降低。

　　复励直流电动机的定子磁极上除有并励绕组外,还装有与转子绕组串联的串励绕组(其匝数较少)。串联绕组产生磁通的方向与主绕组的磁通方向相同,启动转矩为额定转矩的 4 倍左右,短时间过载转矩为额定转矩的 3.5 倍左右。转速变化率为 25%～30%(与串联绕组有关),可通过削弱磁场强度来调整。

6.2.2　交流电动机

1. 交流同步电动机

　　交流同步电动机是一种恒速驱动电动机,其转子转速与电源频率保持恒定的比例关系,被广泛应用于电子仪器仪表、现代办公设备、纺织机械等。

2. 永磁同步电动机

　　永磁同步电动机的磁场系统由一个或多个永磁体组成,通常是在铸铝或铜条焊接而成的笼型转子的内部,按所需的极数装有永磁体的磁极。定子结构与异步电动机类似。

　　当定子绕组接通电源后,电动机以异步电动机原理启动转动,加速运转至同步转速时,由转子永磁磁场和定子磁场产生的同步电磁转矩(由转子永磁磁场产生的电磁转矩与定子磁场产生的磁阻转矩合成)将转子牵入同步,电动机进入同步运行。

　　磁阻同步电动机也称反应式同步电动机,是利用转子交轴和直轴磁阻不相等产生磁阻转矩而工作的同步电动机,其定子与异步电动机的定子结构类似,只是转子结构不同。

3. 磁阻同步电动机

　　由笼型异步电动机演变而来,为了使电动机能产生异步启动转矩,转子还设有笼型铸铝绕组。转子上设有与定子极数相对应的反应槽(仅有凸极部分的作用,无励磁绕组和永久磁铁),用来产生磁阻同步转矩。根据转子上反应槽结构的不同,可分为内反应式转子、外反应式转子和内外反应式转子。其中:外反应式转子反应槽开在转子外圆,使其直轴与交轴方向气隙不等;内反应式转子的内部开有沟槽,使交轴方向磁通受阻,磁阻加大;内外反应式转子结合以上两种转子的结构特点,直轴与交轴差别较大,使电动机的动能较大。磁阻同步电动机也分为单相电容运转式、单相电容启动式、单相双值电容式等多种类型。

4. 磁滞同步电动机

磁滞同步电动机是利用磁滞材料产生磁滞转矩而工作的同步电动机,它分为内转子式磁滞同步电动机、外转子式磁滞同步电动机和单相罩极式磁滞同步电动机。

内转子式磁滞同步电动机的转子结构为隐极式,外观为光滑的圆柱体,转子上无绕组,但铁芯外圆上有用磁滞材料制成的环状有效层。

定子绕组接通电源后,产生的旋转磁场使磁滞转子产生异步转矩而启动旋转,随后自行牵入同步运转状态。在电动机异步运行时,定子旋转磁场以转差频率反复地磁化转子;在同步运行时,转子上的磁滞材料被磁化而出现永磁磁极,从而产生同步转矩。

5. 交流异步电动机

交流异步电动机是领先交流电压运行的电动机,广泛应用在电风扇、电冰箱、洗衣机、空调器、电吹风、吸尘器、油烟机、洗碗机、电动缝纫机、食品加工机等家用电器,以及各种电动工具、小型机电设备中。

电动机的转速(转子转速)小于旋转磁场的转速,从而叫异步电动机。它和感应电机基本上是相同的。$s=(n_s-n)/n_s$,其中,s 为转差率,n_s 为磁场转速,n 为转子转速。

基本原理:

(1) 当三相异步电动机接入三相交流电源时,三相定子绕组流过三相对称电流产生的三相磁动势(定子旋转磁动势)并产生旋转磁场。

(2) 该旋转磁场与转子导体有相对切割运动,根据电磁感应原理,转子导体产生感应电动势并产生感应电流。

(3) 根据电磁力定律,载流的转子导体在磁场中受到电磁力作用,形成电磁转矩,驱动转子旋转,当电动机轴上带机械负载时,便向外输出机械能。

6. 单相异步电动机

单相异步电动机由定子、转子、轴承、机壳、端盖等构成。定子由机座和带绕组的铁芯组成。铁芯由硅钢片冲槽叠压而成,槽内嵌装两套空间互隔 90°电角度的主绕组(也称运行绕组)和辅绕组(也称启动绕组或副绕组)。主绕组接交流电源,辅绕组串接离心开关或启动电容、运行电容等后,再接入电源。

单相异步电动机又分为单相电阻启动异步电动机、单相电容启动异步电动机、单相电容运转异步电动机和单相双值电容异步电动机。

7. 三相异步电动机

三相异步电动机的结构与单相异步电动机相似,其定子铁芯槽中嵌装三相绕组(有单层链式、单层同心式和单层交叉式三种结构)。定子绕组接入三相交流电源后,绕组电流产生的旋转磁场在转子导体中产生感应电流,转子在感应电流和气隙旋转磁场的相互作用下,又产生电磁转矩(即异步转矩),使电动机旋转。

8. 罩极式电动机

罩极式电动机是单向交流电动机中最简单的一种,通常采用笼型斜槽铸铝转子。它根据定子外形结构的不同,可分为凸极式罩极电动机和隐极式罩极电动机。

凸极式罩极电动机的定子铁芯外形为方形、矩形或圆形的磁场框架,磁极凸出,每个磁极上均有一个或多个起辅助作用的短路铜环,即罩极绕组。凸极磁极上的集中绕组作为主绕组。

隐极式罩极电动机的定子铁芯与普通单相电动机的铁芯相同,其定子绕组采用分布绕组,主绕组分布于定子槽内,罩极绕组不用短路铜环,而是用较粗的漆包线绕成分布绕组(串联后自行短路)嵌装在定子槽中(约为总槽数的 2/3),起辅助组的作用。主绕组与罩极绕组在空间相距一定的角度。

6.2.3　步进电机

步进电机是将电脉冲信号转变为角位移或线位移的开环控制电机,是现代数字程序控制系统中的主要执行元件,应用极为广泛。在非超载的情况下,电机的转速、停止的位置只取决于脉冲信号的频率和脉冲数,而不受负载变化的影响,当步进驱动器接收到一个脉冲信号,它就驱动步进电机按设定的方向转动一个固定的角度,称为步距角,它的旋转是以固定的角度一步一步运行的。可以通过控制脉冲个数来控制角位移量,从而达到准确定位的目的;同时可以通过控制脉冲频率来控制电机转动的速度和加速度,从而达到调速的目的。

步进电机是一种感应电机,它的工作原理是利用电子电路,将直流电变成分时供电的多相时序控制电流,用这种电流为步进电机供电,步进电机才能正常工作,驱动器就是为步进电机分时供电的多相时序控制器。

虽然步进电机已被广泛地应用,但步进电机并不能像普通的直流电机、交流电机一样在常规下使用,它必须由双环形脉冲信号、功率驱动电路等组成控制系统方可使用。因此用好步进电机并非易事,它涉及机械、电机、电子及计算机等许多专业知识。步进电机作为执行元件,是机电一体化的关键产品之一,广泛应用在各种自动化控制系统中。随着微电子和计算机技术的发展,步进电机的需求量与日俱增,在各个国民经济领域都有应用。

在选择何种电机作为机器人的执行机构时,我们需要根据实际情况来定。由于制作的机器人一般是由锂电池供电的,所以直流电机和步进电机比较常用。如果只是作为移动执行机构,对电机旋转的距离没有较高的要求,那么一般选择直流电机。如果执行机构有较高的距离或旋转角度要求,那么一般就会选择步进电机。当然在选择电机时,还需要注意电机的额定电压和额定电流,这是在电路设计中必须要考虑的问题。

6.3　直流电动机的控制原理

我们最常见的直流电机就是四驱车或其他一些玩具中的电机,这些电机一般都是有刷直流电机,当在电机的两端加上正电压时,电机正转;当在电机两端加上负电压时,电机反转,如图 6.3.1 所示。

讲到这里你可能要问,当将电机接在电路上以后,电机的正负电压不就确定了吗? 还怎么去改变电机的旋转方向呢?

这里我们就要介绍一种电机控制电路——H 桥控制电路,利用这种电路,就可以非常方便地控制电机的旋转方向。

1. H 桥的概念

H 桥是一个典型的直流电机控制电路,因为它的电路形状酷似字母 H,故得名 H 桥。4个三极管组成 H 的 4 条垂直腿,而电机就是 H 中的横杠(见图 6.3.2。注意:该图只是简略示意图,而不是完整的电路图,其中三极管的驱动电路没有画出来)。

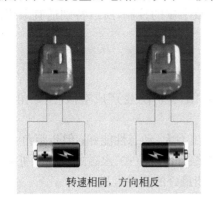

图 6.3.1　直流电机正反转控制电路

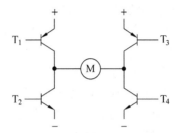

图 6.3.2　H 桥控制电路

2. H 桥控制电机换向原理

要使电机运转,必须使对角线上的一对三极管导通。如图 6.3.3 所示,当 T_1 和 T_4 导通时,电流就从电源正极经 T_1 从左至右穿过电机,然后再经 T_4 回到电源负极。电机顺时针转动。

图 6.3.4 所示为另一对三极管 T_2 和 T_3 导通的情况。当三极管 T_2 和 T_3 导通时,电流将从右至左流过电机,电机逆时针转动。

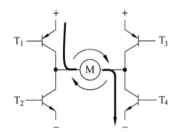

图 6.3.3　H 桥 T_1、T_4 导通示意图

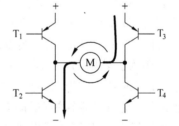

图 6.3.4　H 桥 T_2、T_3 导通示意图

3. H 桥使用注意事项

上面我们讲过了控制电机换向的方法——控制对角线的三极管同时导通。那么,如果控制同侧的三极管(T_1 和 T_2,T_3 和 T_4)同时导通,会怎样呢? 注意,同侧的三极管是一定不能同时导通的,这一点十分重要。如果三极管 T_1 和 T_2 同时导通,那么电流就会从正极穿过两个三极管直接回到负极。此时,电路中除了三极管外没有其他任何负载,电路上的电流就可能达到最大值(该电流仅受电源性能限制),甚至烧坏三极管。

基于上述原因,在实际驱动电路中通常要用硬件电路控制三极管的开关。

6.4　步进电机的控制原理

步进电机是一种将电脉冲信号转换成角位移或线位移的机电元件。步进电机的输入量是脉冲序列,输出量则为相应的增量位移或步进运动。正常运动情况下,它每转一周具有固定的步数;作连续步进运动时,其转速与输入脉冲的频率保持严格的对应关系,不受电压波动和负载变化的影响。由于步进电机能直接接受数字量的控制,所以特别适宜采用微机进行控制。

1. 步进电机的种类

目前常用的有三种步进电机:

(1)反应式步进电机(VR)。反应式步进电机结构简单,生产成本低,步距角小;但动态性能差。

(2)永磁式步进电机(PM)。永磁式步进电机出力大,动态性能好;但步距角大。

(3)混合式步进电机(HB)。混合式步进电机综合了反应式、永磁式步进电机两者的优点,它的步距角小、出力大、动态性能好,是目前性能最好的步进电机。

2. 步进电机的工作原理

图6.4.1所示是最常见的三相反应式步进电机的结构示意图。

步进电机的定子上有6个均布的磁极,其夹角是60°。各磁极上套有线圈,按图连成A、B、C三相绕组。转子上均布40个小齿,所以每个齿的齿距 $\theta_E = 360°/40 = 9°$,而定子每个磁极的极弧上也有5个小齿,且定子和转子的齿距和齿宽均相同。由于定子和转子的小齿数目分别是30和40,其比值是一分数,因此产生了所谓的齿错位的情况。若以A相磁极小齿和转子的小齿对齐,如图6.4.1所示,那么B相和C相磁极的齿就会分别和转子齿相错1/3齿距,即3°。因此,B、C相磁极下的磁阻比A相磁极下的磁阻大。若给B相通电,B相绕组产生定子磁场,其磁力线穿越B相磁极,并力图按磁阻最小的路径闭合,这就使转子受到反应转矩(磁阻转矩)的作用而转动,直到B相磁极上的齿与转子齿对齐,恰好转子转过

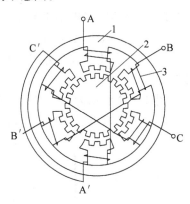

图6.4.1 三相反应式步进电机的结构示意图
1—定子;2—转子;3—定子绕组

3°;此时A、C相磁极下的齿又分别与转子齿错开1/3齿距。接着停止对B相绕组通电,而改为C相绕组通电,同理受反应转矩的作用,转子按顺时针方向再转过3°。以此类推,当三相绕组按A→B→C→A顺序循环通电时,转子会按顺时针方向,以每个通电脉冲转动3°的规律步进式转动起来。若改变通电顺序,按A→C→B→A顺序循环通电,则转子就按逆时针方向以每个通电脉冲转动3°的规律转动。因为每一瞬间只有一相绕组通电,并且按三种通电状态循环通电,故称为单三拍运行方式。单三拍运行时的步矩角 $\theta_b = 30°$。三相步进动机还有两种通电方式,它们分别是双三拍运行,即按AB→BC→CA→AB顺序循环通电的方式,以及单、双六拍运行,即按A→AB→B→BC→C→CA→A顺序循环通电的方式。六拍运行时的步矩角将减小一半。反应式步进电机的步距角可按下式计算:

$$\theta_b = 360°/NE_r \tag{6.4.1}$$

式中 E_r——转子齿数;

N——运行拍数,$N = km$,m 为步进电机的绕组相数;$k=1$ 或 $k=2$。

3. 步进电机的驱动方法

步进电机不能直接接到工频交流或直流电源上工作,而必须使用专用的步进电机驱动

器。如图 6.4.2 所示,步进电机驱动器由脉冲发生控制单元、功率驱动单元、保护单元等组成。图中点划线所包围的两个单元可以用微机控制。功率驱动单元与步进电机直接耦合,也可理解成步进电机微机控制器的功率驱动接口,这里予以简单介绍。

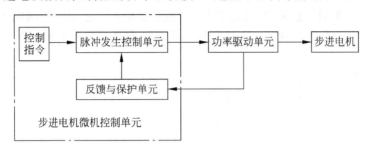

图 6.4.2　步进电机驱动控制器

1) 单电压功率驱动接口

实用电路如图 6.4.3(a)所示。在电机绕组回路中串有电阻 R_s,使电机回路时间常数减小,高频时电机能产生较大的电磁转矩,还能缓解电机的低频共振现象,但它会引起附加的损耗。一般情况下,简单单电压驱动线路中,R_s 是不可缺少的。R_s 对步进电机单步响应的改善如图 6.4.3(b)所示。

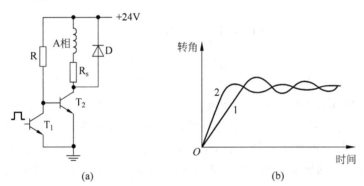

(a)　　　　　　　　　　　(b)

图 6.4.3　单电压功率驱动接口及单步响应曲线

2) 双电压功率驱动接口

双电压功率驱动接口如图 6.4.4 所示。

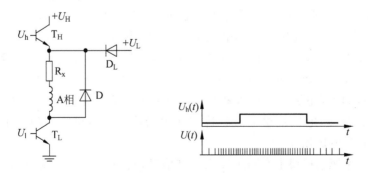

图 6.4.4　双电压功率驱动接口

　　双电压驱动的基本思路是在低(低频段)时用较低的电压 U_L 驱动,而在高速(高频段)时用较高的电压 U_H 驱动。这种功率驱动接口需要两个控制信号,U_h 为高压有效控制信号,U_l 为脉冲调宽驱动控制信号。图中,功率管 T_H 和二极管 D_L 构成电源转换电路。当 U_h 为低电平时,T_H 关断,D_L 正偏置,低电压 U_L 对绕组供电;反之,当 U_h 高电平时,T_H 导通,D_L 反偏,高电压 U_H 对绕组供电。这种电路可使电机在高频段也有较大出力,而静止锁定时功耗减小。

　　3) 高低压功率驱动接口

　　高低压功率驱动接口如图 6.4.5 所示。

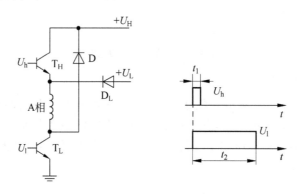

图 6.4.5　高低压功率驱动接口

　　高低压驱动的设计思想是,不论电机工作频率如何,均利用高电压 U_H 供电来提高导通绕组的电流前沿,而在前沿过后,用低电压 U_L 来维持绕组的电流。这一作用同样改善了驱动器的高频性能,而且不必再串联电阻 R_s,消除了附加损耗。高低压驱动功率接口也有两个输入控制信号 U_h 和 U_l,它们应保持同步,且前沿在同一时刻跳变。图 6.4.5 中,高压管 T_H 的导通时间 t_1 不能太长,也不能太短,太长时电机电流过载,太短时动态性能改善不明显。T_H 的导通时间一般可取 1~3ms(这个数值与电机的电气时间常数相当时比较合适)。

　　4) 斩波恒流功率驱动接口

　　恒流功率驱动的设计思想是,设法使导通绕组的电流不论在锁定、低频、高频工作时均保持固定数值,使电机具有恒转矩输出特性。这是目前使用较多、效果较好的一种功率接口。图 6.4.6(a)所示是斩波恒流功率驱动接口原理图。图中 R 是一个用于电流采样的小阻值电阻,称为采样电阻。当电流不大时,T_1 和 T_2 同时受控于走步脉冲,当电流超过恒流给定的数值时,T_2 被封锁,电源 U 被切除。由于电机绕组具有较大电感,此时靠二极管 D 续流,维持绕组电流,电机靠消耗电感中的磁场能量产生出力。此时,电流将按指数曲线衰减,同样电流采样值将减小。当电流小于恒流给定的数值时,T_2 导通,电源再次接通。如此反复,电机绕组电流就稳定在由给定电平所决定的数值上,形成小小的锯齿波,如图 6.4.6(b)所示。

　　斩波恒流功率驱动接口也有两个输入控制信号,其中 u_1 是数字脉冲,u_2 是模拟信号。这种功率接口的特点是:高频响应大大提高,接近恒转矩输出特性,共振现象消除,但线路较复杂。目前已有相应的集成功率模块可供采用。

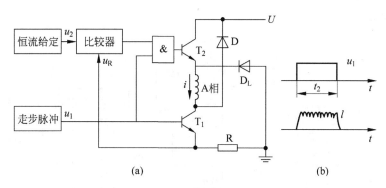

图 6.4.6　斩波恒流功率驱动接口

5）升频升压功率驱动接口

为了进一步提高驱动系统的高频响应，可采用升频升压功率驱动接口。这种接口对绕组提供的电压与电机的运行频率成线性关系。它的主回路实际上是一个开关稳压电源，利用频率－电压变换器，将驱动脉冲的频率转换成直流电平，并用此电平去控制开关稳压电源的输入，这就构成了具有频率反馈的功率驱动接口。

6）集成功率驱动接口

目前已有多种小功率步进电机的集成功率驱动接口电路。L298 芯片是一种 H 桥式驱动器，它设计成接受标准 TTL 逻辑电平信号，可用来驱动电感性负载。H 桥可承受 46V 电压，相电流高达 2.5A。L298（或 XQ298、SGS298）的逻辑电路使用 5V 电源，功放级使用 5～46V 电压，下桥发射极均单独引出，以便接入电流取样电阻。L298 采用 15 脚双列直插小瓦数式封装，工业品等级。L298 的内部结构如图 6.4.7 所示。H 桥驱动的主要特点是能对电机绕组进行正、反两个方向通电。L298 特别适用于二相或四相步进电动机的驱动。

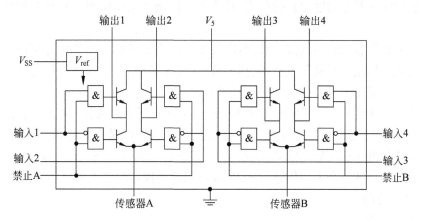

图 6.4.7　L298 原理框图

与 L298 类似的电路还有 TER 公司的 3717，它是单 H 桥电路。SGS 公司的 SG3635 是单桥臂电路，IR 公司的 IR2130 是三相桥电路，Allegro 公司则有 A2916、A3953 等小功率驱动模块。

图 6.4.8 所示是使用 L297（环形分配器专用芯片）和 L298 构成的具有恒流斩波功能的

步进电机驱动系统。

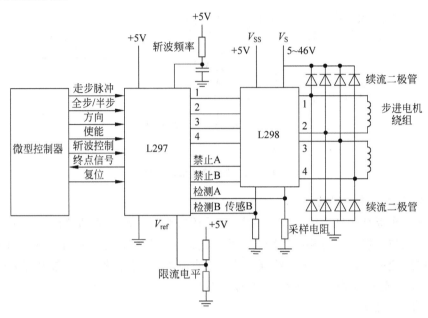

图 6.4.8　专用芯片构成的步进电机驱动系统

6.5　舵机的控制及使用

在机器人机电控制系统中,舵机控制效果是影响性能的重要因素。舵机可以在微机电系统和航模中作为基本的输出执行机构,其简单的控制和输出使得单片机系统非常容易与之接口。

舵机是一种位置(角度)伺服驱动器,适用于那些需要角度不断变化并可以保持的控制系统。目前在高档遥控玩具如航模(包括飞机模型、潜艇模型)以及遥控机器人中已经使用得比较普遍。舵机是一种俗称,其实是一种伺服马达。

舵机的工作原理是:控制信号由接收机的通道进入信号调制芯片,获得直流偏置电压。它内部有一个基准电路,产生周期为 20ms、宽度为 1.5ms 的基准信号,将获得的直流偏置电压与电位器的电压相比较,获得电压差输出。最后,电压差的正负输出到电机驱动芯片,以决定电机的正反转。当电机转速一定时,通过级联减速齿轮带动电位器旋转,使得电压差为 0,电机停止转动。

1. 舵机的控制

舵机的控制一般需要一个 20ms 左右的时基脉冲,该脉冲的高电平部分一般为 0.5～2.5ms 范围内的角度控制脉冲部分。以 180°角度伺服为例,对应的控制关系如下:

0.5ms——0°;

1.0ms——45°;

1.5ms——90°;

2.0ms——135°；

2.5ms——180°。

这只是一种参考数值，具体的数值请参见舵机的技术参数。

小型舵机的工作电压一般为 4.8V 或 6V，转速也不是很快，一般为 $(0.22/60)°$ 或 $(0.18/60)°$，所以假如更改角度控制脉冲的宽度太快时，舵机可能反应不过来。如果需要更快速的反应，就需要更高的转速了。

要精确地控制舵机，并不容易，很多舵机的位置等级有 1024 个，假设舵机的有效角度范围为 180°，则其控制角度精度可以达到 $(180/1024)°$ 约 0.18°，从时间上看其实要求的脉宽控制精度为 $2000/1024\mu s$，约 $2\mu s$。如果一个舵机连控制精度为 1° 都达不到，而且舵机还在发抖，在这种情况下，只要舵机的电压没有抖动，那么抖动的就是控制脉冲了。这个脉冲为什么会抖动呢？当然和选用的脉冲发生器有关了。

使用传统单片机控制舵机的方案有很多种，多是利用定时器和中断的方式完成控制，这样的方式控制一个舵机是相当有效的，但是随着舵机数量的增加，控制精度会有所下降。

与单片机相比 FPGA 的精度可以精确地控制在 $2\mu s$ 甚至 $2\mu s$ 以下，主要是 delay memory 这样的具有创造性的指令发挥了功效。该指令的延时时间为数据单元中的立即数的值加一个指令周期（数据 0 除外，详情请参见 delay 指令使用注意事项），因为是 8 位的数据存储单元，所以 memory 中的数据为 0～255。因为舵机的角度级数一般为 1024，所以只用一个存储空间来存储延时参数好像还不够用，所以可以采用两个内存单元来存放舵机的角度伺服参数。

2. 舵机驱动的应用场合

（1）高档遥控仿真车，至少应包括左转和右转功能，高精度的角度控制必然给你最真实的驾车体验。

（2）多自由度机器人设计。

（3）多路伺服航模控制，例如电动遥控飞机、油动遥控飞机、航海模型等。

思考题与习题

1. 适用于机器人的电源有哪些？如何进行电源的保护？

2. 小型机器人的驱动电机有哪些选择？试为小型双轮机器人选择一种驱动电机。

3. 小型机器人的关节及手臂可以采用何种电机？试为小型双轮机器人选择一种电机。

第 7 章

电路设计及制作

电子元器件以及电路板是机器人的重要组成部分。电路相关硬件的重要性就相当于人的大脑、神经系统和各种感官对于人的重要性。

本章主要介绍各种常用电子元器件的选用及检测方法，如何使用 Altium Designer 软件来设计电路板，以及最终将电子元器件焊到电路板上的各种技巧和注意事项。

7.1 常用电子元器件的选用与检测

电子元器件是组成机器人电子系统硬件的最基本单元。无论大小，每个机器人项目中都会涉及元器件，少则十几个，多则成百上千个。下面我们将从电子系统的基础——电子元器件入手，来学习机器人制作中必需的电子基础知识。

首先需要知道什么是电路原理图。为了方便准确地表示实际电路，电子工程师们将电路中的电子元器件和它们的连接关系用相应的符号和连线来表示，这就是电路原理图。在电路原理图中，符号代表的是单个电子元器件，而且一般都会在旁边标出这个元件的型号，而连线则表示将元件对应引脚连接起来的导线。

以前面装配的小型双轮机器人为例，图 7.1.1 为其控制电路的原理图。

在后面的章节中，将依次介绍几种常用的基础元器件，包括电阻器、电容器、二极管和集成电路等。对于每种元器件，将介绍它的功能、类型，如何选用合适的型号，以及怎样检测元器件的好坏和参数大小。

7.1.1 电阻器及电位器的选用及检测

电阻器是电路中最基本的元器件。形象地说，电阻器的作用就是阻碍电流的流动，给电流一个相应的阻力。电阻值就是衡量电阻器大小的物理量。事实上，我们身边的任何东西都有自己的电阻值。不导电的绝缘体的电阻值非常大，而超导材料的了电阻值为零。

这里我们主要谈论的是电路中用到的电阻器，包括固定电阻和可变电阻。固定电阻包括碳膜电阻、水泥电阻、金属膜电阻、线绕电阻等不同类型，在集成电路中还有体积较小的贴片电阻。可变电阻一般是指滑动变阻器。各类电阻如图 7.1.2 所示。

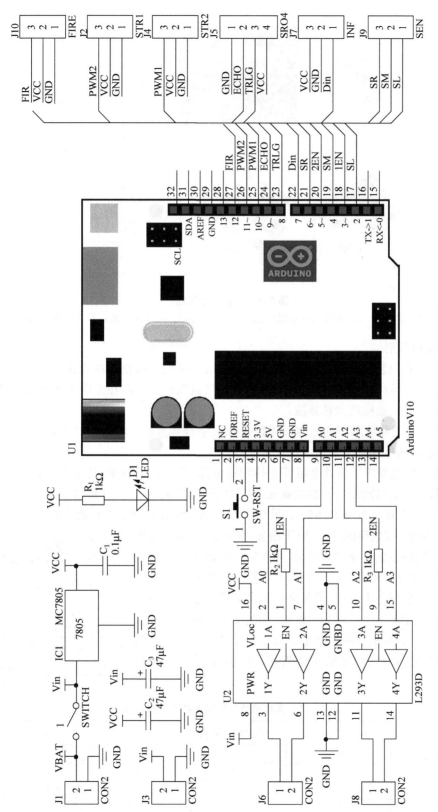

图 7.1.1 小型机器人控制电路原理图

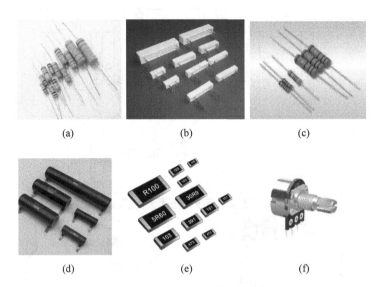

(a)   (b)   (c)

(d)   (e)   (f)

图7.1.2   各类电阻器

(a)碳膜电阻；(b)水泥电阻；(c)金属膜电阻；(d)线绕电阻；(e)贴片电阻；(f)小型滑动变阻器

1. 电阻器识别

电阻器的外包装上通常有阻值等参数说明，很容易识别规格。可是在装配电子产品及检修等没有外包装的情况下，如何确定电阻值等参数呢？电阻器在电路中的参数标注方法有3种，即直标法、数标法和色标法。

（1）直标法是将电阻器的标称值用数字和文字符号直接标在电阻体上，其允许偏差则用百分数表示，未标偏差值的为±20%。

（2）数标法主要用于贴片电阻等小体积的电路，在三位数码中，从左至右第一、二位数表示有效数字，第三位表示10的倍幂或者用R表示（R表示0）。例如，472表示$47×10^2\Omega$（即4.7kΩ），104表示100kΩ，R22表示0.22Ω，17R8表示17.8Ω，000表示0Ω。

（3）色标法，即色环标注法，使用最多，顾名思义，就是在电阻器上用不同颜色的环来表示电阻的规格。普通的色环电阻器（一般是碳膜电阻器）用4环表示，3个色环表示阻值，1个色环表示误差。精密电阻器（一般是金属膜电阻器）用5环表示，4个色环表示阻值，1个色环表示误差，如图7.1.3所示。

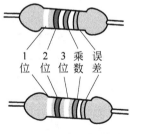

1   2   3 乘 误
位 位 位 数 差

四环标注法中，前面两位数字是有效数字，第三位是10的倍幂，第四环是色环电阻器的误差范围，各色环代表的意义见表7.1.1。

图7.1.3   色环标注法

表7.1.1   两位有效数字阻值的色环标注法

颜　　色	第一位有效值	第二位有效值	倍　　幂	允 许 偏 差
黑	0	0	10^0	
棕	1	1	10^1	±1%
红	2	2	10^2	±2%
橙	3	3	10^3	

续表

颜　　色	第一位有效值	第二位有效值	倍　　幂	允 许 偏 差
黄	4	4	10^4	
绿	5	5	10^5	±0.5％
蓝	6	6	10^6	±0.25％
紫	7	7	10^7	±0.1％
灰	8	8	10^8	
白	9	9	10^9	−20％ ～+50％
金			10^{-1}	±5％
银			10^{-2}	±10％
无色				±20％

如果色环电阻器用五环表示,则前面三位数字是有效数字,第四位是 10 的倍幂,第五环是色环电阻器的误差范围,各色环代表的意义见表 7.1.2。

表 7.1.2　三位有效数字阻值的色环表示法

颜　　色	第一位有效值	第二位有效值	第三位有效值	倍　　幂	允 许 偏 差
黑	0	0	0	10^0	
棕	1	1	1	10^1	±1％
红	2	2	2	10^2	±2％
橙	3	3	3	10^3	
黄	4	4	4	10^4	
绿	5	5	5	10^5	±0.5％
蓝	6	6	6	10^6	±0.25
紫	7	7	7	10^7	±0.1％
灰	8	8	8	10^8	
白	9	9	9	10^9	−20％～+50％
金				10^{-1}	±5％
银				10^{-2}	±10％

可变电阻又称为电位器,比如电子设备上的音量电位器就是一个可变电阻。如图 7.1.4 所示,滑动变阻器由一个电阻片、一个滑动片及三个接线端(引脚)组成,电阻片与滑动片被封装在金属或者塑料外壳内。接线端 A 和 C 分别位于电阻片两端,滑动片则与引接线端 B 相接。通过手动调节转轴或滑柄,改变滑动片 P 在电阻片 R 上的位置,即改变了滑片与任一个固定端之间的电阻值,从而改变了电压与电流的大小。在使用时,可变电阻的两个引脚之间的电阻值固定,并将该电阻值称为这个可变电阻的阻值。

2. 电阻测量

在生产或是维修时,如果电阻的标记已经看不清楚了,那么要怎么样才能快速测出它的阻值呢? 下面我们介绍的用万用表测电阻就是最简单快速的方法,只要使用万用表接触电阻的两端,就能快速测出电阻的阻值。

首先将万用表的挡位旋钮调到欧姆挡的适当挡位,一般 200Ω 以下的电阻器可选 200 挡,200Ω～2kΩ 的电阻器可选 2k 挡,2～20kΩ 的电阻器可选 20k 挡,20～200kΩ 的电阻器可选

200k 挡,200kΩ~200MΩ 的电阻器选择 2M 挡,2~20MΩ 的电阻器选择 20M 挡,20MΩ 以上的电阻器选择 200M 挡。数字万用表显示出的度数即电阻的阻值,如图 7.1.5 所示。

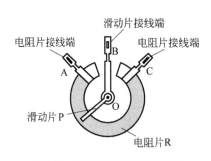

图 7.1.4　滑动变阻器的结构

图 7.1.5　万用表测电阻

测量注意事项:

(1) 测量几万欧甚至更高阻值的电阻时,注意手不要碰触到表笔或电阻器导电部分,否则人体自身阻值会对测量结果产生影响,使读数偏小。

(2) 测量焊接在电路中的电阻器时,应将电阻器拆卸下来,至少要拆卸下一端,以免电路中其他元器件对测量结果产生影响。

7.1.2　电容器的选用及检测

电容器也是我们在制作机器人电路中经常要用到的元器件,简称电容。电容器,顾名思义,是"装电的容器",是一种容纳电荷的器件。电容器是电子设备中大量使用的电子元件之一,广泛应用于电路中的隔直通交、耦合、旁路、滤波、调谐回路,能量转换以及控制等方面。各类电容器实物图如图 7.1.6 所示。

图 7.1.6　各类电容器实物图

1. 电容的作用

1) 滤波

滤波是电容的作用中很重要的一方面,几乎所有的电源电路中都会用到。从理论上(即假设电容为理想电容)说,电容越大,阻抗越小,通过的频率也越高。但实际上超过 $1\mu F$ 的电容大多为电解电容,有很大的电感成分,所以频率高反而阻抗会增大。有时会看到有一个电容量较大的电解电容并联了一个小电容,这时大电容通低频,小电容通高频。电容的作用就是通高频阻低频,电容越大低频越容易通过,电容越小高频越容易通过。

2) 稳定电压

由于电容的两端电压不会突变,形象地说电容像个水塘,因为水塘里的水不会因几滴水的加入或蒸发而引起水量的变化。它把电压的变化转化为电流的变化,从而缓冲了输出电压。滤波就是充电、放电的过程,起到稳定输出电压的作用。

3) 去耦

电容的另外一种常用作用就是去耦,又称为解耦。旁路电容是接在信号输入端的,而去耦电容是接在信号输出端的,这两个电容都是起抗干扰的作用。

去耦电容起到一个电池的作用,满足驱动电路电流变化的需要,避免相互间的耦合干扰。将旁路电容和去耦电容结合起来将更容易理解。旁路电容实际也是去耦的,只是旁路电容一般指高频旁路,也就是给高频提供一条低阻抗泄放途径。高频旁路电容一般比较小,而去耦电容一般比较大,它们的数值依据电路中分布参数以及驱动电流的变化大小来确定。

旁路是把输入信号中的干扰作为滤除对象;而去耦是把输出信号的干扰作为滤除对象,防止干扰信号返回电源。这是它们的本质区别。

2. 万用表测试电容方法

利用数字万用表可以观察电容器的充电过程,这实际上是以离散的数字量反映充电电压的变化情况。设数字万用表的测量速率为 n 次/s,则在观察电容器的充电过程中,每秒钟可看到 n 个彼此独立且依次增大的读数。根据数字万用表的这一显示特点,可以检测电容器的好坏和估测电容量的大小。

1) 电阻挡测试

使用数字万用表电阻挡检测电容器的方法,对于未设置电容挡的仪表很有实用价值。此方法适于测量 $0.1\mu F$ 至几千微法的大容量电容器。

将数字万用表拨至合适的电阻挡,红表笔和黑表笔分别接触被测电容器的两极,这时显示值将从"000"开始逐渐增加,直至显示溢出符号"1"。若始终显示"000",说明电容器内部短路;若始终显示溢出,则可能是电容器内部极间开路,也可能是所选择的电阻挡不合适。检查电解电容器时需要注意,红表笔(带正电)接电容器正极,黑表笔接电容器负极。

2) 电容挡测试

某些数字万用表具有测量电容的功能,其量程分为 2000p、20n、200n、2μ 和 20μ 五挡。测量时可将已放电的电容的两引脚直接插入表板上的电容测量插孔,选取适当的量程后就可读取显示数据。2000p 挡,宜于测量小于 2000pF 的电容;20n 挡,宜于测量 2000pF~20nF 之间的电容;200n 挡,宜于测量 20~200nF 之间的电容;2μ 挡,宜于测量 200nF~$2\mu F$ 之间的电容;20μ 挡,宜于测量 2~$20\mu F$ 之间的电容,如图 7.1.7 所示。

经验证明,有些型号的数字万用表(例如 DT890B+)在测量 50pF 以下的小容量电容时误差较大,测量 20pF 以下的电容几乎没有参考价值。此时,可采用串联法测量小值电容,

图 7.1.7　电容挡测量电容值

方法是：先找一只 220pF 左右的电容,用数字万用表测出其实际容量 C_1,然后把待测小电容与之并联测出其总容量 C_2,则两者之差(C_1-C_2)即是待测小电容的容量。用此法测量 1~20pF 的小容量电容很准确。

7.1.3　电感器的选用及检测

1. 电感基础知识

电感(inductance)是电子电路或装置的属性之一。电感是指当电流改变时,因电磁感应而产生抵抗电流改变的电动势(electromotive force,EMF)。电路中的任何电流,会产生磁场,磁场的磁通量又作用在电路上。依据楞次定律,此磁通会借由感应出的电压(反电动势)而倾向于抵抗电流的改变。磁通改变量对电流改变量的比值称为自感,自感通常也称作该电路的电感。具有电感性的装置称为电感器(inductor,中文里一般也简称电感),电感器通常是一线圈,可以聚集磁场。

电感在电路中常用 L 加数字表示,标注方法一般有直标法和色标法。直标法是在电感线圈的外壳上直接用数字和文字标出电感线圈的电感量、允许误差及最大工作电流等主要参数。色标法即用色环表示电感量,单位为 mH,第一、二位表示有效数字,第三位表示倍幂,第四位为误差。色标法的色环表示与电阻色标法类似,如棕、黑、金,金表示 $1\mu H$(误差为 5%)的电感。图 7.1.8 所示是电感电路图形符号,图 7.1.9 所示是电感器实物图。

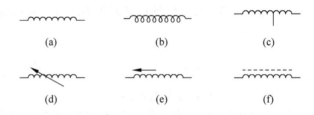

图 7.1.8　电感电路图形符号

(a) 固定值(开环形式)；(b) 固定值(闭环形式)；(c) 带抽头；(d) 可变值(风格 1)；
(e) 可变值(风格 2)；(f) 铁粉或铁酸盐铁芯调节电感

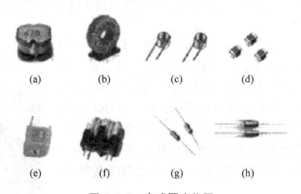

图 7.1.9　电感器实物图

(a) 功率电感；(b) 磁环电感；(c) 空心电感；(d) 贴片电感；
(e) 可调电感；(f) 滤波电感；(g) 色环电感；(h) 磁珠

电感在电路中的基本作用是滤波、振荡、延迟、陷波,形象地说就是:通直流,阻交流。在电子线路中,电感线圈对交流有限流作用,它与电阻器或电容器能组成高通或低通滤波器、移相电路及谐振电路等。

电感的作用是阻碍电流的变化,但是这种作用与电阻器阻碍电流流通作用是有区别的。电阻器阻碍电流流通作用是以消耗电能为标志;而电感阻碍电流的变化则纯粹是不让电流变化,当电流增加时电感阻碍电流的增加,当电流减小时电感阻碍电流的减小。电感阻碍电流变化过程并不消耗电能,阻碍电流增加时它将电的能量以磁场的形式暂时储存起来,等到电流减小时它将磁场的能量释放出来,以结果来说,就是阻碍电流的变化。

2. 电感的测量

那么如何测量电感值的大小呢? 可用以下方法进行测量。

1) 色码电感器的检测

将指针万用表置于 $R \times 1$ 挡,红、黑表笔各接色码电感器的任一引出端,此时指针应向右摆动。根据测出的电阻值大小,可具体分下述两种情况进行鉴别:

(1) 被测色码电感器电阻值为零,其内部有短路性故障。

(2) 被测色码电感器直流电阻值的大小与绕制电感器线圈所用的漆包线径、绕制圈数有直接关系,若能测出电阻值,则可认为被测色码电感器是正常的。

2) 中周变压器的检测

(1) 将指针万用表拨至 $R \times 1$ 挡,按照中周变压器的各绕组引脚排列规律,逐一检查各绕组的通断情况,进而判断其是否正常。

(2) 检测绝缘性能。将万用表置于 $R \times 10\text{k}$ 挡,进行如下几种状态测试:初级绕组与次级绕组之间的电阻值、初级绕组与外壳之间的电阻值、次级绕组与外壳之间的电阻值。上述测试结果会出现三种情况:

① 阻值为无穷大说明正常;

② 阻值为零说明有短路性故障;

③ 阻值小于无穷大但大于零说明有漏电性故障。

3) 电源变压器的检测

(1) 通过观察变压器的外貌来检查是否有明显异常现象。如线圈引线是否断裂、脱焊,绝缘材料是否有烧焦痕迹,铁芯紧固螺杆是否松动,硅钢片有无锈蚀,绕组线圈是否外露等。

(2) 绝缘性测试。用万用表 $R \times 10\text{k}$ 挡分别测量铁芯与初级、初级与各次级、铁芯与各次级、静电屏蔽层与次级各绕组间的电阻值,万用表指针均应指在无穷大位置不动。否则,说明变压器绝缘性能不良。

(3) 线圈通断的检测。将万用表置于 $R \times 1$ 挡,测试中,若某个绕组的电阻值为无穷大,则说明此绕组有断路性故障。

(4) 判别初、次级线圈。电源变压器初级引脚和次级引脚一般都是分别从两侧引出的,并且初级绕组多标有 220V 字样,次级绕组则标出额定电压值,如 15V、24V、35V 等,可根据这些标记进行识别。

(5) 空载电流的检测

① 直接测量法。将次级所有绕组全部开路,把万用表置于交流电流挡(500mA)串入初级绕组,当初级绕组的插头插入 220V 交流市电时,万用表所指示的便是空载电流值。此值

不应大于变压器满载电流的 10%～20%。一般常见电子设备电源变压器的正常空载电流应在 100mA 左右,如果超出太多,则说明变压器有短路性故障。

② 间接测量法。在变压器的初级绕组中串联一个 10Ω/5W 的电阻,次级仍全部空载。把万用表拨至交流电压挡。加电后,用两表笔测出电阻 R 两端的电压降 U,然后用欧姆定律算出空载电流 $I_空$,即 $I_空 = U/R$。

(6) 空载电压的检测。将电源变压器的初级接 220V 市电,用万用表交流电压挡依次测出各绕组的空载电压值(U_{21}、U_{22}、U_{23}、U_{24})应符合要求值,允许误差范围一般为:高压绕组小于 10%,低压绕组小于 5%,带中心抽头的两组对称绕组的电压差应小于 2%。

(7) 一般小功率电源变压器允许温升为 40～50℃,如果所用绝缘材料质量较好,允许温升还可提高。

(8) 检测判别各绕组的同名端。在使用电源变压器时,有时为了得到所需的次级电压,可将两个或多个次级绕组串联起来使用。采用串联法使用电源变压器时,参加串联的各绕组的同名端必须正确连接,不能搞错。否则,变压器不能正常工作。

(9) 电源变压器短路性故障的综合检测判别。电源变压器发生短路性故障后的主要症状是发热严重和次级绕组输出电压失常。通常,线圈内部匝间短路点越多,短路电流就越大,变压器发热也就越严重。检测判断电源变压器是否有短路性故障的简单方法是测量空载电流。存在短路故障的变压器,其空载电流值远大于满载电流的 10%。当短路严重时,变压器在空载加电后几十秒内便会迅速发热,用手触摸铁芯会有烫手的感觉。此时不用测量空载电流便可断定变压器有短路点存在。

7.1.4 二极管的选用及检测

1. 二极管基础知识

二极管是最常用的电子元件之一,整流电路、检波电路、稳压电路等各种调制电路都是由二极管及其他器件构成的。正是由于二极管等元件的发明,才有了现在丰富多彩的电子信息世界。

1) 二极管的结构及种类

二极管又称晶体二极管,简称二极管(diode),另外,还有早期的真空电子二极管。二极管是一种具有单向传导电流功能的电子器件。在半导体二极管内部有一个 PN 结和两个引线端子,这种电子器件按照外加电压的方向,具备单向电流的传导性。一般来讲,晶体二极管是一个由 P 型半导体和 N 型半导体烧结形成的 PN 结界面,在界面的两侧形成空间电荷层,构成自建电场。当外加电压等于零时,由于 PN 结两边载流子的浓度差引起扩散电流和由自建电场引起的漂移电流相等而处于电平衡状态,这也是常态下的二极管特性,如图 7.1.10 所示。

常见的二极管有玻璃封装的、塑料封装的和金

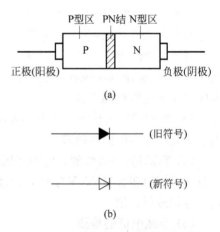

(a)

(旧符号)

(新符号)

(b)

图 7.1.10 二极管的结构及电路符号
(a) PN 结;(b) 电路符号

属封装的等几种。像它的名字一样,二极管有两个电极,即正、负极,一般把极性标示在二极管的外壳上。大多数用一个不同颜色的环来表示负极,有的直接标上"一"号。大功率二极管多采用金属封装,并且有个螺母以便将其固定在散热器上。

二极管种类有很多,按照所用的半导体材料,可分为锗二极管(Ge 管)和硅二极管(Si 管)。根据其不同用途,可分为检波二极管、整流二极管、稳压二极管、开关二极管、隔离二极管、肖特基二极管、发光二极管、硅功率开关二极管、旋转二极管等。按照管芯结构,又可分为点接触型二极管、面接触型二极管及平面型二极管。点接触型二极管是用一根很细的金属丝压在光洁的半导体晶片表面,通以脉冲电流,使触丝一端与晶片牢固地烧结在一起,形成一个 PN 结。由于是点接触,只允许通过较小的电流(不超过几十毫安),适用于高频小电流电路,如收音机的检波等。面接触型二极管的 PN 结面积较大,允许通过较大的电流(几安到几十安),主要用在把交流电变换成直流电的整流电路中。平面型二极管是一种特制的硅二极管,它不仅能通过较大的电流,而且性能稳定可靠,多用于开关、脉冲及高频电路。二极管图例及电路符号如图 7.1.11 所示。

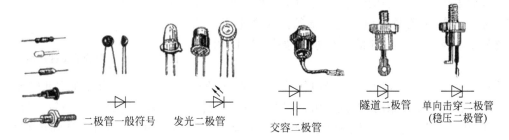

二极管一般符号　　　发光二极管　　　交容二极管　　　隧道二极管　　单向击穿二极管
　　　　　　　　　　　　　　　　　　　　　　　　　　　　　　　　　　　　(稳压二极管)

图 7.1.11　二极管图例及电路符号

2) 二极管特性

二极管最重要的特性就是单向导电性。在电路中,电流只能从二极管的正极流入,负极流出。

(1) 正向特性

在电子电路中,将二极管的正极接在高电位端,负极接在低电位端,二极管就会导通,这种连接方式称为正向偏置。当加在二极管两端的正向电压很小时,由于正向电压不足以克服 PN 结内电场的阻挡作用,二极管不能导通,正向电流几乎为零,这一段称为死区。只有当正向电压达到某一数值(这一数值称为门槛电压,又称死区电压,锗管约为 0.1V,硅管约为 0.5V)以后,二极管才能真正导通。导通后二极管两端的电压基本上保持不变(锗管约为 0.3V,硅管约为 0.7V),称为二极管的正向压降。

(2) 反向特性

在电子电路中,二极管的正极接在低电位端,负极接在高电位端,此时二极管中几乎没有电流流过,二极管处于截止状态,这种连接方式称为反向偏置。二极管处于反向偏置时,会有微弱的反向电流流过,此电流称为漏电流。当二极管两端的反向电压增大到某一数值,反向电流会急剧增大,二极管将失去单向导电性,这种状态称为二极管的击穿。

(3) 单向压降

二极管是一种具有单向导电性的二端器件,有电子二极管和晶体二极管之分,电子二极管现已很少见到,比较常用的是晶体二极管。几乎在所有的电子电路中,都要用到半导体二极管,并在电路中起着重要的作用。它是诞生最早的半导体器件之一,应用也非常广泛。

硅二极管(不发光类型)的正向管压降为 0.7V,锗管的正向管压降为 0.3V。发光二极管正向管压降会随发光颜色不同而不同,主要有三种颜色,具体压降参考值如下:红色发光二极管的管压降为 2.0~2.2V,黄色发光二极管的管压降为 1.8~2.0V,绿色发光二极管的管压降为 3.0~3.2V,正常发光时的额定电流约为 20mA。

二极管的电压与电流不是线性关系,所以在将不同的二极管并联时要连接相适应的电阻。

(4) 二极管的特性曲线

二极管具有单向导电性。在二极管上施加正向电压,当电压值较小时,电流极小;当电压超过 0.6V 时,电流开始按指数规律增大,通常称此电压为二极管的开启电压;当电压达到约 0.7V 时,二极管处于完全导通状态,通常称此电压为二极管的导通电压,用符号 U_D 表示。二极管的特性曲线如图 7.1.12 所示。

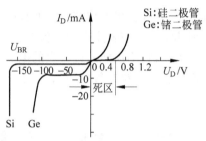

图 7.1.12　二极管的特性曲线

在二极管上施加反向电压,当电压值较小时,电流极小,其电流值为反向饱和电流 I_S。当反向电压超过某个值时,电流开始急剧增大,称为反向击穿,称此电压为二极管的反向击穿电压,用符号 U_{BR} 表示。不同型号二极管的击穿电压 U_{BR} 差别很大,从几十伏到几千伏。

(5) 二极管的反向击穿

外加反向电压超过某一数值时,反向电流会突然增大,这种现象称为电击穿。引起电击穿的临界电压称为二极管反向击穿电压。电击穿时二极管失去单向导电性。如果二极管没有因电击穿而引起过热,则单向导电性不一定会被永久破坏,在撤除外加电压后,其性能仍可恢复;否则,二极管就损坏了。因而使用时应避免二极管外加的反向电压过高。

反向击穿按机理分为齐纳击穿和雪崩击穿两种情况。

① 齐纳击穿

在高掺杂浓度的情况下,因势垒区宽度很小,反向电压较大时,破坏了势垒区内共价键结构,使价电子脱离共价键束缚,产生电子-空穴对,致使电流急剧增大,这种击穿称为齐纳击穿。如果掺杂浓度较低,势垒区宽度较宽,不容易发生齐纳击穿。

② 雪崩击穿

当反向电压增加到较大数值时,外加电场使电子漂移速度加快,从而与共价键中的价电子碰撞,把价电子撞出共价键,产生新的电子-空穴对。新产生的电子-空穴被电场加速后又撞出其他价电子,载流子雪崩式地增大,致使电流急剧增加,这种击穿称为雪崩击穿。无论哪种击穿,若对其电流不加限制,都可能造成 PN 结永久性损坏。

3) 二极管的作用及应用

(1) 整流

整流二极管主要用于整流电路,即把交流电变换成脉动的直流电。整流二极管都是面结型,因此结电容较大,使其工作频率较低,一般为 3kHz 以下。

（2）开关

二极管在正向电压作用下电阻很小，处于导通状态，相当于一只接通的开关；在反向电压作用下，电阻很大，处于截止状态，如同一只断开的开关。利用二极管的开关特性，可以组成各种逻辑电路。

（3）限幅

二极管正向导通后，它的正向压降基本保持不变（硅管为 0.7V，锗管为 0.3V）。利用这一特性，在电路中作为限幅元件，可以把信号幅度限制在一定范围内。

（4）续流

在开关电源的电感中和继电器等感性负载中起续流作用。

（5）检波

检波二极管的主要作用是把高频信号中的低频信号检出。它们的结构为点接触型。其结电容较小，工作频率较高，一般采用锗材料制成。

（6）阻尼

阻尼二极管多用在高频电压电路中，能承受较高的反向击穿电压和较大的峰值电流，一般用在电视机电路中，常用的阻尼二极管有 2CN1、2CN2、BSBS44 等。

（7）显示

用在 VCD、DVD、计算器等显示器上。

（8）稳压

稳压管是利用二极管的反向击穿特性制成的，在电路中其两端的电压保持基本不变，起到稳定电压的作用。常用的稳压管有 2CW55、2CW56 等。

（9）触发

触发二极管又称双向触发二极管（DIAC），属三层结构，是具有对称性的二端半导体器件，常用来触发双向晶闸管（可控硅），在电路中起过压保护等作用。

2. 二极管检测

1）普通二极管的检测

普通二极管包括检波二极管、整流二极管、阻尼二极管、开关二极管、续流二极管，它们都是由一个 PN 结构成的半导体器件，具有单向导电特性。通过用万用表检测其正、反向电阻值，可以判别二极管的电极，还可估测二极管是否损坏。

（1）极性的判别

将万用表置于 $R×100$ 挡或 $R×1$k 挡，两表笔分别接二极管的两个电极，测出一个结果后，对调两表笔，再测出一个结果。两次测量结果中，有一次测量的阻值较大（为反向电阻），一次测量的阻值较小（为正向电阻）。在阻值较小的一次测量中，黑表笔接的是二极管的正极，红表笔接的是二极管的负极。

（2）单负导电性能的检测及好坏的判断

通常，锗二极管的正向电阻值为 $1kΩ$ 左右，硅二极管的正向电阻值为 $5kΩ$ 左右，反向电阻值均近似为∞（无穷大）。正向电阻越小越好，反向电阻越大越好。正、反向电阻值相差越悬殊，说明二极管的单向导电特性越好。

若测得二极管的正、反向电阻值均接近 0 或阻值较小，则说明该二极管内部已击穿短路或漏电损坏。若测得二极管的正、反向电阻值均为无穷大，则说明该二极管已开路损坏。

（3）反向击穿电压的检测

二极管反向击穿电压（耐压值）可以用晶体管直流参数测试表测量。测量时，将测试表的"NPN/PNP"选择键设置为 NPN 状态，再将被测二极管的正极插入测试表的"C"插孔内，负极插入测试表的"e"插孔内，然后按下"V(BR)"键，测试表即可指示二极管的反向击穿电压值。

也可用兆欧表和万用表来测量二极管的反向击穿电压。测量时，被测二极管的负极与兆欧表的正极相接，将二极管的正极与兆欧表的负极相连，同时用万用表（置于合适的直流电压挡）监测二极管两端的电压。摇动兆欧表手柄（应由慢逐渐加快），待二极管两端电压稳定而不再上升时，此电压值即为二极管的反向击穿电压。

2）稳压二极管的检测

（1）正、负电极的判别

从外形上看，金属封装稳压二极管管体的正极一端为平面，负极一端为半圆面。塑封稳压二极管管体上印有彩色标记的一端为负极，另一端为正极。对标记不清楚的稳压二极管，也可以用万用表判别其极性，测量方法与普通二极管相同。即用万用表 $R\times1k$ 挡，将两表笔分别接稳压二极管的两个电极，测出一个结果后，再对调两表笔进行测量。在两次测量结果中，阻值较小那一次，黑表笔接的是稳压二极管的正极，红表笔接的是稳压二极管的负极。若测得稳压二极管的正、反向电阻均很小或均为无穷大，则说明该二极管已击穿或开路损坏。

（2）稳压值的测量

用 0～30V 连续可调直流电源测量 13V 以下的稳压二极管，可将稳压电源的输出电压调至 15V，将电源正极串接 1 只 1.5kΩ 限流电阻后与被测稳压二极管的负极相接，电源负极与稳压二极管的正极相接，再用万用表测量稳压二极管两端的电压值，所测的读数即为稳压二极管的稳压值。若稳压二极管的稳压值高于 15V，则应将稳压电源调至 20V 以上。

也可用低于 1000V 的兆欧表为稳压二极管提供测试电源。其方法是：将兆欧表正端与稳压二极管的负极相接，兆欧表的负端与稳压二极管的正极相接后，按规定匀速摇动兆欧表手柄，同时用万用表监测稳压二极管两端的电压值（万用表的电压挡应视稳定电压值的大小而定），待万用表的指示电压稳定时，此电压值便是稳压二极管的稳定电压值。若稳压二极管的稳定电压值忽高忽低，则说明该二极管的性能不稳定。

3）双向触发二极管的检测

（1）正、反向电阻值的测量

用万用表 $R\times1k$ 或 $R\times10k$ 挡测量双向触发二极管正、反向电阻值，正常时其正、反向电阻值均应为无穷大。若测得正、反向电阻值均很小或为 0，则说明该二极管已击穿损坏。

（2）测量转折电压

测量双向触发二极管的转折电压有三种方法。

第一种方法是：将兆欧表的正极（E）和负极（L）分别接双向触发二极管的两端，用兆欧表提供击穿电压，同时用万用表的直流电压挡测量电压值，将双向触发二极管的两极对调后再测量一次。比较两次测量的电压值的偏差（一般为 3～6V），此偏差值越小，说明二极管的性能越好。

第二种方法是：先用万用表测出市电电压 U，然后将被测双向触发二极管串入万用表的交流电压测量回路后，接入市电电压，读出电压值 U_1，再将双向触发二极管的两极对调连

接后并读出电压值 U_2。若 U_1 与 U_2 相同,但与 U 不同,则说明该双向触发二极管的导通性能对称性良好。若 U_1 与 U_2 相差较大,则说明该双向触发二极管的导通性不对称。若 U_1、U_2 均与 U 相同,则说明该双向触发二极管内部已短路损坏。若 U_1、U_2 均为 0,则说明该双向触发二极管内部已开路损坏。

第三种方法是:用 0~50V 连续可调直流电源,将电源的正极串接一只 20kΩ 电阻器后与双向触发二极管的一端相接,将电源的负极串接万用表电流挡(将其置于 1mA 挡)后与双向触发二极管的另一端相接。逐渐增加电源电压,当电流表指针有较明显摆动时(几十微安以上),说明此双向触发二极管已导通,此时电源的电压值即为双向触发二极管的转折电压。

4)发光二极管的检测

(1)正、负极的判别

图 7.1.13 发光二极管的正、负极

将发光二极管放在一个光源下,观察两个金属片的大小,通常金属片大的一端为负极,金属片小的一端为正极,如图 7.1.13 所示。

(2)性能好坏的判断

用万用表 $R\times10k$ 挡,测量发光二极管的正、反向电阻值。正常时,正向电阻值(黑表笔接正极时)为 10~20kΩ,反向电阻值为 250kΩ~∞(无穷大)。较高灵敏度的发光二极管,在测量正向电阻值时,管内会发微光。若用万用表 $R\times1k$ 挡测量发光二极管的正、反向电阻值,则会发现其正、反向电阻值均接近 ∞(无穷大),这是因为发光二极管的正向压降大于 1.6V(高于万用表 $R\times1k$ 挡内电池的电压值 1.5V)的缘故。用万用表的 $R\times10k$ 挡对一只 220μF/25V 电解电容器充电(黑表笔接电容器正极,红表笔接电容器负极),再将充电后的电容器正极接发光二极管正极、电容器负极接发光二极管负极,若发光二极管有很亮的闪光,则说明该发光二极管完好。

也可用 3V 直流电源,在电源的正极串接一只 33Ω 电阻后接发光二极管的正极,将电源的负极接发光二极管的负极,正常的发光二极管应发光,如图 7.1.14 所示。

或将一节 1.5V 电池串接在万用表的黑表笔(将万用表置于 $R\times10$ 或 $R\times100$ 挡,黑表笔接电池负极,等于与表内的 1.5V 电池串联),将电池的正极接发光二极管的正极,红表笔接发光二极管的负极,正常的发光二极管应发光,如图 7.1.15 所示。

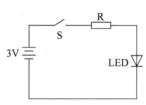

图 7.1.14 发光二极管外接电源检测电路图 Ⅰ

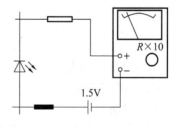

图 7.1.15 发光二极管外接电源检测电路图 Ⅱ

5)红外发光二极管的检测

(1)正、负极的判别

红外发光二极管类似于普通发光二极管,多采用透明树脂封装,管芯下部有一个浅盘,管内宽大的电极为负极,而窄小的电极为正极。也可根据管身形状和引脚的长短来判断。通常,靠近管身侧向小平面的电极为负极,另一端引脚为正极。长引脚为正极,短引脚为负极。

(2) 性能好坏的测量

用万用表 $R \times 10k$ 挡测量红外发光二极管的正、反向电阻。正常时,正向电阻值为 $15 \sim 40k\Omega$(此值越小越好),反向电阻大于 $500k\Omega$(用 $R \times 10k$ 挡测量,反向电阻大于 $200k\Omega$)。若测得正、反向电阻值均接近零,则说明该红外发光二极管内部已击穿损坏。若测得正、反向电阻值均为无穷大,则说明该二极管已开路损坏。若测得的反向电阻值远远小于 $500k\Omega$,则说明该二极管已漏电损坏。

6) 红外光敏二极管的检测

如图 7.1.16 所示,将万用表置于 $R \times 1k$ 挡,测量红外光敏二极管的正、反向电阻值。正常时,正向电阻值(黑表笔所接引脚为正极)为 $3 \sim 10k\Omega$,反向电阻值为 $500k\Omega$ 以上。若测得其正、反向电阻值均为 0 或均为无穷大,则说明该光敏二极管已击穿或开路损坏。

在测量红外光敏二极管反向电阻值的同时,用电视机遥控器对着被测红外光敏二极管的接收窗口,正常的红外光敏二极管,在按动遥控器上的按键时,其反向电阻值会由 $500k\Omega$ 以上减小至 $50 \sim 100k\Omega$。阻值下降越多,说明红外光敏二极管的灵敏度越高。

7) 其他光敏二极管的检测

(1) 电阻测量法

如图 7.1.17 所示,用黑纸或黑布遮住光敏二极管的光信号接收窗口,然后用万用表 $R \times 1k$ 挡测量光敏二极管的正、反向电阻值。正常时,正向电阻值在 $10 \sim 20k\Omega$ 之间,反向电阻值为 ∞(无穷大)。若测得正、反向电阻值均很小或均为无穷大,则说明该光敏二极管漏电或开路损坏。

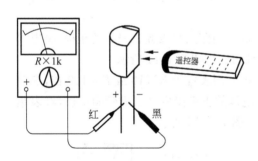

图 7.1.16　红外光敏二极管的检测

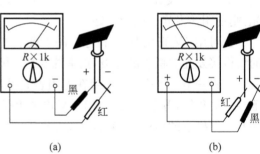

(a)　　　　　　　(b)

图 7.1.17　光敏二极管电阻测量法

去掉黑纸或黑布,使光敏二极管的光信号接收窗口对准光源,然后观察其正、反向电阻值的变化。正常时,正、反向电阻值均应变小。阻值变化越大,说明该光敏二极管的灵敏度越高。

(2) 电压测量法

将万用表置于 1V 直流电压挡,黑表笔接光敏二极管的负极,红表笔接光敏二极管的正极,将光敏二极管的光信号接收窗口对准光源,正常时应有 $0.2 \sim 0.4V$ 电压(其电压与光照强度成正比)。

(3) 电流测量法

将万用表置于 $50\mu A$ 或 $500\mu A$ 电流挡,红表笔接正极,黑表笔接负极,正常的光敏二极管在白炽灯光下,随着光照强度的增加,其电流从几微安增大至几百微安。

8) 激光二极管的检测

(1) 阻值测量法

拆下激光二极管,用万用表 $R\times1k$ 或 $R\times10k$ 挡测量其正、反向电阻值。正常时,正向电阻值为 $20\sim40k\Omega$,反向电阻值为 ∞(无穷大)。若测得正向电阻值已超过 $50k\Omega$,则说明激光二极管的性能已下降。若测得的正向电阻值大于 $90k\Omega$,则说明该二极管已严重老化,不能再使用了。

(2) 电流测量法

用万用表测量激光二极管驱动电路中负载电阻两端的电压降,再根据欧姆定律估算出流过该管的电流值,当电流超过 $100mA$ 时,若调节激光功率电位器,而电流无明显变化,则可判断激光二极管已严重老化。若电流剧增而失控,则说明激光二极管的光学谐振腔已损坏。

9) 变容二极管的检测

(1) 正、负极的判别

有的变容二极管的一端涂有黑色标记,这一端即为负极,而另一端为正极。还有的变容二极管的管壳两端分别涂有黄色环和红色环,红色环的一端为正极,黄色环的一端为负极。

也可以用数字万用表的二极管挡,通过测量变容二极管的正、反向电压降来判断出其正、负极。正常的变容二极管在测量其正向电压降时,表的读数为 $0.58\sim0.65V$;测量其反向电压降时,表的读数显示为溢出符号“1”。在测量正向电压降时,红表笔接的是变容二极管的正极,黑表笔接的是变容二极管的负极。

(2) 性能好坏的判断

用指针式万用表的 $R\times10k$ 挡测量变容二极管的正、反向电阻值。正常的变容二极管,其正、反向电阻值均为 ∞(无穷大)。若被测变容二极管的正、反向电阻值均有一定阻值或均为 0,则说明该二极管漏电或已击穿损坏。

10) 双基极二极管的检测

(1) 电极的判别

如图 7.1.18 所示,将万用表置于 $R\times1k$ 挡,用两表笔测量双基极二极管三个电极中任意两个电极间的正、反向电阻值,会测出有两个电极之间的正、反向电阻值均为 $2\sim10k\Omega$,这两个电极即为基极 B1 和基极 B2,另一个电极即为发射极 E。再将黑表笔接发射极 E,用红表笔依次去接触另外两个电极,一般会测出两个不同的电阻值。在阻值较小的测量中,红表笔接的是基极 B2,另一个电极即为基极 B1。

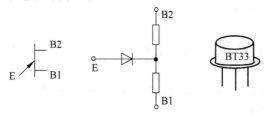

图 7.1.18　双基极二极管引脚结构

E—发射极;B1—第一基极;B2—第二基极

（2）性能好坏的判断

双基极二极管性能的好坏可以通过测量其各极间的电阻值是否正常来判断。用万用表 $R\times1k$ 挡，将黑表笔接发射极 E，红表笔依次接两个基极（B1 和 B2），正常时均应有几千欧至十几千欧的电阻值。再将红表笔接发射极 E，黑表笔依次接两个基极，正常时阻值为无穷大。

双基极二极管两个基极（B1 和 B2）之间的正、反向电阻值均在 $2\sim10k\Omega$ 范围内，若测得某两极之间的电阻值与上述正常值相差较大，则说明该二极管已损坏。

11）桥堆二极管的检测

（1）全桥的检测

大多数的整流全桥上，均标注有";""－""～"符号（其中";"为整流后输出电压的正极，"－"为输出电压的负极，"～"为交流电压输入极），很容易确定各电极。检测时，可通过分别测量";"极与两个"～"极、"－"极与两个"～"极之间各整流二极管的正、反向电阻值（与普通二极管的测量方法相同），来判断该全桥是否已损坏。若测得全桥内二极管的正、反向电阻值均为 0 或均为无穷大，则可判断该二极管已击穿或开路损坏。

（2）半桥的检测

半桥由两只整流二极管组成，通过用万用表分别测量半桥内部的两只二极管的正、反电阻值，来判断该半桥是否正常。

12）高压硅堆二极管的检测

高压硅堆内部是由多只高压整流二极管（硅粒）串联组成的。检测时，可用万用表的 $R\times10k$ 挡测量其正、反向电阻值，正常的高压硅堆二极管，其正向电阻值大于 $200k\Omega$，反向电阻值为无穷大。若测得其正、反向均有一定电阻值，则说明该高压硅堆二极管已击穿损坏。

13）变阻二极管的检测

用万用表 $R\times10k$ 挡测量变阻二极管的正、反向电阻值，正常的高频变阻二极管的正向电阻值（黑表笔接正极时）为 $4.5\sim6k\Omega$，反向电阻值为无穷大。若测得其正、反向电阻值均很小或均为无穷大，则说明被测变阻二极管已损坏。

14）肖特基二极管的检测

二端型肖特基二极管可以用万用表 $R\times1$ 挡测量。正常时，其正向电阻值（黑表笔接正极）为 $2.5\sim3.5\Omega$，反向电阻值为无穷大。若测得正、反向电阻值均为无穷大或均接近 0，则说明该二极管已开路或击穿损坏。

三端型肖特基二极管应先测出其公共端，判别是共阴对管，还是共阳对管，然后再分别测量两个二极管的正、反向电阻值。

7.1.5 三极管的选用及检测

半导体三极管又称晶体三极管或晶体管，它最主要的功能是电流放大、振荡或开关作用。

1. 三极管的基本知识

1）三极管基本结构

三极管实际就是把两个二极管同极相连。它是电流控制元件，利用基区窄小的特殊结构,通过载流子的扩散和复合,实现基极电流对集电极电流的控制,使三极管有更强的控制能力。二极管是由一个 PN 结构成的,而三极管由两个 PN 结构成,共用的一个电极称为三极管的基极(用字母 b 表示)。其他的两个电极称为集电极(用字母 c 表示)和发射极(用字母 e 表示)。由于不同的组合方式,形成了一种是 NPN 型的三极管,另一种是 PNP 型的三极管。PNP 管和 NPN 管按照一定的方式连接起来,就可以组成对管,具有更强的工作能力。如图 7.1.19 所示,有一个箭头的电极是发射极,箭头所指的极为 N 型半导体。箭头朝外的是 NPN 型三极管,而箭头朝内的是 PNP 型三极管。实际上箭头所指的方向是电流的方向。

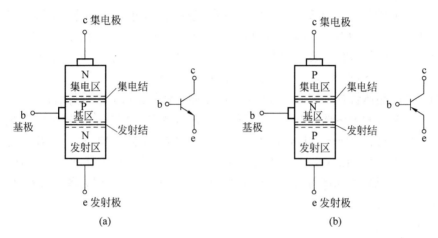

图 7.1.19 三极管结构示意图和表示符号

(a) NPN 型三极管;(b) PNP 型三极管

2) 三极管重要参数

(1) β 值

因为 β 值描述的是三极管对电流信号放大能力的大小,所以 β 值是三极管最重要的参数。β 值越高,对小信号的放大能力越强,反之亦然;但 β 值不能做得很大,因为太大,三极管的性能不太稳定。通常 β 值应该选择 30~80 为宜。一般来说,三极管的 β 值不是一个特定的值,它一般伴随着元件的工作状态而小幅度地改变。

(2) 极间反向电流

极间反向电流越小,三极管的稳定性越高。

(3) 三极管反向击穿特性

三极管是由两个 PN 结组成的,如果反向电压超过额定数值,就会像二极管那样被击穿,使性能下降或永久损坏。

(4) 工作频率

三极管的 β 值只在一定的工作频率范围内保持不变,如果超过频率范围,β 值会随着频率的升高而急剧下降。

3) 三极管的分类及型号

(1) 三极管的种类

晶体三极管的种类很多,分类方法也有多种,下面按用途、频率、功率、材料等进行分类。

① 按材料和极性分为硅材料的 NPN 与 PNP 三极管、锗材料的 NPN 与 PNP 三极管。

② 按用途分为高频放大管、中频放大管、低频放大管、低噪声放大管、光电管、开关管、高反压管、达林顿管、带阻尼的三极管等。

③ 按功率分为小功率三极管、中功率三极管、大功率三极管。

④ 按工作频率分为低频三极管、高频三极管和超高频三极管。

⑤ 按制作工艺分为平面型三极管、合金型三极管、扩散型三极管。

⑥ 按外形封装的不同可分为金属封装三极管、玻璃封装三极管、陶瓷封装三极管、塑料封装三极管等。

（2）三极管的型号

电子制作中常用的三极管有 90×× 系列，包括低频小功率硅管 9013（NPN）、9012（PNP），低噪声管 9014（NPN），高频小功率管 9018（NPN）等。它们的型号一般都标在塑壳上，外观都是 TO-92 标准封装。在老式的电子产品中还能见到 3DG6（低频小功率硅管）、3AX31（低频小功率锗管）等，它们的型号也都印在金属外壳上。

我国生产的晶体管有一套命名规则，电子工程技术人员和电子爱好者应该了解三极管符号的含义。符号的第一部分"3"表示三极管；符号的第二部分表示器件的材料和结构：A——PNP 型锗材料，B——NPN 型锗材料，C——PNP 型硅材料，D——NPN 型硅材料；符号的第三部分表示功能：U——光电管，K——开关管，X——低频小功率管，G——高频小功率管，D——低频大功率管，A——高频大功率管。另外，3DJ 型为场效应管，BT 开头的表示半导体特殊元件。

4）三极管的作用

三极管最主要的功能是电流放大、振荡或开关作用，应用非常广泛。起到这一作用的根本原因在于，它可以通过小电流控制大电流，即通过小的交流输入，控制大的静态直流。

如图 7.1.20 所示，假设三极管是个大坝，这个大坝奇怪的地方是，有两个阀门：一个大阀门，一个小阀门。小阀门可以用人力打开，大阀门很重，人力是打不开的，只能通过小阀门的水力打开。

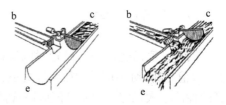

图 7.1.20 三极管与阀门类比示意图

所以，平常的工作流程是，每当放水的时候，人们就打开小阀门，很小的水流涓涓流出，这涓涓细流冲击大阀门的开关，大阀门随之打开，汹涌的江水滔滔流下。

如果不停地改变小阀门开启的大小，那么大阀门也相应地不停改变，假若能严格地按比例改变，那么，完美的控制就完成了。

在这里，U_{be} 就是小水流，U_{ce} 就是大水流，人就是输入信号。当然，如果把水流比作电流的话会更确切，因为三极管毕竟是一个电流控制元件。

截止区：当小阀门开启得还不够，不能打开大阀门时，我们说三极管处于截止区。

饱和区：当小阀门开启得太大了，以至于大阀门里放出的水流已经到了它极限的流量，我们称为饱和区。但是若将小阀门关小，则可以让三极管的工作状态从饱和区返回到线性区。

线性区：就是水流量和小阀门的开启程度处于线性对应关系的状态。处于线性区时，可以通过对小阀门开启量的控制，实现整体水量的控制。

击穿区：比如有水流存在一个水库中，水位太高（相应于 U_{ce} 太大），导致有缺口产生，水流流出。而且,随着小阀门的开启,这个击穿电压变低,就是更容易被击穿了。

2. 三极管的检测

1) 管型的判别

(1) 字母表述法

一般,三极管是 NPN 型还是 PNP 型可以从管壳上标注的型号来辨别。依照部分标准,三极管型号的第二位(字母),A、C 表示 PNP 管,B、D 表示 NPN 管。其中,A、B 表示锗管,C、D 表示硅管。例如:

3AX 为 PNP 型低频小功率管(Ge);3BX 为 NPN 型低频小功率管(Ge);

3CG 为 PNP 型高频小功率管(Si);3DG 为 NPN 型高频小功率管(Si);

3AD 为 PNP 型低频大功率管(Ge);3DD 为 NPN 型低频大功率管(Si);

3CA 为 PNP 型高频大功率管(Si);3DA 为 NPN 型高频大功率管(Si)。

(2) 数字表示法

此外有国际流行的 9011～9018 系列高频小功率管,除 9012 和 9015 为 PNP 管外,其余均为 NPN 型管。

2) 管极的判别

(1) 指针式万用表检测

三极管内部有两个 PN 结,可用万用表电阻挡分辨 e、b、c 三个极。在型号标注模糊的情况下,也可用此法判别管型。

① 基极的判别。判别管极时应首先确认基极。如图 7.1.21 所示,对于 NPN 管,用黑表笔接假定的基极,用红表笔分别接触另外两个极,若测得电阻都小,也就是测量指针的偏转角度大;而将黑、红两表笔对调,测得电阻均较大,也就是测量指针的偏转角度小,此时假定极就是基极。PNP 管,情况正相反,测量时两个 PN 结都正偏(电阻均较小)的情况下,红表笔接基极。

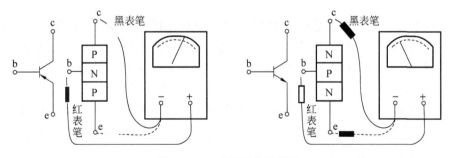

图 7.1.21　基极及管型判别

实际上,小功率管的基极一般排列在三个引脚的中间,可用上述方法分别将黑、红表笔接基极,既可测定三极管的两个 PN 结是否完好(与二极管 PN 结的测量方法一样),又可确认管型。

② 集电极和发射极的判别。确定基极后,如图 7.1.22 所示,假设余下引脚之一为集电极 c,另一为发射极 e,用手指分别捏住 c 极与 b 极(用手指代替基极电阻 R_b)。同时,将万用表两表笔分别与 c 极、e 极接触,若被测管为 NPN,则用黑表笔接触 c 极、用红表笔接 e 极(PNP 管相反),观察指针偏转角度;然后再设另一引脚为 c 极,重复以上过程,比较两次测

量指针的偏转角度,偏转角度大的一次表明 I_c 大,管子处于放大状态,相应假设的 c、e 极正确。

（2）数字万用表检测

利用数字万用表不仅能判定晶体管的电极、测量管子的共发射极电流放大系数 h_{FE},还可以鉴别硅管与锗管。由于数字万用表电阻挡的测试电流很小,所以不适用于检测晶体管,应使用二极管挡或者 h_{FE} 挡进行测试。

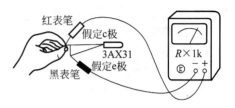

图 7.1.22　集电极和发射极判别

如图 7.1.23 所示,将数字万用表拨至二极管挡,红表笔固定任接某个引脚,用黑表笔依次接触另外两个引脚,如果两次显示值均小于 1V 或都显示溢出符号"OL"或"1",若是 PNP 型三极管,则红表笔所接的引脚就是基极 b。如果在两次测试中,一次显示值小于 1V,另外一次显示溢出符号"OL"或"1"（视不同的数字万用表而定）,则表明红表笔接的引脚不是基极 b,此时应改换其他引脚重新测量,直到找出基极为止。

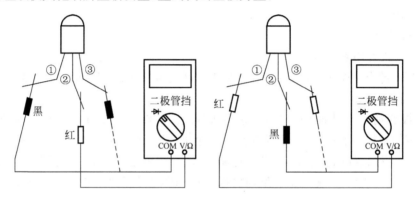

图 7.1.23　数字万用表二极管挡位测试

用红表笔接基极,用黑表笔先后接触其他两个引脚,如果显示屏上的数值都显示为 0.6～0.8V,则被测管属于硅 NPN 型中、小功率三极管;如果显示屏上的数值都显示为 0.4～0.6V,则被测管属于硅 NPN 型大功率三极管。其中,显示数值较大的一次,黑表笔所接的电极为发射极。在上述测量过程中,如果显示屏上的数值都小于 0.4V,则被测管属于锗三极管。

h_{FE} 是三极管的直流电流放大倍数,用数字万用表可以方便地测出 h_{FE}。将数字万用表置于 h_{FE} 挡,若被测管是 NPN 型管,则将管子的各个引脚插入 NPN 相应的插孔中,此时屏幕上就会显示被测管的 h_{FE} 值。

3）其他检测

（1）用万用表电阻挡测 I_{CEO} 和 β

基极开路,万用表黑表笔接 NPN 管的集电极 c,红表笔接发射极 e（PNP 管相反）,此时若 c、e 间电阻值大,则表明 I_{CEO} 小;电阻值小,则表明 I_{CEO} 大。

用手指代替基极电阻 R_b,用上述方法测 c、e 间电阻,若阻值比基极开路时小得多,则表明 β 值大。

（2）用万用表 h_{FE} 挡测 β

有的万用表有 h_{FE} 挡,按表上规定的极型插入三极管即可测得电流放大系数 β,若 β 很小或为零,表明三极管已损坏。可用电阻挡分别测两个 PN 结,确认是否有击穿或断路。

（3）半导体三极管的好坏检测

① 先选量程：$R \times 100$ 或 $R \times 1k$ 挡位。

② 测量 PNP 型半导体三极管的发射极和集电极的正向电阻值。红表笔接基极,黑表笔接发射极,所测得阻值为发射极正向电阻值,若将黑表笔接集电极(红表笔不动),所测得阻值便是集电极的正向电阻值,正向电阻值愈小愈好。

③ 测量 PNP 型半导体三极管的发射极和集电极的反向电阻值。将黑表笔接基极,红表笔分别接发射极与集电极,所测阻值分别为发射极和集电极的反向电阻,反向电阻值越小越好。

④ 测量 NPN 型半导体三极管的发射极和集电极的正向电阻值的方法和测量 PNP 型半导体三极管的方法相反。

7.1.6　集成电路的选用及检测

集成电路(integrated circuit)是一种微型电子器件或部件。采用一定的工艺,把一个电路中所需的晶体管、二极管、电阻、电容和电感等元件及布线互连在一起,制作在一小块或几小块半导体晶片或介质基片上,然后封装在一个管壳内,成为具有所需电路功能的微型结构；其中所有元件在结构上已组成一个整体,使电子元件向着微小型化、低功耗和高可靠性方面迈进了一大步。它在电路中用 IC 表示。

1. 集成电路基本知识

1）集成电路的分类

（1）按功能、结构分类

集成电路按其功能、结构的不同,可以分为模拟集成电路、数字集成电路、数/模混合集成电路三大类。

模拟集成电路又称线性电路,用来产生、放大和处理各种模拟信号(指幅度随时间变化的信号。例如半导体收音机的音频信号、录放机的磁带信号等),其输入信号和输出信号成比例关系。

数字集成电路用来产生、放大和处理各种数字信号(指在时间上和幅度上离散取值的信号。例如 3G 手机、数码相机、电脑 CPU、数字电视的逻辑控制和重放的音频信号和视频信号)。

数/模混合集成电路是一种高度集成化、固件化的系统集成电路,它的核心思想就是把除了无法集成的外部电路或机械部分以外的整个应用电子系统全部集成在一个芯片中。它大规模应用在电子产品设计中,覆盖整个电子领域,主要集中在手机、视频游戏机、DVD 播放器、数字机顶盒等通信和消费类电子领域。

（2）按制作工艺分类

集成电路按制作工艺可分为半导体集成电路和膜集成电路。其中,膜集成电路又分为厚膜集成电路和薄膜集成电路。

（3）按集成度高低分类

集成电路按集成度的不同可分为 SSI 小规模集成电路(small scale integrated circuits)、

MSI 中规模集成电路(medium scale integrated circuits)、LSI 大规模集成电路(large scale integrated circuits)、VLSI 超大规模集成电路(very large scale integrated circuits)、ULSI 特大规模集成电路(ultra large scale integrated circuits)、GSI 巨大规模集成电路也被称作极大规模集成电路或超特大规模集成电路(giga scale integration circuits)。

(4) 按导电类型分类

集成电路按导电类型可分为双极型集成电路和单极型集成电路,它们都是数字集成电路。

双极型集成电路的制作工艺复杂,功耗较大,代表集成电路有 TTL、ECL、HTL、LST-TL、STTL 等类型。单极型集成电路的制作工艺简单,功耗也较低,易于制成大规模集成电路,代表集成电路有 CMOS、NMOS、PMOS 等类型。

(5) 按用途分类

集成电路按用途可分为电视机用集成电路、音响用集成电路、影碟机用集成电路、录像机用集成电路、电脑(微机)用集成电路、电子琴用集成电路、通信用集成电路、照相机用集成电路、遥控集成电路、语言集成电路、报警器用集成电路及各种专用集成电路。

① 电视机用集成电路包括行扫描集成电路、场扫描集成电路、中放集成电路、伴音集成电路、彩色解码集成电路、AV/TV 转换集成电路、开关电源集成电路、遥控集成电路、丽音解码集成电路、画中画处理集成电路、微处理器(CPU)集成电路、存储器集成电路等。

② 音响用集成电路包括 AM/FM 高中频电路、立体声解码电路、音频前置放大电路、音频运算放大集成电路、音频功率放大集成电路、环绕声处理集成电路、电平驱动集成电路、电子音量控制集成电路、延时混响集成电路、电子开关集成电路等。

③ 影碟机用集成电路包括系统控制集成电路、视频编码集成电路、MPEG 解码集成电路、音频信号处理集成电路、音响效果集成电路、RF 信号处理集成电路、数字信号处理集成电路、伺服集成电路、电动机驱动集成电路等。

④ 录像机用集成电路包括系统控制集成电路、伺服集成电路、驱动集成电路、音频处理集成电路、视频处理集成电路等。

(6) 按应用领域分类

集成电路按应用领域可分为标准通用集成电路和专用集成电路。

(7) 按外形分类

集成电路按外形可分为圆形(金属外壳晶体管封装型,一般适用于大功率)、扁平型(稳定性好,体积小)和双列直插型。

2) 集成电路常见的封装形式

其封装外壳有圆壳式、扁平式或双列直插式等多种形式,如图 7.1.24 所示。

QFP(quad flat package)四面有鸥翼型脚(封装),见图 7.1.24(a);BGA(ball grid array)球栅阵列(封装),见图 7.1.24(b);PLCC(plastic leaded chip carrier)四边有内勾型脚(封装),见图 7.1.24(c);SOJ(small outline junction)两边有内勾型脚(封装),见图 7.1.24(d);SOIC(small outline integrated circuit)两面有鸥翼型脚(封装),见图 7.1.24(e)。

2. 集成电路的检测

1) 集成电路的脚位判别

对于 BGA 封装的集成电路芯片(用坐标表示),在打点或是有颜色标识处逆时针用英

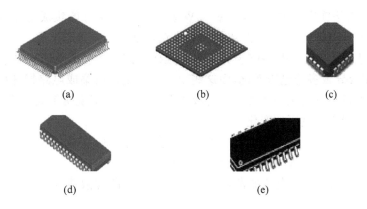

(a)　　　　　　　　(b)　　　　　　　　(c)

(d)　　　　　　　　(e)

图 7.1.24　集成电路常见封装形式

文字母表示(A、B、C、D、E 等),其中 I、O 基本不用;顺时针用数字表示(1、2、3、4、5 等)。其中,字母为横坐标,数字为纵坐标,如 A1、A2。

对于其他的封装形式,则在打点、有凹槽或是有颜色标识处逆时针开始数为第一脚、第二脚、第三脚等。

2) 常用检测方法

集成电路的常用检测方法有非在线测量法、在线测量法和代换法。

(1) 非在线测量法。在集成电路未焊入电路时,通过测量其各引脚之间的电阻值与已知正常同型号集成电路各引脚之间的电阻值进行对比,以确定其是否正常。

(2) 在线测量法。利用电压测量法、电阻测量法及电流测量法等,通过在电路上测量集成电路的各引脚电压值、电阻值和电流值是否正常,来判断该集成电路是否损坏。

(3) 代换法。用已知完好的同型号、同规格集成电路来代换被测集成电路,可以判断该集成电路是否损坏。

3) 检测常识

(1) 检测前要了解集成电路及其相关电路的工作原理。包括所用集成电路的功能,内部电路、主要电气参数,各引脚的作用,正常电压、波形,以及与外围元件组成电路的工作原理。如果熟悉以上条件,那么分析和检查会容易许多。

(2) 测试时不要造成引脚间短路。电压测量或用示波器探头测试波形时,表笔或探头不要由于滑动造成集成电路引脚间短路,最好在与引脚直接连通的外围印刷电路上进行测量。任何瞬间短路都容易损坏集成电路,在测试扁平型封装的 CMOS 集成电路时更要加倍小心。

(3) 严禁在无隔离变压器的情况下,用已接地的测试设备接触底板带电的电视、音响、录像等设备。虽然一般的收录机都具有电源变压器,当接触到较特殊的尤其是输出功率较大或对采用的电源性质不太了解的电视或音响设备时,首先要弄清该机底盘是否带电,否则极易与底板带电的电视、音响等设备造成电源短路,波及集成电路,造成故障的进一步扩大。

(4) 要注意电烙铁的绝缘性能。不允许带电使用电烙铁进行焊接,要确认电烙铁不带电,最好把电烙铁的外壳接地,对 MOS 电路更应小心,采用 6~8V 的低压电烙铁会更安全。

(5) 要保证焊接质量。焊接时应确保焊牢,焊锡的堆积、气孔容易造成虚焊。焊接时间一般不超过 3s,电烙铁应用内热式,功率 25W 左右。已焊接好的集成电路要仔细查看,最好用欧姆表测量各引脚间是否短路,确认无焊锡粘连现象后再接通电源。

(6) 不要轻易断定集成电路已损坏。因为集成电路绝大多数为直接耦合,一旦某一电路不正常,可能会导致多处电压变化,而这些变化不一定是由集成电路损坏引起的,另外在有些情况下测得各引脚电压与正常值相符或接近时,也不一定说明集成电路就是好的,因为有些故障不会引起直流电压的变化。

(7) 测试仪表内阻要大。测量集成电路引脚直流电压时,应选用表头内阻大于 $20\text{k}\Omega/\text{V}$ 的万用表,否则测量某些引脚电压时会有较大的测量误差。

(8) 要注意大功率集成电路的散热。大功率集成电路应散热良好,不允许不带散热器而在大功率的状态下工作。

(9) 引线要合理。如需要加接外围元件代替集成电路内部已损坏部分,应选用小型元器件,且接线要合理以免造成不必要的寄生耦合,尤其是要处理好音频功放集成电路和前置放大电路之间的接地端。

3. 集成电路选择及使用注意事项

(1) 应首先根据对应部位的电气性能以及体积、价格等方面的要求,确定所选半导体集成电路器件的种类和型号。

(2) 根据对应部位的可靠性要求,确定所选半导体集成电路器件的技术要求和质量等级。

(3) 根据对应部位其他方面要求,确定所选半导体电路器件的封装形式、引线涂覆形式等。

(4) 对大功率半导体集成电路器件,应选择热阻足够小的型号。

(5) 应选择抗瞬态过载能力足够强的半导体集成电路器件。

(6) 尽量选择静电敏感度等级较高的半导体集成电路器件,若器件上未标明静电敏感度等级,则应进行抗静电能力评价实验。

7.1.7　开关、继电器的选用及检测

1. 拨动开关

1) 认识元件

(1) 符号: S。

(2) 作用: 通过拨动开关柄使电路接通或断开,从而达到切换电路的目的。

(3) 分类: 包括单极双位、单极三位、双极双位、双极三位等。

(4) 应用: 用于数码产品、通信产品、安防产品、电子玩具、健身器材等的低压电路。

(5) 特点: 滑块动作灵活,性能稳定可靠。

2) 检测

(1) 极性识别。无极性。

(2) 质量检测。选用万用表 $R\times1$ 挡,测量开关的中间及边上任意一个引脚。当开关柄连接所测的两个引脚时,阻值为 0;开关柄拨到另外一边时,阻值为∞。同样的方法测量另外一个引脚和中间的引脚。

2. 按键开关

1) 认识元件

(1) 符号：S。

有标志的两端在按键按下时接通。

(2) 特点：带自锁的开关。

2) 检测

(1) 极性识别。无极性。

(2) 质量检测。使用万用表的 $R\times 1$ 挡进行检测，按下时，1、2，4、5 间电阻为零；弹起时 2、3、5、6 间电阻为零。

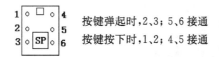

按键弹起时，2、3；5、6 接通
按键按下时，1、2；4、5 接通

3. 轻触开关

1) 认识元件

(1) 符号：SB。 ![轻触开关图] 引脚向上的俯视图。

(2) 特点：不带自锁的开关。

2) 检测

(1) 极性识别。无极性。

(2) 质量检测。选用万用表 $R\times 1$ 挡进行检测。竖线连通的两点为动断触点，横排两个为动合触点。

4. 水银开关

1) 认识元件

水银开关，是电路开关的一种，以一接着电极的小巧容器储存着一小滴水银，容器中多数为真空或注入惰性气体。因为重力的关系，水银珠会随容器向较低的地方流去，如果同时接触到两个电极的话，开关便会将电路闭合。

(1) 符号：QPS。

(2) 特点：可长期可靠工作，无噪声、体积小，形式多样，结构简单，价格低廉。

2) 检测

(1) 极性识别：无极性。

(2) 质量检测：选用万用表 $R\times 1$ 挡，将水银开关引脚朝上，此时水银珠同时接触两个电极，万用表有阻值；将水银开关引脚向下，水银珠不能同时接触两个电极，万用表没有阻值。

注意事项：水银对人体及环境均有害。使用水银开关时，务必小心谨慎，以免破出；不再使用时，也应该妥善处理。

5. 继电器

1) 认识元件

继电器(relay)是一种电控制的开关器件，是当输入量(激励量)的变化达到规定要求时，在电气输出电路中使被控量发生预定的阶跃变化的一种电器。它具有控制系统(又称输入回路)和被控制系统(又称输出回路)之间的互动关系,通常应用于自动化控制电路。它实际上是一种用小电流控制大电流的"自动开关",在电路中起着自动调节、安全保护、转换电路等作用。继电器实物图如图 7.1.25 所示。

(1) 符号:K。

(2) 作用:用小电流、低电压控制大电流、高电压。

2) 继电器的检测

以 4098 型继电器为例,图 7.1.26 所示为其引脚朝上俯视图,其线圈的工作电压有 3V、6V、9V、12V 等多种。吸合时线圈中通过的电流约为 50mA,触点间允许通过的电流可达 1A(250V)。

图 7.1.25　继电器实物图

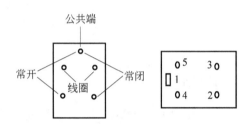

图 7.1.26　4098 型继电器引脚朝上俯视图

(1) 可用万用表。$R \times 100$ 挡测量继电器线圈的电阻。4098(6V)继电器线圈的电阻约为 100Ω。如电阻无限大,则说明线圈已断路,若电阻为零,则说明线圈短路,均不可使用。

(2) 将线圈引脚 4、5 两端加上直流电压,逐渐升高电压,当听到"嗒"的一声时,衔铁吸合,电压值即为继电器吸合电压,此电压值应小于工作电压值。继电器吸合后,再逐渐降低电压,再听到"咯"的一声时,衔铁复位。一般释放电压应为吸合电压的 1/3 左右,否则继电器工作将不可靠。

7.1.8　其他常见元器件

1. 扬声器

1) 认识元件

扬声器外形如图 7.1.27 所示。

符号:BL。

作用:放大声音。

图 7.1.27　扬声器外形图

2) 检测

(1) 极性识别:音圈引出线的接线端上标有"+""−"极性。

(2) 质量检测:将万用表置 $R \times 1$ 挡,当两根表笔分别接触扬声器音圈引出线的两个接线端时,能听到明显的"咯咯"声响,表明音圈正常;声音越响,扬声器的灵敏度越高。

3) 选用

电子制作时,较常用的是 $0.25 \sim 2W$、8Ω 的纸盆中低音扬声器和高响度报警用高音扬声器。选用时,应考虑扬声器的额定阻抗(应与电路的输出阻抗相等)、额定功率(应大于电路功放输出功率的 1.2 倍)和工作频率范围,以及扬声器的价格等。

2. 压电陶瓷片

1) 认识元器件

压电陶瓷片外形如图 7.1.28 所示。

(1) 符号:HTDB。

(2) 作用:压电陶瓷片两端施加音频振荡电压时,压电陶瓷将带动金属片一起振动,发出声音,起到扬声器的作用。

(3) 结构:圆形的铜片和陶瓷片上的银层组成了压电陶瓷片的两个电极。

2) 检测

(1) 极性识别:中间正,边上负。

(2) 质量检测:选用万用表 2.5V 直流电压挡,两表笔分别接在压电陶瓷片的两极,当多次适度用力压放压电陶瓷片时,指针应在零刻度周围摆动,摆幅越大,说明压电效应越好。如果无反应,则说明压电陶瓷片已损坏。

3) 选用

根据实际使用的场合和要求来选取压电陶瓷片的外形,根据其讯响度及讯响频率来确定蜂鸣片的直径、助声腔与外壳尺寸。

3. 蜂鸣器

1) 认识元件

蜂鸣器外形如图 7.1.29 所示。

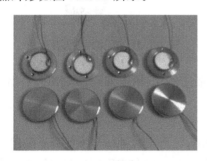

图 7.1.28　压电陶瓷片外形图

图 7.1.29　蜂鸣器外形图

(1) 符号:HAH。

(2) 作用:蜂鸣器是一种小型的电子讯响器,通上额定的直流电时,会发出特定的响声,在仪器仪表、家用电器、电子玩具、报警器等领域作音频提示之用。

(3) 特点:体积小、重量轻、能耗低、结构牢固、安装方便、经济实用、灵敏度高,但频响范围较窄、低频响应较差,不宜当作扬声器使用。

2) 检测

(1) 极性识别:长脚正,短脚负。管体上有标注。

(2) 质量检测:将一节干电池与蜂鸣器串联,正、极不能接反,否则不会发声音。电压大小也会影响蜂鸣器声音的大小,如果干电池电压低,则只有"沙沙"的声音。

3) 选用

根据驱动电路进行选择。

4. 驻极体

1）认识元件

驻极体外形如图 7.1.30 所示。

（1）符号：MC。

（2）作用：驻极体话筒是一种电声换能器，它可以将声能转换成电能。

2）检测

（1）极性识别。与外壳相连端为接地端（负极），另一端为漏极 D 端（正极）。

（2）质量检测。使用万用表 $R \times 1k$ 或 $R \times 100$ 挡，把黑表笔接在漏极 D 接点上，红表笔接在接地点上，并用嘴吹话筒的同时观察万用表指标变化情况。若摆动幅度不大（微动）或根本不摆动，说明此话筒性能差，不宜应用；若指针摆动，则话筒工作正常。摆动幅度越大说明话筒的灵敏度越高。

5. 晶体振荡器

1）认识元件

晶体振荡器外形如图 7.1.31 所示。

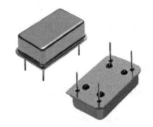

图 7.1.30　驻极体外形图　　　　图 7.1.31　晶体振荡器外形图

晶体振荡器是利用石英晶体（二氧化硅的结晶体）的压电效应制成的一种谐振器件，又叫石英晶体或晶体、晶振。

（1）符号：X。

（2）应用：石英钟走时准、耗电省、经久耐用，可用于时钟信号发生器；采用 500kHz 或 503kHz 的晶体振荡器作为彩电行、场电路的振荡源；还可应用于通信网络、无线数据传输、高速数字数据传输等。

2）检测

（1）极性识别：没有极性。

（2）质量检测：对于晶振的检测，通常仅能用示波器（需要通过电路板加电）或频率计实现，万用表或其他测试仪等是无法测量的。如果没有条件或没有办法判断其好坏，可以考虑采用代换法。

7.2　电路设计

本节首先介绍到电路板的种类，然后简单介绍 Altium Designer 这款容易上手并且广泛使用的电路设计软件，并以一块自己设计的 stm32 开发板为例，讲解从电路原理图到印制电路板图的整套设计流程。

7.2.1 电路板的种类及选型

在设计电路板之前,首先需要决定制作哪种类型的电路板。常用的有洞洞板、自制蚀刻铜板以及印制电路板,这三种类型的电路板各有优缺点,针对不同的开发任务,需要选择最合适的类型来制作。

1. 洞洞板

洞洞板是一种通用设计的电路板,通常板上布满标准的 2.54mm 间距的圆形焊盘,看起来整个板子上都是小孔,所以俗称为洞洞板。常用直插元件均可以方便地将引脚插入焊盘,并通过焊锡走线。相比印制电路板,洞洞板具有成本低、使用方便、扩展灵活等特点,一般在小型电路的初始试验阶段使用。需要注意的是,有的洞洞板焊盘全是独立的,但是有的焊盘间有相连的铜线,在焊接时需要格外注意,以免短路。图 7.2.1 所示为洞洞板的外形。

图 7.2.1 洞洞板实物图

2. 自制蚀刻铜板

自制蚀刻铜板通常是将线路绘制在一张覆铜板上,使用化学药剂腐蚀或者直接用刻刀刻出想要的电路走线,再打孔并焊接元器件。这种方法需要相应的蚀刻剂,并进行热转印等工序,适合进行简单、少量的电路板制作。自制蚀刻板实物图 7.2.2 所示为洞洞板的外形图。

3. 印制电路板

印制电路板也就是我们常说的 PCB(printed circuit board)板。目前国内市场有很多工厂可以接收小批量订单,我们只需要将设计好的电路板文件发给工厂制作,一般 3～5 天就能收到成品了。印制电路板有很多优点,它易于焊接、可靠性高而且美观,可以实现复杂电路的制作,能够使用贴片芯片,适用于成品阶段或者较大规模的电路。图 7.2.3 所示为一块印制电路板。

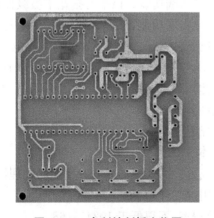

图 7.2.2 自制蚀刻板实物图

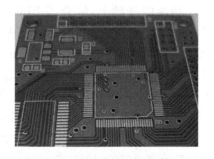

图 7.2.3 印制电路板

7.2.2　Altium Designer 软件介绍

Altium Designer 是软件开发商 Altium 公司推出的一体化电子产品开发系统,如图 7.2.4 所示,其前身是 Protel 99 SE。本节以及后面的章节将讲解如何用 Altium Designer 软件来设计自己的电路板。

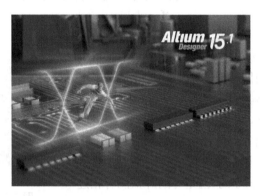

图 7.2.4　Altium Designer 软件

Altium Designer 软件通过把原理图设计、电路仿真、PCB 绘制编辑、拓扑逻辑自动布线、信号完整性分析和设计输出等技术完美融合,为设计者提供了全新的设计解决方案,使设计者可以轻松地进行设计,熟练使用这一软件必将使电路设计的质量和效率大大提高。

电路设计自动化(electronic design automation,EDA)指的就是将电路设计中的各种工作,如电路原理图(Schematic)的绘制、PCB 文件的制作、执行电路仿真(Simulation)等交由计算机来协助完成。随着电子技术的蓬勃发展,新型元器件层出不穷,电子线路变得越来越复杂,电路的设计工作已经无法单纯依靠手工来完成,电子线路计算机辅助设计已经成为必然趋势,越来越多的设计人员使用快捷、高效的 CAD 设计软件来进行辅助电路原理图、印制电路板图的设计,以及打印各种报表。

Altium Designer 除了全面继承包括 Protel 99 SE、Protel DXP 在内的先前一系列版本的功能和优点外,还作出了许多改进,并增加了很多高端功能。该平台拓宽了板级设计的传统界面,全面集成了 FPGA 设计功能和 SOPC 设计实现功能,从而允许工程设计人员能将系统设计中的 FPGA 与 PCB 设计及嵌入式设计集成在一起。由于 Altium Designer 在继承 Protel 软件功能的基础上,综合了 FPGA 设计功能和嵌入式系统软件设计功能,因而 Altium Designer 对计算机系统的需求比先前的版本要高一些。

下面介绍一下如何安装 Altium Designer 软件。

为了使软件能够达到最佳的性能,推荐的系统配置如下:

(1) Windows XP SP2 专业版或者以后的版本。

(2) 英特尔®酷睿™ 2 双核/四核 2.66GHz 或更快的处理器或同等速度的处理器。

(3) 2GB 内存、10GB 硬盘空间(系统文件＋用户文件)。

(4) 双显示器,1680×1050 或 1600×1200 分辨率,不得低于 1024×768。

（5）使用 256MB 显卡或更好的显卡。

首先打开安装软件 Altium Designer Setup15_1_14. exe，会看到如图 7.2.5 所示的界面。单击 Next，进行下一步安装。

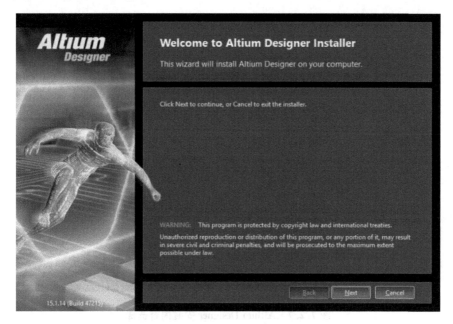

图 7.2.5 Altium Designer 安装界面

图 7.2.6 所示界面是许可协议界面，建议将协议的语言选成中文，并仔细阅读协议内容。选择接受协议后，可以单击 Next，进行下一步操作。

图 7.2.6 Altium Designer 许可协议界面

如图 7.2.7 所示，选择要安装的内容。不需要的功能不必选择安装，否则程序会占用很多空间，并且打开速度会变慢。像实现本书中介绍的设计 PCB 的功能只需要安装基本的 PCB Designer 以及需要的支持组件即可。选择好后就可以到下一步，选择安装路径。

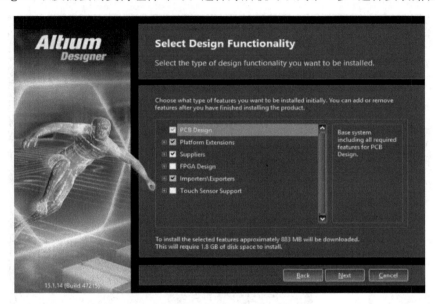

图 7.2.7　Altium Designer 安装内容选择

在图 7.2.8 所示的这步中有两点需要注意：一是如果电脑装有固态硬盘，那么强烈建议将 Altium Designer 安装到固态硬盘中，这样程序运行的速度会快很多；二是安装路径最好全用英文字母。

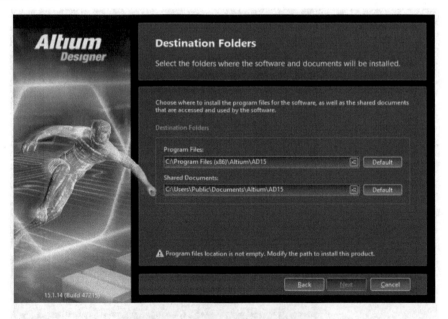

图 7.2.8　Altium Designer 安装路径

填完安装路径后单击 Next 就可以开始安装了。直到软件安装完成。

7.2.3 元器件封装库

在学习如何设计电路原理图和 PCB 图之前,先来认识一下 Altium Designer 中基本的元器件封装库。元器件封装库包括电路中的基本元器件的原理图、封装图甚至 3D 模型图。

在 Altium Designer 中,元器件库文件包括 *.SCHLib 原理图库、*.PCBLib 封装库以及 *.STEP 3D 封装库。还有一种文件 IntLib 是上述库文件的打包形式。

在画一个电路板之前,使用什么元器件封装是首先要考虑的,是使用直插式元器件,还是贴片式元器件? 使用什么型号的元器件? 这些都是需要考虑的。在使用 Altium Designer 进行电路原理设计时,元器件原理图和封装都是需要提前确定好的,画图时直接拖入原理图即可。所以在画电路板之前首先要准备好元器件封装库。

有三种方式可以获得封装库。

第一种,寻找已有的元器件库文件,导入到自己的 Altium Designer 中。这里推荐在官网上下载官方封装库,参考网址为 https://designcontent.live.altium.com/♯UnifiedComponents。Altium 公司官网上准备的封装库非常齐全,且美观标准。除了常用元器件,各个公司的芯片产品均按公司分类,非常易于查找。使用计算机辅助设计电路板的一大好处是,不用自己从元件封装画起,所以强烈建议学会如何在官网上查找封装库文件。

第二种,网上的众多电子论坛中或电子爱好者自己制作分享的封装库都可以直接下载使用,但要注意区分封装库的型号和表述方式,以免使用错误。

第三种,自己在软件中绘制封装库。这种方式虽然比较费时,但对于没有现成封装的特殊元器件来说,非常必要。

7.2.4 电路原理图设计

根据机器人系统要求,整个电路需要分为三块电路板:Arduino 主板、扩展板和底板。其中 Arduino 主板是已有的电路板,不需要单独设计,只需要设计扩展板和底板。另外,还需要增加供电模块、光电传感器、火焰传感器、超声探障传感器、舵机接口、电机驱动和红外数据接口,如图 7.2.9 所示。

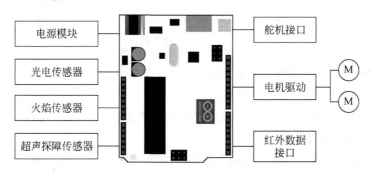

图 7.2.9 机器人的电路组成图

电路原理图设计及绘制步骤如下。

（1）打开 Altium Designer 软件，创建一个 PCB 工程

① 在菜单栏选择"文件"→"新建"→"工程"→"PCB 工程"。

② 在 Projects 面板会出现如图 7.2.10 所示的界面。
"工作台"左侧对应的是工作空间名称，"工程"左侧为本
项目的项目名称。

③ 在 E 盘下，新建 Study 文件夹。在工程文件上右
击，选择保存工程到 Study 文件夹中，工程命名为 Study.
PrjPCB，后缀. PrjPCB 为 PCB 工程的工程文件后缀。保
存工程也可以通过"文件"→"保存工程"选项完成。

图 7.2.10　新建工程

这样就完成了 Study. PrjPCB 工程的创建。

（2）创建一个原理图文件

① 单击"文件"→"新建"→"原理图"，或者在刚才的工程名上右击，选择"给工程添加新
的"→Schematic。

② 单击"文件"→"保存"，在弹出的对话框中，修改原理图名称为 Study. SchDoc，路径
也保存在 Study 文件夹中，如图 7.2.11 所示。原理图文件的扩展名为 ∗. SchDoc。

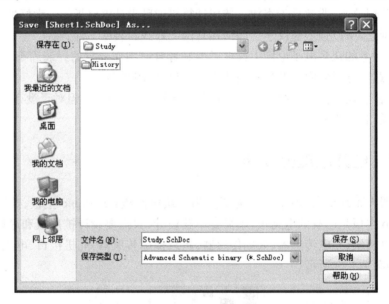

图 7.2.11　原理图保存

③ 如果想给工程添加绘制完成的原理图，可以在工程名上右击，选择"添加现有的文件
到工程"，即可添加已经绘制完成的文件。

这样，在项目中就建立了名为 Study. SchDoc 的原理图文件。

（3）给工程添加原理图图纸

在菜单栏选择"设计"→"文档选项"，会出现如图 7.2.12 所示的界面。

将图 7.2.12 中，"标准类型"选择"A4"，如果所要设计的电路原理图较大，可以采用其
他尺寸的图纸。选择完成后，单击"确定"。

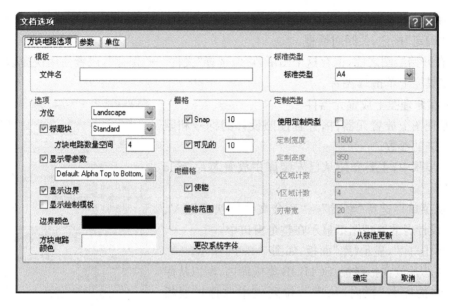

图 7.2.12　文档选项界面

（4）原理图参数设置

① 在菜单栏选择"工具"→"设置原理图参数"（快捷键 T、P），会弹出如图 7.2.13 所示的界面。

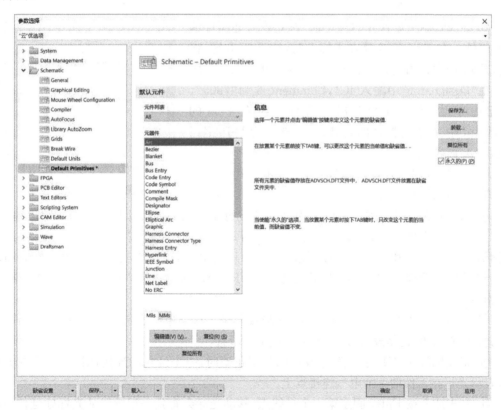

图 7.2.13　设置原理图参数对话框

② 在对话框左边的目录中单击 Schematic→Default Primitives，勾选"永久的"使其为当前，单击"确定"按钮，关闭对话框。

③ 在开始绘图之前，保存这个图纸，可以选择"文件"→"保存"，或者使用快捷键(F、S)，或者在工具栏上单击 图标。

（5）在原理图上放置元器件

在原理图上放置元器件，并且按照设计的标号和阻值设置正确的参数。

这一步骤中，主要介绍从已安装库中放置芯片 7805 和电容 C1。

① 从菜单栏选择"察看"→"适合文件"（快捷键 V、D)，确认设计者的原理图纸显示在整个窗口中。

② 单击"库"，显示"库"面板，如图 7.2.14 所示。

③ 该芯片放在扩展板. SCHLIB 集成库内，所以从库面板"安装的库名"栏内，从库下拉列表中选择扩展板. SCHLIB 来激活这个库。

④ 在列表中双击元器件名，光标将变成十字状，并且在光标上"悬浮"着一个芯片 7805 的轮廓。现在设计者处于元件放置状态，如果设计者移动光标，芯片 7805 的轮廓也会随着移动。

⑤ 在原理图上放置元器件之前，首先要对元器件编辑其属性。在芯片 7805 浮在光标上时，按下 Tab 键，将会打开元件属性对话框，设置对话框选项如图 7.2.15 所示。在"Designator"中输入 IC1，Comment 改为"7805"，并且选中这两项的"Visible"选项。在右下角的 Footprint 中，添加元器件的封装，封装选择为 D-PAK1。如图 7.2.16 所示。

（6）连接电路。在设计电路中，连线的作用是在各种元器件之间建立连接。

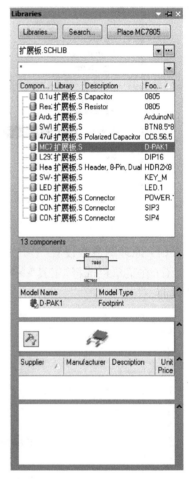

图 7.2.14　库面板

① 为了使原理图清晰，可以使用 Page Up 键来放大，或者用 Page Down 键来缩小，除了这种方式之外，还可以通过以下方式进行放大和缩小：a. 按下 Ctrl 键并保持，滚动鼠标滑轮实现放大和缩小；b. 按下滚轮，上下移动鼠标，也可以实现原理图的放大和缩小。如果想查看全图视图，可以用快捷键 V、F 实现，即菜单的"查看"→"适合所有对象"指令。

② 用以下方法将芯片 IC1 和电容 C1 连接起来。从菜单栏选择"放置"→"线"操作，或者用快捷键 P、W，也是放置导线，光标变成十字形状。

③ 将光标放在 IC1 的右端，当放置的位置正确时，一个红色的连接标记会出现在光标处，表示光标在元件的一个电气连接点上。

④ 左击或者按 Enter 固定第一个导线点，移动光标会看到一根导线从光标处延伸到固定点。

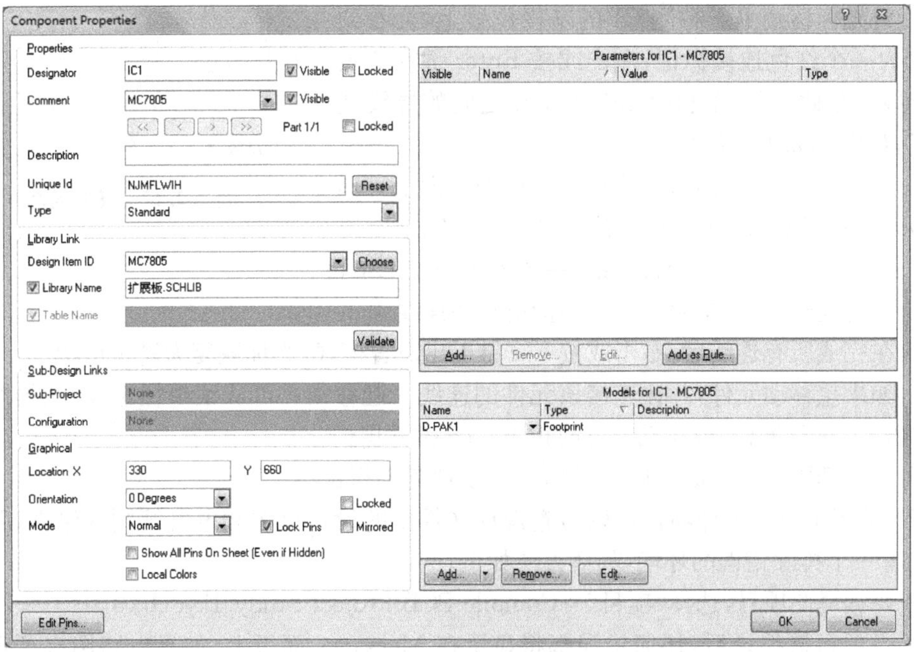

图 7.2.15　元件属性对话框

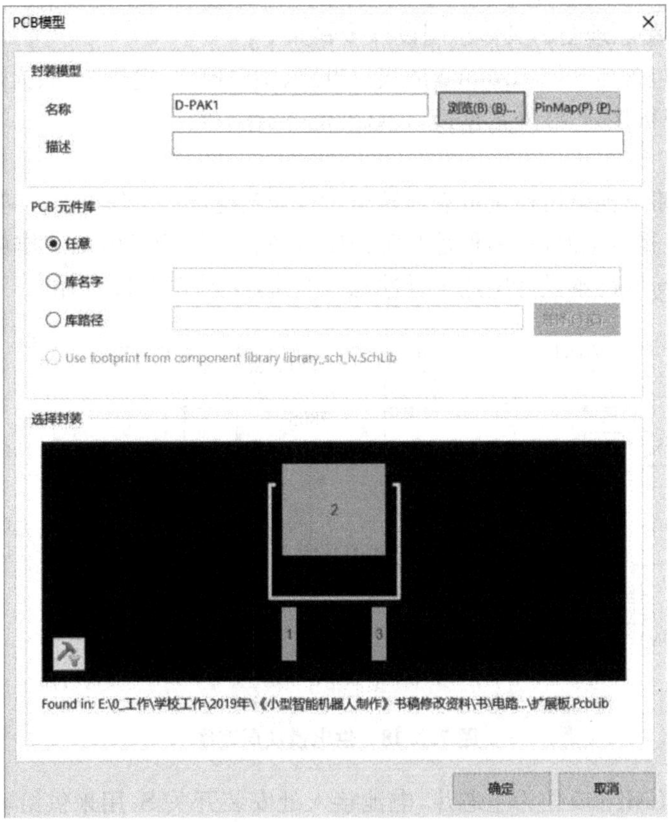

图 7.2.16　添加元器件封装类型

⑤ 将光标移到 IC1 右侧 C1 的基极位置上,会看到光标变为一个红色连接标记,左击或按 Enter 键在该点固定导线。至此,第一个和第二个固定点之间的导线就放好了,如图 7.2.17 所示。

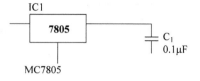

图 7.2.17 连线成功

⑥ 完成了上一步之后,会注意到光标仍然为十字形状,表示设计者还可以继续放置其他导线。要完全退出放置模式恢复箭头光标,设计应该再一次右击或按 Esc 键。

⑦ 在连线模式中,按照原理图连接所有的连线。

⑧ 在完成所有连线后,右击或按 Esc 键退出放置模式,光标恢复为箭头形状。

⑨ 如果想移动元件,并让连接该元件的连线一起移动。可从菜单栏选择"编辑"→"移动"→"拖动"进行操作,或移动元件时按下 Ctrl 键并保持。

⑩ 在原理图编辑完成之后,按 Ctrl+S 快捷键进行保存。

(7) 编译项目。编译项目可以检查设计文件中的设计草图和电气规则的错误,并提供给设计者一个排除错误的环境,具体方法如下。

① 要编译此项目,选择"项目"→Compile PCB Project Study. PrjPcb。

② 当项目被编译后,任何错误都将显示在 Messages 面板上,如果电路图有严重的错误,Messages 面板会自动弹出,否则 Messages 不出现。也可以通过界面右下角的 System→Messages 调出,查看编译结果。

1) 扩展板电路原理图的具体绘制设计步骤如下:

扩展板电路包含与主控 Arduino 的接口电路、供电模块、电机驱动、火焰传感器接口、超声传感器接口、舵机接口、红外数据接口、红外传感器接口。

① 供电模块

该部分需要将电池电压稳定可靠地转至 5V,为系统提供工作电压。可供选择的电路有两种,一种是线性稳压电源,另一种是开关稳压电源。线性稳压电源工作可靠稳定,电路简单,便于设计制作,因此本设计中选用线性稳压电路,如图 7.2.18 所示。

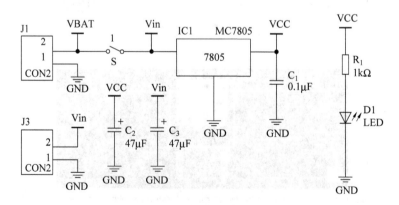

图 7.2.18 供电模块原理图

电路中采用 LM7805 作为主芯片,电池接入处安装开关 S,用来供给和断开系统供电。Vin 为电池电压,为系统供电。电容 C1、C2、C3 为电路中的滤波去耦电容。D1 的 LED 作为供电状态指示,当 LED 灯亮的时候,系统供电正常。J3 为电源供给输出接口,方便给其他需要电池电压供电的部分供电。

②　电机驱动

如图 7.2.19 所示,本系统采用 L293D 芯片作为电机驱动,为机器人提供运动的动力。L293D 的参数如下:

a. 可以控制的电压范围广,4.5～36V。

b. 独立的逻辑控制输入。

c. 内部静电保护。

d. 每个通道可以提供的电流输出为 600mA。

e. 内部具有续流二极管保护。

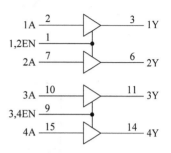

本系统选用的电机,其工作电压为 6～8.4V,工作电流为 100mA,瞬时电流 400～500mA。L293D 完全能满足电机驱动需求,同时 L293D 具备简单、可靠、易用的特点。电机驱动原理图如 7.2.20 所示。

图 7.2.19　L293D 原理图

③　舵机接口

如图 7.2.21 所示,用来控制超声转向的舵机,其接口主要提供电源和控制信号。

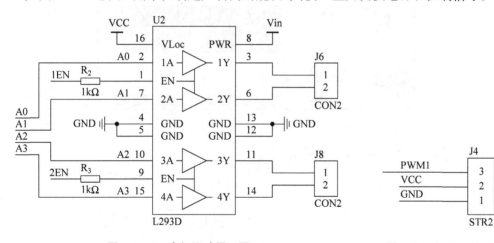

图 7.2.20　电机驱动原理图　　　　**图 7.2.21　舵机接口**

根据上述步骤,最终可形成扩展板的原理图,如图 7.2.22 所示。

2) 底板的设计组成及绘制

电机、电池和传感器安装底板包含了三路红外传感器信号的采集、处理和输出电路以及电机接口电路。

(1) 光电传感器

采用反射式红外光电传感器,集成了一个发光二极管和一个接收三极管,发光二极管通过一个 200Ω 的电阻为其供电,保证红外发光二极管发射足够的光线,通过光线反射到接收管,接收管接收到光信号,并根据光信号的大小调整电路中的电流,从而会在 IN0 处产生不同的 0～VCC 的电压。光电传感器电路如图 7.2.23、图 7.2.24 所示。

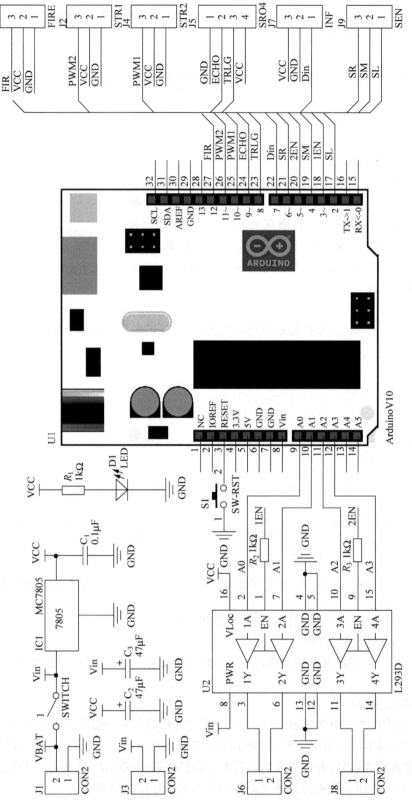

图 7.2.22　扩展板原理图

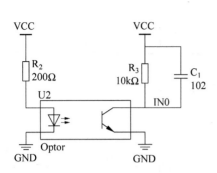

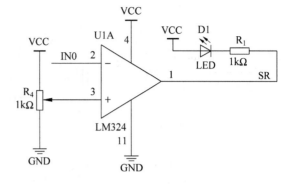

图 7.2.23　光电传感器 1　　　　　　　图 7.2.24　光电传感器 2

该传感器主要用来巡线等操作,因此系统只需要获得开关量信息,而 IN0 处产生的还是模拟量信号,为了对信号波形进行整形,系统中采用 LM324 作为电压比较器,同时可以通过调整电位器 R4 的电位,从而调整 IN0 信号的转变条件。在转换信号之后,使用 LED 来显示目前信号所处电平状态(高或低),方便调试使用。

（2）火焰传感器

如图 7.2.25 所示,火焰传感器主要用来检测是否有火焰。该传感器是作为一个开关量信号输入系统的,因此为火焰传感器提供电源和信号输入接口即可。将电源 VCC 放在接口中间的目的就是防止接反。

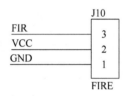

图 7.2.25　火焰传感器接口

（3）超声传感器

如图 7.2.26 所示,超声传感器用来测量障碍物到机器人之间的距离,或者标明机器人在某个方向是否有障碍物。为了保证能够检测到机器人各个方向的障碍物情况,将超声波安装到舵机控制的一个小平台上,通过控制舵机的转动方向,检测各个方向的障碍物情况。超声波模块只需要供电和数据接入。

（4）红外数据接收模块

如图 7.2.27 所示,红外数据接收模块用来接收红外遥控器指令。该模块是一个三脚元件,只需供电和数据接口。

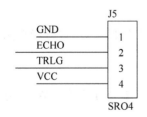

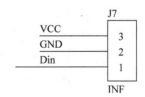

图 7.2.26　超声传感器接口　　　　　图 7.2.27　红外数据接收模块接口

2）扩展板电路原理图的具体绘制设计

绘制底板原理图的方法与绘制扩展板原理图的方法相似,这里不再详述,绘制成功的原理图如图 7.2.28 所示。

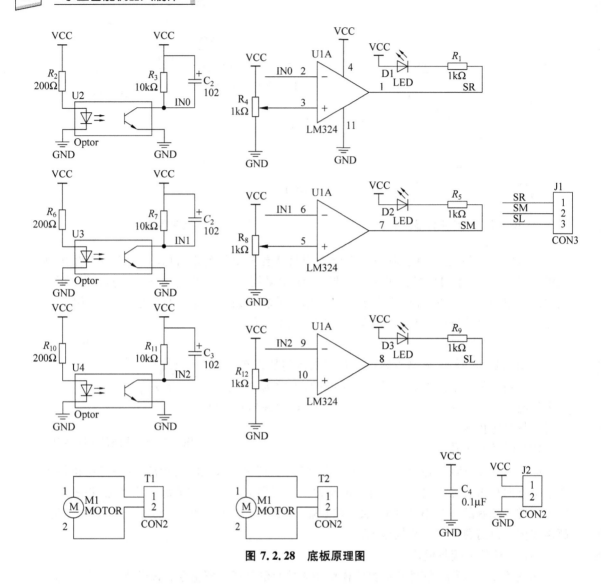

图 7.2.28 底板原理图

7.2.5 印制电路板设计

绘制完成实验室所需的原理图之后,首先进行 PCB 图的设计,设计步骤如下:

(1) 采用 PCB 向导创建一个新的 PCB 文件。

(2) 添加 PCB 文件到上面的工程中。

(3) 导入设计,利用 Update PCB 命令产生 ECO(工程变更命令),它将把原理图信息导入到目标 PCB 文件。

其次,更新 PCB,即设置必要的新的设计规则,并指明电源线、地线的宽度等。

最后,在 PCB 板中放置元件,过程如下:

(1) 修改封装。当元器件和封装类型确定好后,把中间板上的元器件放在 69mm×54mm 的板子上,把底板上的所有元器件放置在直径为 120mm 的圆形板上,具体效果如图 7.2.29、图 7.2.30 所示。

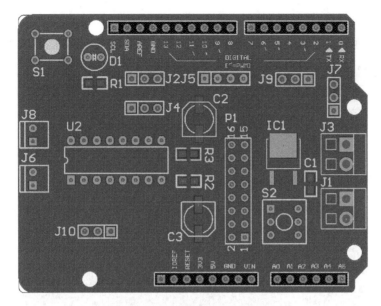

图 7. 2. 29　扩展板 PCB 元器件布局

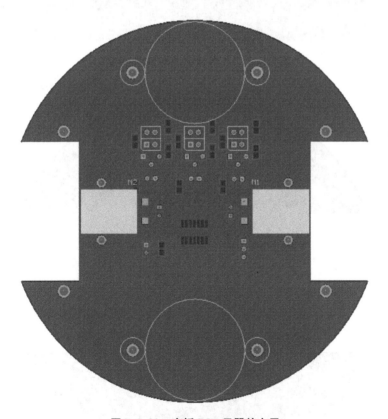

图 7. 2. 30　底板 PCB 元器件布局

（2）手动布线。实验中所用到的电路板为单面的覆铜板，在设计布局和布线时，元器件全部放在正面，背面用来走线。除了手动布线之外，还可以采用自动布线的方式。不过在自动布线之前，要设定好规则。自动布线较为简单，但是不如手动布线美观。可以采用自动布线方式完成之后,再进行手动修改。

(3) 覆铜处理。将电路中有大片空白的地方进行覆铜处理,这样能够增大导通面积,减小导通的电流值。最终设计好的电路板如图 7.2.31、图 7.2.32 所示。

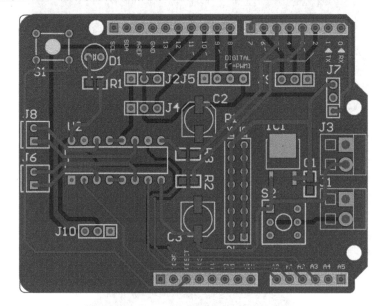

图 7.2.31　扩展板电路 PCB 终板电路

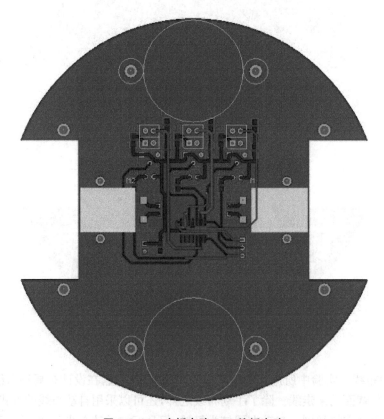

图 7.2.32　底板电路 PCB 终板电路

7.3　印制电路板制作

PCB 设计完成后就可以直接发工厂去制作了。近年来,随着互联网和快递业的发展,个人电子爱好者把电路的 PCB 设计文件发给工厂,再进行小批量电路板的制作已经非常方便了。

为了给大家一个直观的印象,下面简要介绍印制电路板的制作过程。在制作印制电路板的过程中,最主要的步骤就是制作铜走线,常见的制作工艺有两种:热转印和感光板。

7.3.1　印制电路板热转印制作工艺

在电路实验阶段,经常遇到对某些电路进行测试,或仅需要一两块印制电路板的情况。这时如果送到工厂外加工或按照工业流程进行制作,不仅周期长,也很不经济,因此常需要自制印制电路板。

热转印的做法是借助于热转印机,将打印到热转印纸张上的 PCB 图直接转印到敷铜板上的电路板制作方法。热转印后的覆铜板,再放在环保腐蚀剂中进行腐蚀,这样没有印有墨迹的地方都被腐蚀掉,剩下的就是敷铜线路图了。

热转印法简单易行,在自制电路板时经常用到,熟悉此项工艺流程在电路板试制过程中很有必要。

1. 单面板的制作

1) 打印印制电路图

(1) 打印机、打印纸的选择

打印印制电路图最好选用激光打印机,这样图像分辨率高,油墨打印附着效果好,能够实现较细密的引线打印。条件不允许时,普通打印机也可以完成基本线路的打印工作,但需要用油性笔进行修补。

条件允许时,应选用专用的热转印纸,其油墨干燥、转移的效果好。一般实验室环境中,也可选择表面光滑的纸张代替,这种纸吸水性差,墨粉附着在纸张表面不下渗,有利于油墨的转印。一般可选择照片纸来进行打印,有些杂志的彩页也可裁下来使用。

(2) 软件设置

由于后期需要进行手工钻孔,精度比工业加工时要低得多,因此必须将软件画好的电路中,有孔的焊盘和过孔设置得大一些,这样可以避免后期手工钻孔时将焊盘打飞。条件允许的情况下,带孔焊盘应设置得越大越好,至少不应小于 70mil。若空间太小,无法扩大,可将焊盘设置成椭圆形。

把线路板图的布线层打印到热转印纸上前需要对软件进行设置,现以 Altium Designer 打印设置为例进行说明。

打开 PCB,单击 FilePage Setup 选项,进入设置对话框,并在 Scale Mode 下拉条中选择 Scale Print,如图 7.3.1 所示。Size 可以根据打印纸来选择使用纸张的大小,Scale 中可以设置打印比例:1.00 即 1:1 打印,如图 7.3.2 所示。

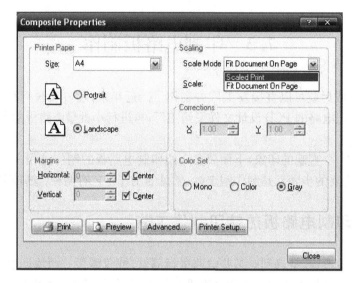

图 7.3.1　设置对话框

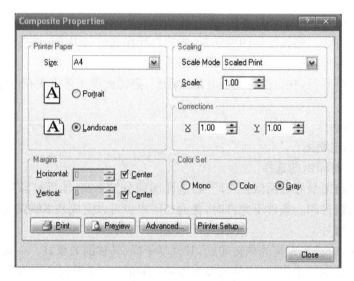

图 7.3.2　比例设置

选择图 7.3.1 中 Advanced 选项，弹出打印层选择对话框，当前显示的层均为打印层。如果不需要打印某一个层，则选中该层后单击右键，选择 Delete，即可删除，如图 7.3.3 所示。如果需要打印的层未出现，则单击右键，选择 Insert Layer 选项，弹出图 7.3.4 所示的对话框。选择需要添加的层，然后单击 OK。

选择好所要打印的层后，应设置为黑白打印，各个层的打印色彩在黑白打印中主要是灰度的调整，引线层应为最高灰度，文字标示等可以略浅。在图 7.3.3 中的对话框里选择 Preference 进入颜色设置界面，如图 7.3.5 所示。

在图 7.3.1 所示对话框中单击 Preview，预览即将打印的 PCB。单击 Print，即进入打印界面，完成设置后单击 OK 进行打印，如图 7.3.6 所示。

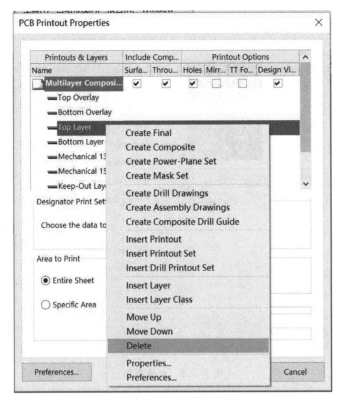

图 7.3.3　删除打印层

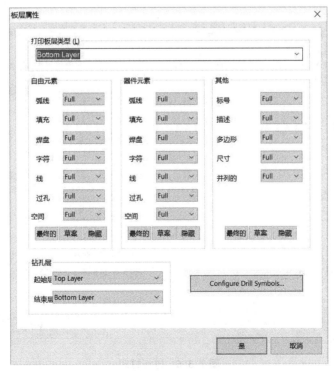

图 7.3.4　添加打印层

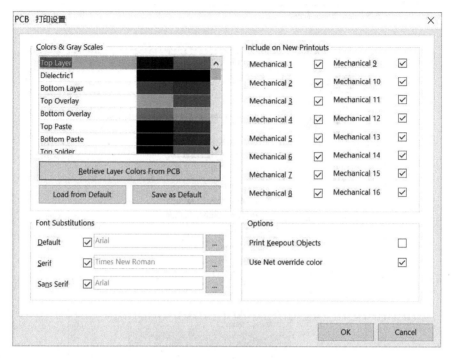

图 7.3.5　灰度调整

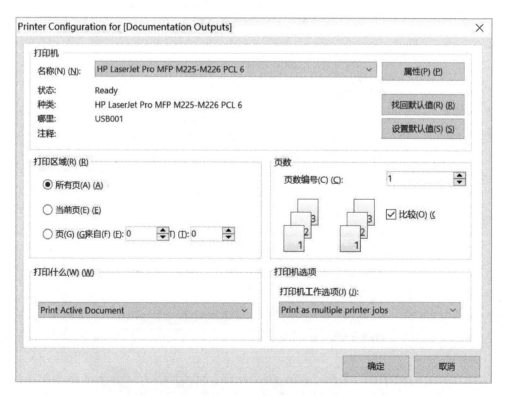

图 7.3.6　进行打印

2）敷铜板处理

（1）剪裁覆铜板

由于电路需求各异，电路板的大小也不同，制板前要根据 PCB 的大小裁切面积适合的敷铜板，注意四周要预留约 1cm 的边框。裁切工具应选择专用的裁板机，条件不允许时可用钢锯条代替，如图 7.3.7 所示。

（2）敷铜板抛光

敷铜板由于储存、运输等原因，往往会不太干净或附着有一层氧化膜，使用前需要用细砂纸对敷铜板进行抛光处理，将敷铜面打磨光滑，以免影响热转印和腐蚀质量。此外，铜板四周由于剪裁的原因，可能有一些金属铜的毛刺，应用锉刀将其磨掉，以防止伤手，如图 7.3.8 所示。

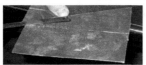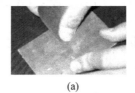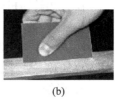

(a)　　　　　　　　　(b)

图 7.3.7　裁切覆铜板　　　　　　　　图 7.3.8　打磨覆铜板

（a）覆铜面抛光；（b）覆铜板四周打磨

（3）裁打印纸

裁出来的打印纸要比对应的板子稍大，以使纸能把敷铜板包住，防止热转印时纸和板之间发生错位，如图 7.3.9(a)所示。

（4）打印纸与覆铜板叠放

把打印纸有油墨的一面和覆铜板覆铜一面叠放在一起，使 PCB 图居中，如图 7.3.9(b)所示。将打印纸四周折到敷铜板的背面，并用胶带粘牢。

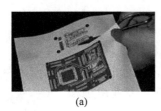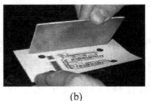

(a)　　　　　　　　　(b)

图 7.3.9　打印纸叠放

（a）裁剪打印纸；（b）粘贴打印纸

3）热转印

先将热转印机打开，按下加热键，使热转印机预热。待温度达到 $180\sim200$℃时，将叠好打印纸的覆铜板放进热转印机的入口处。热转印机一边加热一边转动，扳子从另一边缓缓出来（热转印时不可拉拽板材）。

板子冷却后慢慢把纸和敷铜板撕开，原来在热转印纸上的油墨已全部转印至敷铜面上。揭下热转印纸时应动作缓慢，若揭开一角后发现没有完全转印至覆铜板上，可以在不移动热转印纸位置的情况下再次热转印。若发现有断线等情况，可用油性笔描线。注意，油性笔一定要选择质量好的,水性笔的画线会在腐蚀时脱落,无法留住铜层,如图7.3.10所示。

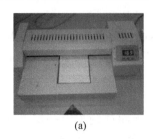
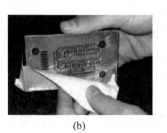

(a)　　　　　　　　　　　　(b)

图7.3.10　热转印

(a) 热转印机转印;(b) 转印后的板材

没有热转印机时,可用家用电熨斗来进行加热。加热时应将电熨斗的温度调至最高挡,温度达到后,在转印纸上均匀用力地移动。注意,移动时应缓慢有力,方向不要来回转变,以免使转印纸和铜板发生错位。整个加热时间应维持5～8s,有时一次加热并不能完全成功,可以再加热一两次。

4) 腐蚀

电路板腐蚀的原理是把转印好的敷铜板放进环保腐蚀剂溶液中,没有油墨的敷铜面和腐蚀剂发生化学反应,即被腐蚀掉了。有油墨保护的地方敷铜板未被腐蚀,这样便得到了打印图中的电路板。

(1) 腐蚀液配比

腐蚀液的配比有以下两种:

① 盐酸、过氧化氢、水(1:1:8),腐蚀速度快、质量好,腐蚀过程大约3min。但盐酸与过氧化氢都是强氧化剂,对人体有一定危害,因此在非专业的场所不建议使用。

② $FeCl_3$、水(1:3),腐蚀速度取决于温度控制,将盛放三氯化铁溶液的容器放在热水盆中,可以大大提高腐蚀速度,但水温不宜超过50℃。根据温度控制的不同,时间为5～15min。

(2) 进行腐蚀

有条件时应选用专用的蚀刻槽进行电路板蚀刻,条件不允许时可用塑料、陶瓷、玻璃材质的容器代替。注意:腐蚀槽不要选择金属材质的容器,以免发生化学反应。专业腐蚀槽如图7.3.11所示。

图7.3.11　专业腐蚀槽

腐蚀电路板如图7.3.12(a)所示。腐蚀时可用竹镊子夹住电路板轻轻晃动,以促使铜离子脱离板基。

(3) 清洗表面

腐蚀完成后,可以明显看到覆铜面的铜层被腐蚀下去,露出塑料板基,如图7.3.12(b)所示。这时可用清水冲洗电路板,用酒精棉或蘸有稀料、丙酮的棉球擦掉油墨层,露出铜箔。条件不允许时,也可用红花油、风油精、卸甲水等日化用品进行油墨碳膜的清除。

$FeCl_3$溶剂腐蚀后的腐蚀液一般为蓝色液体,主要为置换出来的氯化铜。由于是中性溶液,因此对人体没有危害,使用时不用担心碰触问题。但由于其金属离子含量较高,因此不能直接倾倒至土壤或水环境中,以免对土质或水环境产生影响。使用后的腐蚀液应由专业环保处理公司统一回收。

5）打孔、抛光

选用孔径合适的钻头对电路板打孔，一般器件选直径 0.6mm 的钻头即可，引脚略粗的器件可选择 0.8mm 钻头，螺钉等固定器件可选择直径 1.2～2mm 钻头。打完孔后用砂纸打磨电路板，将毛刺及残余的油墨打磨干净，用干布擦去粉末。电路板打孔如图 7.3.13 所示。

（a）

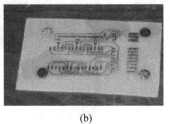
（b）

图 7.3.12　腐蚀电路板
（a）腐蚀中的电路板；（b）腐蚀后的电路板

图 7.3.13　电路板打孔

6）涂助焊剂

涂助焊剂可以保护电路板的铜箔，防止产生铜锈及氧化层；同时使焊接时更加容易，焊点光滑。助焊剂一般是由松香、酒精按 1∶2 比例混合制成松香溶液，用棉花或布片将松香溶液涂抹到抛光后的电路板上即可。注意：此处不推荐使用焊锡膏，以免焊锡膏中的化学成分侵蚀铜箔。

2. 双层板的制作

对于较为复杂的电路，单层板往往难以布通，双层板则相对灵活了很多，在电路设计中经常用到，因此掌握双层板的制作工艺非常必要。

双层电路板的制作过程与单层板相似，但需要注意以下几个环节。

1）过孔的设计

市场上专业制作的双层板在所有过孔处都做了电镀处理，因而每个过孔和焊盘的顶层和底层之间都是连接在一起的。但自制的双层板不同，顶层和底层之间没有物理连接，因此只能利用电子元件的引脚在双面都可以焊接的特点，将其当作过孔使用，这一点在设计 PCB 时需要考虑。制作时，双层板的上、下两层要严格对准，这样才能正常使用。

2）精确定位技巧

双层板在制作时，如何将上、下两层的打印纸准确定位是最大的难点。通过下面一些步骤来使覆铜板和打印纸精确定位。

（1）设计定位孔。设计 PCB 时，在边框四个角处各留一个定位孔，孔径为 20mil 左右。

（2）定位孔固定。用图钉（或其他金属丝线）把上层和下层的定位孔分别对应起来，穿在一起。然后用订书机将叠好的打印纸三边固定，这样上、下两层打印纸就做成了一个口袋，如图 7.3.14 所示。

（3）检查。把板子放进纸袋前，应先将袋子对着光源，检查一下是否对准了，这一步一定要仔细检查，以免错位影响后续工作。检查无误后，将双层敷铜板小心放进袋子里，居中放置并将四边折叠，用胶带纸固定即可。

图 7.3.14　定位孔固定

其他操作跟单层板一样,可参考前文中的步骤,此处不再赘述。

注意:制作双面板时,底层不需要镜像打印,顶层要镜像打印,如果制作丝印层,则底层也要镜像打印。

腐蚀完成的双层板如图 7.3.15 所示。

3. 注意事项

(1)不要随意折叠打印好的转印纸,以免弄掉或弄脏油墨线。

(2)热转印时往往需要 2~3 次,每次的方向应保持一致,以免使打印纸与覆铜板出现错位。

图 7.3.15　腐蚀完成的双层板

(3)热转印后不要立即手握覆铜板,应待板子降温后再接触,以免烫伤。

(4)应待铜板凉透后再揭开转印纸,此时油墨才完全附着在铜板上。

7.3.2　印制电路板感光板制作工艺

除了热转印法,工厂中经常使用的一种高精度、低成本快速制板的方法是感光法。感光板是一种覆有均匀感光药膜的覆铜板,可以直接从市场上购买成品,也可以通过在覆铜板上进行感光膜覆膜工艺或涂抹感光剂的方式自制感光板。由于感光膜覆膜工艺需要购置感光膜、覆膜机等材料设备,且工艺温度过高时会损坏感光膜的显影效果,因此本实验中采用的是市售成品感光板。

感光板制作的印制电路板又叫光印线路板,它的主要原理是使光线直接照射在感光板上,用透明菲林胶片上的线条在感光板上形成光照区和无光照区。有光照的地方,感光膜会被显影剂溶解,没有溶解的感光膜则保留在电路板的铜箔上,不被三氯化铁溶液等腐蚀液腐蚀,最后保留成为线路。

感光板制作印制电路板的工艺和热转印工艺的腐蚀及后期处理等工序基本相同,其中的区别主要在于以下几个环节。

1. 打印环节

打印环节中,主要的区别在于打印纸和打印机的选择。感光工艺中的线路必须打印在透明的纸张上,才能使光线透过打印纸映射到感光板上,这类似于照相感光,因此打印纸一般选择透明的菲林胶片纸(透明打印纸)或半透明的硫酸纸。

不同的纸张需要选择不同的打印机进行打印。由于透明菲林纸对温度要求较高,高温下会发生蜷曲变形,一般使用低温激光打印机或专业菲林打印设备打印。硫酸纸一般使用喷墨打印机打印即可。

由于菲林纸的感光精度优于硫酸纸,因此在制作时可根据电路需求选择相应的纸张和打印设备。一般实验室试制的单层板或元件不多的双层板,使用硫酸纸即可满足需求。

2. 感光、显影环节

感光板制作印制电路板是通过光线感光将打印纸上的线路映射到板材上的,并通过浸泡显影剂使曝光的感光膜区域溶解,最终留下未曝光的线条。这一点和通过热转印将油墨转移至覆铜板上的工序非常不同。由于感光显影工艺的光线分布是十分均匀的,不会出现热转印工艺中墨粉线条中漏粉的现象,因此感光工艺能够制作出更为精细的线条,在大面积接地和粗线条线路的制作上也比热转印效果好。

3. 实验步骤

1) 打印设置

首先要在电脑中设计好电路板图,并按照 1∶1 的比例进行打印设置。设置方法与7.3.1 节中的打印环节相同。

2) 打印硫酸纸

如图 7.3.16 所示,将设计好的 PCB 打印到透明的硫酸纸上,注意应镜像打印,再反贴在感光板上,使油墨面贴在感光板上,这样可减小因硫酸纸的厚度带来的不良影响。双面打印时,只将上层镜面,下层直接打印就可以了。

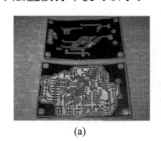 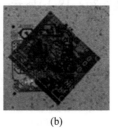

(a) (b)

图 7.3.16 打印电路图

(a) 硫酸纸;(b) 菲林纸

将打印好的硫酸纸沿着 PCB 的板边裁剪下来,此处要完全沿板边裁剪,不能留空白。

注意:如果对走线的精度和粗细要求不高,可用喷墨打印机;如果要制作精度高和走线细的电路板,应选择能打印硫酸纸的激光打印机,过热的激光打印机在打印硫酸纸时会因过热而使纸张变皱卡纸。

在不能用硫酸纸打印的情况下,有一种方法也可以做出需要的底片。用普通的打印纸在激光打印机上打印出需要的电路图,然后用油均匀地涂在打印纸上,不要太多,这时打印纸会变得透明。用透明胶带将打印纸贴满,避免油污粘在感光电路板上。贴好透明胶带后用肥皂将透明胶带表面擦拭干净,以免感光电路板粘上油污。这样半透明的电路图打印底片就做好了,效果也很好。

3) 切割感光板

由于感光板的价格比普通覆铜板贵,且一经曝光便无法再次使用,因此要将感光板切成和 PCB 一样大小,以免浪费。

先在感光板上用笔画出 PCB 的外形尺寸,用裁板机或钢锯条沿笔迹切割,如图 7.3.17(a)所示。切割时应尽量轻,以免损坏感光板上的保护膜。

感光板覆铜面有白色保护膜,在阴暗的环境中小心将膜撕掉,如图 7.3.17(b)所示。去掉保护膜的感光板覆铜面被一层绿色的化学物质所覆盖,这层绿色的物质就是感光膜。撕掉保护膜后应注意保护好感光层,不要划伤并远离光源,以免影响感光和显影的效果。

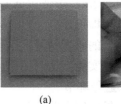

(a)　　　　　　　(b)

图 7.3.17　感光板处理

(a) 裁好的感光板;
(b) 撕掉保护膜的感光板

4) 感光

感光是整个制作过程中最关键的步骤,在感光前应先准备好两块比 PCB 大的玻璃以及感光用的日光灯或紫光灯。

(1) 首先,将打印好的硫酸纸有油墨的一面轻轻铺在感光板绿色感光层上,对好位置,用透明胶带贴好。

(2) 将一块玻璃放在较平的台面上,然后把感光板放在玻璃上,绿色感光层朝上。

(3) 将另外一块玻璃压上,利用上面那块玻璃的自重使感光板和硫酸纸紧贴在一起。注意不要移动玻璃,有条件时可用夹子固定,如图 7.3.18(a)所示。

(4) 固定好感光板后开始感光(曝光)。曝光的方法有几种:太阳照射曝光、日光灯曝光、专用的曝光机曝光,可以根据情况灵活选择。这里采用的是日光灯曝光,灯管和感光板的距离大概是 5cm,如图 7.3.18(b)所示。

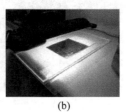

(a)　　　　　　　(b)

图 7.3.18　感光工序

(a) 双层玻璃固定感光板;(b) 日光灯感光

感光时间根据光源的照射强度以及不同厂家感光板的曝光时间要求来确定,具体可参考厂家说明。感光时间的要求并不是很严格,但注意时间不要太短,那样会导致曝光不充分,可略多几分钟。在日光灯下,感光板距日光灯 5~10cm,感光时间约为 10min。

在阳光充足灿烂的日子,可以直接用日光进行感光。一般在强烈的阳光下 3min 即可,如果阳光不足可延长一点时间,延长的时间根据阳光强度估算。

双面感光板制作时应一面一面地感光,步骤如下:

（1）先将切下来的双面感光板的一面上的保护膜在阴暗的环境中撕下来。

（2）将打印出来的顶层电路硫酸纸覆盖在感光板上，附墨的一面朝向感光板，硫酸纸的边和感光板的边严格对齐（双面板中对齐很重要，如果没有对齐会导致两面的过孔和焊盘错位，贴硫酸纸要尽量快）。

（3）在一层感光结束后将感光板取下，移到阴暗的环境中，将刚刚撕下的保护膜贴回去（或其他不透光材料），以免制作另一面时受到影响。

（4）贴好后进行另一面的感光，用同样的方法进行，要注意的是一定要确保两面的丝印重合。

5）显影

显影前要配制显影剂，将粉末显影剂一包与水混合放入水槽，粉末显影剂和水的质量比为 1：20，适当搅拌使显影剂溶化均匀，将感光后的感光板放入塑料水槽里。

制作单层板时，应将绿色感光膜面向上，完全没入显影液，并且不停地晃动水槽。此时会有绿色雾状气泡冒起，电子线路也会慢慢显露出来。

制作双层板时应确保两面都能接触到溶液，不能平放在水槽里，否则朝下的一面会因接触溶液不充分而显影不完整，如图 7.3.19 所示。

直到铜箔清晰且不再有绿色雾状气泡冒起时，即显影完成，一般需要 1min 左右。此时需再静待几秒钟以确保显影充分。显影完成后用水稍微冲洗，用吹风机吹干，检查线路是否有短路或开路的地方，短路的地方用小刀刮掉，断路的地方用油笔修补。显影后的感光板如图 7.3.20 所示。

（a）　　　　　　（b）

图 7.3.19　显影工序
（a）显影槽显影；（b）冒出气泡

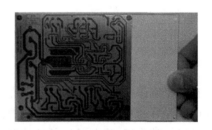

图 7.3.20　显影后的感光板

这里要注意以下几点：

（1）不要用金属材料的盆。

（2）不要用纯净水，用一般的自来水即可。

（3）显影剂一般为碱性溶液，制作时应戴上一次性手套，避免直接接触。

6）腐蚀电路板

使用三氯化铁溶剂或其他环保蚀刻溶剂进行腐蚀。此处步骤和上节中腐蚀步骤相同。

7）钻孔、涂松香助焊剂

用电钻对需要钻孔的地方进行钻孔，钻孔后的电路板经过砂纸打磨，将感光膜去除，再使用松香水均匀涂抹，干透后就可直接装配焊接了。

此处应注意，绿色感光膜可以对覆铜层进行保护，以防止氧化，因此在不着急进行焊接时也可暂不去除感光膜。感光膜去除的方法除了打磨外，还可以用脱膜剂浸泡感光板进行脱膜,可根据实验条件进行选择。图7.3.21所示为最终电路板成品。

4. 注意事项

（1）玻璃必须平整、干净,并紧压在感光板上。勿刮伤感光膜面,造成断线。

（2）感光时间稍长没有关系,但一定要使硫酸纸(菲林纸)紧贴感光膜,不要让光线透入。

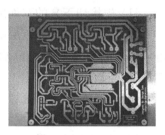

图 7.3.21　最终电路板成品

（3）如果感光过度,如超过正常时一倍,显影过程会很迅速,几秒到十几秒就可以完成。这时一定要控制显影时间,时间稍长会使感光膜全部溶解,制作失败。

（4）如果感光严重不足,如不到正常时的一半,显影过程会很缓慢,可能需要几分钟才可以完成,这时一定要有耐心,千万不要重复曝光,否则制作一定会失败。

（5）不可用白炽灯感光,否则很容易曝光过度,显影太快而使线条变细并消失。

（6）显影剂的成分一般是强碱氢氧化钠,没有毒性,但有腐蚀性,注意不要用手直接接触。

（7）感光效果因感光板制造日期、曝光时间、显影剂浓度、温度等不同而变化。即感光板自制造之日起每隔半年显影剂浓度就增加 20%；若显影剂浓度过稀或曝光不足,会使显影时间过长并会残留感光膜,以致线条无法完全清晰显现；反之,若显影剂浓度过浓或曝光过度,会使显影太快而导致线条太细以致完全消失；适宜温度为 10~35℃,温度高显影速度快。

7.4　电路焊接技术

在电子制作中,元器件必须依靠焊接,才能有可靠的电气连接,并得到支撑和固定。焊接是电子爱好者对焊锡工艺的称呼,焊接的过程就是用电烙铁使焊料(焊锡)熔化,并借助焊剂(如松香)的作用,将电子元器件的端点与导线或印制电路板等牢固地结合在一起。对焊点的要求是连接可靠、导电且光洁美观。用电烙铁焊接是电子制作的基本技能之一。良好的焊接是电子制作成功的重要保证；反过来说,焊接不良,往往会使制作失败,甚至损毁元器件。焊接操作看起来简单、容易,但要真正掌握焊接技术,焊出高质量的焊点,却并不那么容易。

7.4.1　电子元器件的安装工艺

电子元器件种类繁多、外形不同,引脚也多种多样,所以必须根据产品结构的特点、装配密度以及产品的使用方法和要求来选择印制板的组装方法。元器件装配到基板之前,一般都要进行加工处理,然后才能进行插装。良好的成形及插装工艺,不但能使机器性能稳定、防振、减少损坏等,而且还能达到整齐美观的效果。

1. 元器件的筛选

电路安装前需对元器件进行检验和筛选。电子产品线路越复杂,所拥有的电子元器件数量就越大,整体检测工作就越繁重。在电路中即使只用了一个不合格的元器件,所带来的麻烦和损失往往是无法估计的。

1) 元器件的检验

所谓检验就是按照相关的技术文件对元器件的各项性能指标进行检查,包括外观尺寸和电气性能两方面。元器件检验时应首先观察元器件外观,若发生磨损、包装壳破裂、引脚折断或缺失、尺寸存在明显差异等情况,应及时更换元器件。

电气性能检验需借助万用表等工具进行,特殊参数还需连接测试电路方可测得。

2) 元器件老化和筛选

对于一些敏感元器件或某些性能不稳定的元器件或者可靠度要求特别高的关键元器件,需要进行元器件的老化筛选。

老化筛选的原理及作用是,给电子元器件施加热、电、机械或者多种结合的外部效应力,模拟恶劣的工作环境,使它们内部的潜在故障加速暴露出来,然后进行电气参数测量,筛选、剔除那些失效或参数改变的元器件,尽可能把早期失效消灭在正常使用之前。老化筛选往往应用在要求工艺较高的电子产品中。

常用的老化筛选项目有高温存储老化、高低温循环老化、高低温冲击老化、高温功率老化、冲击、振动、跌落、高电压冲击等。其中高温功率老化是目前使用最多的试验项目。高温功率老化是给元器件通电,模拟它们在实际电路中的工作条件,再加上 80~180℃ 之间的高温进行几小时至几十小时的老化,这是一种对元器件的多种潜在故障都有筛选作用的有效方法。

2. 电路板预处理

1) 批量印制电路板预处理

由工厂按设计图样生产出来的印制电路板通常不需要处理即可直接投入使用,这时最重要的是做好板材的检验工作。检查内容包括导线的走向、导线宽度与间距、导线的公差范围、孔径尺寸和种类数量、板基的材质和厚度(如是多层板还要审查内层基板的厚度)、铜箔电路的腐蚀质量、焊盘孔是否合适、贯孔的金属化质量等。若是首批样品,还应通过试装几次成品来检验。

2) 手工腐蚀实验板的预处理

手工腐蚀出来的少量试制用印制电路板要进行打孔、砂纸磨光、涂松香水等工作。

(1) 打孔(图 7.4.1)。打孔最好使用 $\phi 0.8 \sim 6$mm 的小型台钻。安装一般元器件时,打 $\phi 0.8$mm 的孔即可。特殊元器件应根据引脚粗细作出改变。打孔的基本原则是,孔径应比元器件引脚的大 $0.2 \sim 0.5$mm,要让引脚与周围的焊盘之间留有一个合适的间隙。间隙太小,装拆元件不方便;间隙太宽,焊接时容易出现漏锡,难以形成完好的焊点。

图 7.4.1　钻台打孔

(2) 砂纸磨光(图 7.4.2)。打孔完毕后应用细砂纸对板材进行打磨,这样可以把覆在线路板上的墨粉打磨掉,此外还能去掉板材表面的氧化层以及毛刺,提高焊接时焊点质量。打磨后应用清水把线路板清洗干净。

（3）涂松香水（图7.4.3）。砂纸打磨后应立即在有线路的一面遍涂一层薄薄的松香水。松香水（松香酒精溶液）是一种具有抗氧化、助焊接双重功能的溶剂。在这里起到保护铜面、防止氧化的作用，同时有助于焊接的焊点形成。

 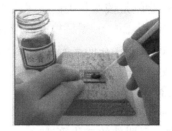

图7.4.2　砂纸打磨　　　　　　　　　　图7.4.3　涂松香水

松香酒精溶液的配制方法是：在一个密封性良好的玻璃小瓶里装入95％的工业酒精，然后按3份酒精加1份松香的比例放进压成粉末状的松香，并不断搅拌，待松香完全溶解在酒精中即可。松香和酒精的比例要求不是十分严格，可根据情况灵活配制。过浓的松香水不易凝固，但助焊效果强些；过稀的松香水覆盖性差，漫流性好。松香酒精溶液存放日久，由于酒精的挥发，溶液会变稠，这时可以再加些酒精稀释。因此使用前应试涂一下，酌情掺兑酒精调整，以方便均匀涂刷又具有很好的覆盖性为准。

松香酒精溶液涂在铜箔上，其中的酒精很快蒸发，松香在铜箔表面形成一层薄膜，可使铜箔面始终保持光亮如新，防止氧化。在焊接时，松香还起到助焊剂的作用，使得铜箔很容易上锡。为加快松香凝固，还可以使用热风机加热线路板，只需2～3min松香就能凝固。

3. 元器件引脚预处理

元器件安装方式分为卧式和立式两种，如图7.4.4所示。卧式安装美观、牢固，散热条件好，检查辨认方便。立式安装节省空间、结构紧凑，一般只在电路板安装面积受限，不得已时才采用。

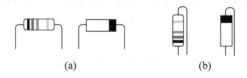

图7.4.4　元器件的安装方式
(a) 卧式安装；(b) 立式安装

无论是卧式安装还是立式安装，元器件的引脚在安装前都应根据印制电路板上焊盘孔之间的距离和设计者要求元器件离印制电路板的高度尺寸，预先加工成一定的形状（即成形）。未成形的元器件安装时，尤其是大批量生产的情况下，会产生下列问题：①引脚间距与印制电路板上的焊盘孔距不匹配，影响插入效率，甚至无法进行；②未成形的元器件焊接时其主体距离底板的高度不易控制，容易造成元器件歪斜；③元器件在受到碰撞、摔打或承受来自顶部的压力时，可能会向下将焊盘顶开，破坏铜箔，造成故障隐患。

因此，元器件在焊接前应对引脚进行处理，增强其对板材的适应性和抗压力，如图7.4.5所示。此外对于有特殊要求的电子元器件还要特殊处理，如图7.4.6所示。

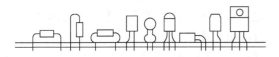

图 7.4.5　元器件引脚成形的形式

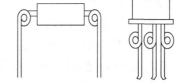

图 7.4.6　易受热元器件引脚成形的形式

元器件引脚成形的方法有以下几种,用于不同的场合:

(1) 模具成形。模具成形的元器件引脚一致性好,一般应用于大批量工业生产环境。

(2) 手工成形。当有些元器件的引脚成形不需使用模具时,可使用尖嘴钳或镊子加工,如图 7.4.7 所示。这时尽量将尖嘴钳钳口一侧打磨成圆弧形,以免损伤引脚。

图 7.4.7　使用尖嘴钳加工引脚

使用尖嘴钳或镊子加工时,正确的方法是:用镊子夹紧元器件引脚靠根部的位置,用手指去扳引脚,形成自然"拐"弯。图 7.4.8(a)所示是不正确的弯折方法,即用镊子(或尖嘴钳)使把引腿"拐"弯。图 7.4.8(b)所示是正确的弯折方法,即用镊子夹住引脚靠根部位置,起保护根部的作用,用另一只手的手指把引脚扳(或压)弯。

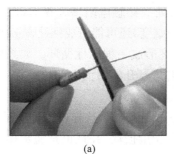　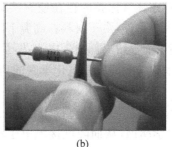

(a)　　　　　　　　　　　(b)

图 7.4.8　元件引脚弯折方法

(a) 不正确的弯腿方式;(b) 正确的弯腿方式

如图 7.4.9 所示,元器件引脚预处理后,应满足下列技术要求:

(1) 成形后的元器件应与印制电路板焊盘间距相吻合。

(2) 成形后的元器件的标注面应向上、向外,便于后期检修。

(3) 成形后的元器件不能有引脚损坏现象,不能刮伤引脚的表面镀层。弯折点应与引脚根部保持一定距离,尤其是带磁芯的小型固定电感类器件,引脚部位比较薄弱,需格外小心。

(4) 集成电路引脚一般用专用设备进行成形,双列直插式集成电路引脚之间的距离也可利用平整桌面手工调整。

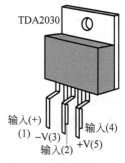

图 7.4.9　集成芯片的引脚成形处理

4. 元器件引脚上锡

电子元器件的引脚由于材料性质或长时间存放而氧化,形成氧化层,可焊性变差,焊接时极易造成虚焊,因此需要进行上锡处理。氧化严重的元器件引脚还要先进行去污处理(即用刀片将氧化层刮掉),然后再进行涂锡,这一过程也叫作搪锡。

去除氧化层的方法有很多,对于少量的元器件,用手工刮削的方法最可靠易行。对于体积较大的元器件,可用砂纸打磨其接线端。

图7.4.10(a)所示为元器件引脚刮削,图7.4.10(b)所示为元器件引脚打磨。

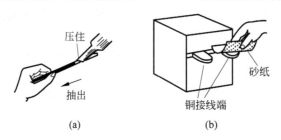

图7.4.10 元器件引脚刮削、打磨

(a)元器件引脚刮削;(b)元器件引脚打磨

搪锡在电子焊接中具有重要意义,因为电器的接线端都是铜质的,铜很容易氧化,其氧化膜电阻率极大,比铜的电阻率大十几个数量级。而且,要除去铜的氧化膜又非常困难,几乎要在略低于铜的熔点的高温下才会熔解,也很难为强电场所破坏,只有机械摩擦才能将它去除。但接线端与母线间的连接是静止的,它们之间不存在相对运动,所以一旦形成了氧化膜,就只好任其存在。氧化膜的存在使铜接头处的接触电阻增大很多,以致该处温升非常高,能量损耗很大。另外,由于材料在高温下的蠕变,还可能造成螺栓连接的松动,使接触电阻更大。有时还可能导致局部出现电火花,最终形成一种恶性循环。如果铜质线段与铝母线连接,则又因铜铝接头间发生电化学腐蚀,它与温升的增大之间也存在一种恶性循环,情况尤为严重。

为了解决上述问题,习惯是将接头处镀上一层银或锡,这样可以防止铜和铝氧化以及它们之间发生电化学腐蚀,从而降低接触电阻和能量损耗,并且也是稳定接触电阻的有效方法。由于镀银成本高,所以通常采取搪锡的办法。

在清洁完直插式元器件引线后,将元器件的引线浸润助焊剂,如图7.4.11(a)所示。助焊剂的作用是去除引线表面的氧化膜,防止氧化,减小液体焊锡表面张力,增加流动性,有助于焊锡润湿焊件。

镀锡时若是焊接单个元器件,可以使用电烙铁将元器件引线加热,然后将锡熔到引线上即可,如图7.4.11(b)所示。在小批量焊接时,可以使用锡锅进行镀锡,先将焊锡放在化锡锅内高温熔化,再将表面处理干净的引线插入熔融的锡铅合金中,待润湿后取出,元器件外壳距离液面须保持3mm以上,浸涂时间为2~3s。

5. 注意事项

(1) 打孔时台钻的转速应高一些,电路板下应衬垫木块等材料。

(2) 钻孔操作、安装电子器件时不允许戴手套。

(3) 钻头不应留出过长,以免打孔时钻头弯折,飞出伤人。

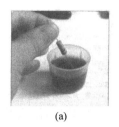
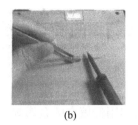

(a)　　　　　　　　　　(b)

图 7.4.11　元器件引脚搪锡

(a) 浸润助焊剂(松香水)；(b) 元器件引脚上锡

(4) 打磨完后应立即遍涂松香水,否则电路板又将形成新的氧化层,因此应预先配置好松香溶液,并备好涂抹用的刷子。

(5) 在电路板上安装元器件时要注意安装顺序。一般应先安装低、矮、小体积卧式元器件,然后安装立式元器件和大体积元器件,最后安装易损坏的晶体管、集成电路和不易安装的特殊元器件等。这可归纳成"先低后高,先轻后重,先易后难,先一般后特殊"这样一句口诀。

(6) 对于一些较简单的电路,也可以将元器件直接搭焊在电路板的铜箔面上,如图 7.4.12 所示。采用元器件搭焊方式可以免除在电路板上钻孔的麻烦,简化了制作工艺。

(7) 安装不同的元器件时,还应掌握各元器件的安装要求,并对照印制电路板接线图或装配图正确焊接。

① 各种集成电路、晶体管在安装时应分清型号及引脚,认准排列,不要插错或装反。

② 安装电阻器时,应区分同一电路中各个不同阻值、功率、类型的电阻器的安装位置。大功率电阻器应与底板隔开距离大一些,与其他零件的距离也要大一些；小功率电阻器可与底板近一些,并采用卧式安装。

③ 电容器的安装应根据它的种类、极性以及耐压情况确定。尤其是电解电容器,极性不能搞错。

④ 元器件外壳和引线不得相碰,要保证 1mm 以上的安全间隙,无法避免时,应套上绝缘管。

⑤ 对于金属大功率晶体三极管、变压器等自身重量较大的元器件,仅仅直接依靠引脚的焊接已不足以支撑元器件自身重量,应用螺钉固定在电路板上(图 7.4.13),然后再将其引线焊入电路板。

图 7.4.12　元器件搭焊　　　　　　**图 7.4.13　用螺钉固定元器件**

7.4.2 分立元器件的手工焊接工艺

1. 焊接基本知识

1) 焊接基本概念

电子器件的焊接是利用低熔点的金属焊料加热熔化后,渗入并充填金属件连接处间隙的焊接方法。手工焊接技术通过实际训练才能掌握,但是遵循基本的原则,学习前人积累的经验,运用正确的方法,可以事半功倍地掌握操作技术。

2) 焊接工具

电烙铁是电子制作和电器维修的必备工具,主要用途是焊接元器件及导线。

如图 7.4.14 所示,电烙铁一般按结构可分为内热式电烙铁和外热式电烙铁,按温度控制可分为恒温式和变温式,按功能可分为焊接用电烙铁和吸锡用电烙铁,根据用途不同又分为大功率电烙铁和小功率电烙铁。其中较为常见的有以下几种。

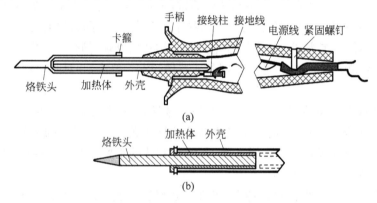

图 7.4.14 典型电烙铁结构图
(a) 内热式电烙铁;(b)外热式电烙铁

(1) 内热式电烙铁

内热式电烙铁由手柄、烙铁芯、烙铁头等组成。由于烙铁芯安装在烙铁头里面,因而发热快,热利用率高,因此称为内热式电烙铁。内热式电烙铁的常用规格为 20W、50W 等几种。由于它的热效率高,20W 内热式电烙铁相当于 40W 左右的外热式电烙铁。内热式电烙铁的后端是空心的,用于套接在连接杆上,并且用弹簧夹固定,烙铁头易于更换。当需要更换烙铁头时,必须先将弹簧夹退出,同时用钳子夹住烙铁头的前端,慢慢地拔出,切记不能用力过猛,以免损坏连接杆。

内热式电烙铁体积较小,价格便宜。此外,内热式电烙铁发热效率较高,更换烙铁头也较方便。一般电子制作使用 20～30W 的内热式电烙铁。一般电烙铁的功率与温度的关系如下:

15W:280～400℃;20W:290～410℃;25W:300～420℃;30W:310～430℃;40W:320～440℃;50W:330～440℃;60W:340～450℃。

(2) 外热式电烙铁

外热式电烙铁由烙铁头、加热体、外壳等部分组成。由于烙铁头安装在烙铁芯里面,故称为外热式电烙铁。烙铁芯是电烙铁的关键部件,它是将电热丝平行地绕制在一根空心瓷管上构成,中间的云母片绝缘,并引出两根导线与 220V 交流电源连接。外热式电烙铁的规格很多,常用的有 25W、45W、75W、100W 等,功率越大烙铁头的温度也就越高。

(3) 调温电烙铁

由于调温电烙铁头内装有带陶瓷温控元件磁铁式的温度控制器,通过控制通电时间而实现温控。当电烙铁通电时,烙铁的温度上升,当达到预定的温度时,因强磁体传感器达到了居里点而磁性消失,从而使磁芯触点断开,这时便停止向电烙铁供电;当温度低于强磁体传感器的居里点时,强磁体恢复磁性,并吸动磁芯开关中的永久磁铁,使控制开关的触点接通,继续向电烙铁供电。如此循环往复,达到了控制温度的目的。

调温电烙铁的使用方法和普通电烙铁基本相同,但能大大降低电烙铁烧死现象(电烙铁烧死是指由于温度过高,导致电烙铁难以上锡),同时适用于温度敏感的元器件。

(4) 吸锡电烙铁

吸锡电烙铁是将活塞式吸锡器与电烙铁融为一体的拆焊工具。它具有使用方便、灵活、适用范围宽等优点,其不足之处是每次只能对一个焊点进行拆焊。

(5) 焊台

焊台由电烙铁和控制台两部分组成,有些焊台还带有热风枪,能够对各种功率要求的电子器件进行焊接、拆焊操作。焊台的温度控制能力非常出色,一般误差在 ±3℃ 以内,可以满足精加工的生产要求。这就是焊台与传统电烙铁的巨大差异。

有很多方法来控制温度,最简单的一种是可调式电量控制,焊台通过电烙铁给元器件快速传热从而控制温度。另外一种方法是利用温控器,通过打开或关闭电源来控制温度。还有一种比较高级的解决方法,是使用集成芯片来检测烙铁头的温度,通过调整温控器的电量控制温度。当烙铁头温度低于设定温度时,主机接通,温控器发热;当烙铁头温度高于设定温度时,主机关闭,停止加热。数字显示调温焊台如图 7.4.15 所示。

图 7.4.15　数字显示调温焊台

3) 常用焊接材料

(1) 焊锡

焊接时使用的线状焊锡称为焊锡线或焊锡丝。焊锡丝由锡合金和助焊剂两部分组成。在电子焊接时,焊锡丝与电烙铁配合,优质的电烙铁提供稳定持续的熔化热量,焊锡丝以作为填充物的金属加到电子元器件的表面和缝隙中,固定电子元器件成为焊接的主要成分。焊锡丝的组成与焊锡丝的质量密不可分,将影响到焊锡丝的化学性质、物理性质和机械性能。没有助焊剂的焊锡丝是不能进行电子元器件焊接的,因为它不具备润湿性、扩展性,焊接时会产生飞溅,焊点形成不好。

焊锡丝有下列几种分类方法:

① 按金属合金材料不同,可分为锡铅合金焊锡丝、纯锡焊锡丝、锡铜合金焊锡丝、锡银铜合金焊锡丝、锡铋合金焊锡丝、锡镍合金焊锡丝、特殊含锡合金材质的焊锡丝。

② 按焊锡丝的助焊剂的化学成分不同,可分为松香芯焊锡丝、免清洗焊锡丝、实心焊锡丝、树脂型焊锡丝、单芯焊锡丝、三芯焊锡丝、水溶性焊锡丝、铝焊焊锡丝、不锈钢焊锡丝。

③ 按熔解温度来不同,可分为低温焊锡丝、常温焊锡丝、高温焊锡丝。

由于铅锡焊锡中的铅成分对人体有害,因此在使用中应更多地选择无铅焊锡丝。无铅焊锡丝由于合金熔点往往较高,因此在使用时需要对温度进行更好的控制。图7.4.16所示为常用焊锡丝。

图 7.4.16　常用焊锡丝

(2) 助焊剂

在焊接过程中,由于金属在加热的情况下会产生一薄层氧化膜,这将阻碍焊锡的浸润,影响焊接点合金的形成,容易出现虚焊、假焊现象。使用助焊剂可改善焊接性能,因此电烙铁焊接时,除了必须有焊锡条作焊料、直接用于焊接之外,还应该备有助焊剂。

助焊剂顾名思义就是帮助焊接的,它可以清洁焊接物表面和清除熔锡中的杂质,提高焊接质量。"助焊剂"(flux)这个词来自拉丁文,是"流动"的意思,但它的作用不只是帮助流动,还有其他作用。助焊剂主要的功能有两个,一是清除金属表面氧化物,二是减小焊锡表面张力,增加其扩散能力。

助焊剂分为无机化合物与有机化合物两大类,后者又分为松香类与非松香类。

① 无机化合物

无机化合物具有清洗快、清除氧化物能力强的特点,在焊锡温度下安全且有活性,但腐蚀性较高。常见的无机化合物类助焊剂共分为三类:一是无机酸类助焊剂,如氧化氢及正磷酸;二是无机盐类助焊剂,如氯化锌(283℃)、氯化铵(350℃)、三份氯化锌与一份氯化铵混合(176℃);三是无机气体类助焊剂,如氢,有清除氧化物的效果。

② 有机化合物(OA,非松香类)

有机化合物清除氧化物能力中等,腐蚀性高,对热较敏感。常见的有机化合物有以下几种:

一是有机酸类助焊剂,如乳酸、油酸、硬脂酸、钛酸、柠檬酸及其他酸类;

二是卤素有机化合物,如盐酸苯胺、盐酸谷氨、溴化物衍生物;

三是胺及氨基化物,如氨基衍生物,最常用的是磷酸盐苯胺、尿素、乙烯、二胺三乙醇胺。

③ 松香。松香是由松树蒸馏出来的天然树脂,主要成分为松香酸、D-海松香酸及L-海松香酸。它常温下非常稳定,清除氧化物能力强,在焊接温度下具有活性,残余物在常温下不具腐蚀性,广泛用于电子工业中。

松香对温度的变化及对焊接的影响如下:

a. 过热的松香转为黑色,失去除氧化物的能力;

b. 过热的松香仍保留其表面活力,保护表面不再生锈,但效果不如未过热的松香;

c. 未加热的松香对严重的氧化物去除效果不大;

d. 水白色松香与氧化铜及硫化物反应形成绿色的铜松香,可轻易清洗;

e. 水白色松香不论时间与温度,在铜面上作用均不减轻铜板质量。

市场上常用的助焊剂一般是松香和焊锡膏(即化合物类助焊剂,俗称焊油),有些焊锡丝里就带有松香,故俗称松香芯焊锡条。

焊锡膏是一种很好的助焊剂,但是其腐蚀性比较强,本身又不绝缘,故不宜用于普通电子制作中元件的焊接,大多用于面积较大的金属构件的焊接,使用量也不宜过多,焊接完成后应使用酒精棉球将焊接部位擦干净,防止残留的焊锡膏腐蚀焊点和焊接件,影响产品的质量和寿命。

松香一般在使用时制作成松香酒精溶剂,其制作方法参见上节。松香酒精溶剂(松香水)可作为很好的活性剂,并可保护清洁的金属表面不再氧化,残余物是硬而透明的薄膜,电性绝缘性高,且不吸水。但是松香酒精溶剂并非是万能助焊剂,它需要在一个略干净的表面才具有好的润湿及扩散性,所以在自制覆铜电路板上遍涂松香溶剂时应先用砂纸打磨。

4) 其他工具

(1) 烙铁架

烙铁架用于放置电烙铁、海绵、焊丝、固体松香等物品。如图 7.4.17 所示,它使电烙铁不与桌面、人体等东西接触,避免发生意外事故,如火灾、烫伤人等。此外,烙铁架可以在电烙铁不用时帮助电烙铁散热,使烙铁头不易过热氧化,延长了电烙铁的寿命。

(2) 焊接架

焊接架在焊接过程中起固定元器件的作用,其固定器件的夹子可以帮助焊接人员固定元件,空出双手来进行其他操作。图 7.4.18 中的焊接架带有放大镜和 LED 灯,非常适合精密焊接。

图 7.4.17　烙铁架

图 7.4.18　焊接架

(3) 防静电腕带

防静电腕带也叫防静电手环、手镯等。它使用柔软而富有弹性的材料配以导电丝混编而成,是一种佩戴于人体手腕上,泄放人体的聚积静电电荷的器件,如图 7.4.19 所示。在大规模电子产品生产或者焊接静电敏感元件的时候必须佩戴防静电腕带,它分为无线型、有线型两种。

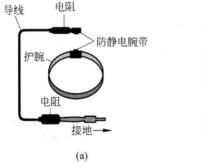

图 7.4.19　防静电腕带
(a) 防静电腕带结构图; (b) 防静电腕带实物图

无线防静电腕带是利用静电压平衡原理。静电是利用离子间之推挤方式传递的,借由静电自高电位推挤的特性可达到静电泄放的效果。

有线防静电腕带是通过腕带及接地线,将人体上的静电排放至大地,故使用时腕带必须与皮肤接触,接地线亦需直接接地,并确保接地线畅通无阻才能发挥最大功效。有线防静电腕带是防静电装备中最基本的,也是最普遍使用的生产线上的必备品,不但在架设及操作上十分方便,在价格上也经济实惠。

（4）熔锡炉

焊锡炉又称熔锡炉、浸焊机,主要用在波峰焊和手工焊接中熔化焊锡丝。它的熔炉可以加热,从而将容器中的焊料融化。一般用于大尺寸的器件焊接,或导线上锡。图7.4.20所示为一种熔锡炉。

（5）热缩管

热缩管是一种特制的聚烯烃材质热收缩套管。具有高温收缩、柔软阻燃、绝缘防蚀功能,加热98℃以上

图7.4.20　熔锡炉

即可收缩,使用方便。热缩管广泛应用于各种线束、焊点、电感的绝缘保护,以及金属管、棒的防锈、防蚀等。

2. 焊接过程

1）焊接基本姿势

手工锡焊接是一项基本功,就是在大规模生产的情况下,维护和维修也经常采用手工焊接。因此,必须通过学习和实践操作熟练掌握手工焊接技术。

助焊剂加热挥发出的化学物质对人体是有害的,如果操作时鼻子距离烙铁头太近,则很容易将有害气体吸入。一般电烙铁到鼻子的距离应不少于30cm,通常以40cm为宜。

焊接时电烙铁的握法有三种,如图7.4.21所示。反握法的动作稳定,长时间操作不易疲劳,适于大功率电烙铁的操作;正握法适于中功率电烙铁或带弯头电烙铁的操作;一般在操作台上焊接印制板等焊件时,多采用握笔法。

焊锡丝一般有两种拿法,如图7.4.22所示。使用电烙铁要配置烙铁架,一般放置在工作台右前方,电烙铁用后一定要稳妥放于烙铁架上,并注意导线等物不要碰到烙铁头。由于非无铅焊丝成分中,铅占一定比例,而铅是对人体有害的重金属,因此操作时应戴手套或操作后洗手,避免食入。

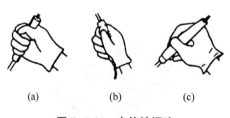

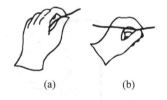

图7.4.21　电烙铁握法	图7.4.22　焊锡丝拿法
（a）反握法;（b）正握法;（c）握笔法	（a）连续焊接时;（b）断续焊接时

2）焊前处理

焊接前,应对元器件引脚或电路板的焊接部位进行焊接处理,一般有"刮""镀""测"三个

步骤。

(1)"刮"

"刮"就是用小刀和细砂纸,对集成电路的引脚、印制电路板进行清理,保持引脚清洁。对于自制的印制电路板,应首先用细砂纸将铜箔表面擦亮,并清理印制电路板上的污垢,再涂上松香酒精溶液或助焊剂,方可使用。有些镀金的晶体三极管引脚引线等,在刮掉镀层后反而会难以镀上锡。因此对于镀金银的合金引出线,不能把镀层刮掉,可用橡皮擦去表面脏物。无论采取何种形式的"刮",都要注意不断旋转元器件引脚,务求将引脚的四周清洁干净,如图 7.4.23 所示。

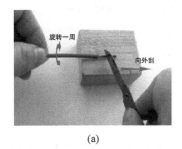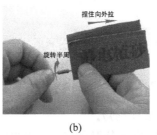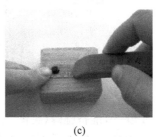

(a)　　　　　　　　(b)　　　　　　　　(c)

图 7.4.23　刮擦处理示意图

(a) 小刀刮导线脚;(b) 砂纸擦元件引脚;(c) 粗橡皮擦去表面脏物

(2)"镀"

"镀"就是在刮净的元器件部位上镀锡。具体做法是:蘸松香酒精溶液涂在刮净的元器件焊接部位,再将带锡的热烙铁头压在其上,并转动元器件,均匀地镀上一层很薄的锡层。若是多股金属丝导线,打光后应先拧在一起,然后再镀锡,如图 7.4.24 所示。

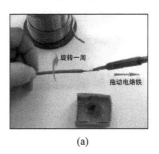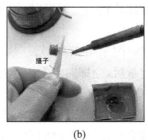

(a)　　　　　　　　　(b)

图 7.4.24　镀锡处理示意图

(a) 金属导线镀锡;(b) 元器件引脚镀锡

"刮"完的元器件引线上应立即涂上少量的助焊剂,然后再用电烙铁在引线上镀一层很薄的锡,避免其表面重新氧化,提高元器件的可焊性。

(3)"测"

"测"就是在"镀"之后,看元器件在电烙铁的高温下外观有无烫损、变形、短路等。对于电容器、晶体管、集成电路等元器件,还要用万用表检测所有镀锡的元器件是否质量可靠,若有质量不可靠或已损坏的元器件,应用同规格元器件替换。

3) 手工焊接

做好焊前处理之后,即可正式进行焊接。不同的焊接对象,需要的电烙铁工作温度也不相同。判断烙铁头的温度时,可将电烙铁碰触松香:若有"吱吱"的声音,则说明温度合适;若没有声音,仅能使松香勉强熔化,则说明温度低;若烙铁头一碰上松香就大量冒烟,则说明温度太高。

(1) 点锡焊法(五步焊接法)

一般手工焊接操作过程可以分成五个步骤,也叫作点锡焊法,如图7.4.25所示。

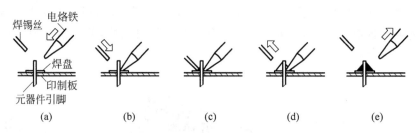

图7.4.25 焊接五步法

(a) 准备;(b) 加热;(c) 加焊锡;(d) 去焊锡;(e) 去电烙铁

步骤一,准备施焊(见图7.4.25(a))。

左手拿焊丝,右手握电烙铁,进入备焊状态。要求烙铁头保持干净,无焊渣等氧化物,并在表面镀一层焊锡。

步骤二,加热焊件(图7.4.25(b))。

烙铁头靠在两焊件的连接处,加热整个焊件,时间为1～2s。对于在印制板上焊接元器件来说,要注意使烙铁头同时接触两个被焊接物。例如,图7.4.25(b)中的元器件引线与焊盘要同时均匀受热。

步骤三,送入焊丝(图7.4.25(c))。

焊件的焊接面被加热到一定温度时,焊锡丝从烙铁对面接触焊件。注意:不要把焊锡丝送到烙铁头上。

步骤四,移开焊丝(图7.4.25(d))。

当焊丝熔化一定量后,立即向左上45°方向移开焊丝。

步骤五,移开电烙铁(图7.4.25(e))。

焊锡浸润焊盘和焊件的施焊部位以后,向右上45°方向移开电烙铁,结束焊接。

从第三步开始到第五步结束,时间也是1～2s。

(2) 带锡焊法

对于热容量小的焊件,例如印制板上较细导线的连接,可以用带锡焊法。带锡焊法的好处是可以腾出左手来抓持焊接物,或用镊子(尖嘴钳)夹住元器件焊脚根部帮助散热,以防止高温损坏元器件。焊接过程一般以2～3s为宜,不可过长。具体步骤如图7.4.26所示。

步骤一,烙铁头上先熔化少量的焊锡和松香,如图7.4.26(a)和(b)所示。

步骤二,在烙铁头上的助焊剂尚未挥发完时,将烙铁头和焊锡丝同时接触焊点,开始熔化焊锡,如图7.4.26(c)所示。

步骤三,当焊锡浸润整个焊点后,移开烙铁头,如图7.4.26(d)所示。

切勿将带锡焊法当作运送焊锡的手段,或长时间带锡焊接。因为烙铁尖的温度一般都在300℃以上,焊锡丝中的助焊剂在高温时容易分解失效,焊锡也处于过热的低质量状态。

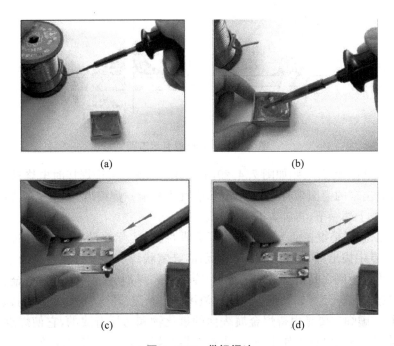

图 7.4.26　带锡焊法

(a) 使烙铁头蘸上焊锡；(b) 烙铁头蘸少量松香；(c) 接触焊点；(d) 移走电烙铁

焊接集成电路时,要严格控制焊料和助焊剂的用量。为了避免因电烙铁绝缘不良或内部发热器对外壳感应电压损坏集成电路,实际应用中常采用拔下电烙铁的电源插头趁热焊接的方法。

4) 焊接质量检查

焊接后应对焊接的质量进行检查,可用镊子转动引线,确认牢固不松动后,用偏口钳剪去多余的引线,如图 7.4.27 所示。

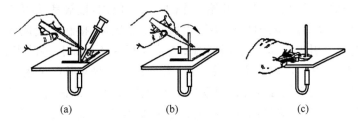

图 7.4.27　牢固度检查

(a) 焊接；(b) 检查；(c) 剪短

焊接时,应保证每个焊点焊接牢固、接触良好。电解电容器、晶体管等有极性元器件还应检查引脚极性是否焊接正确。

焊接质量好坏应该从电气接触情况、机械结合程度和外观三个方面加以判别。好的锡点应有可靠的电气连接、足够的机械强度、光洁整齐的外观,焊点应光亮、圆滑、无毛刺,锡量适中。锡和被焊物熔合牢固,不应有毛刺、假焊和虚焊。合格焊点示意图如图 7.4.28 所示。

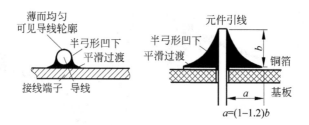

图7.4.28 合格焊点示意图

（1）焊点毛刺。焊点毛刺如图7.4.29(a)所示，一般是由于焊接时电烙铁温度过低，时间过短，导致焊出来的锡面带有毛刺状尾巴，表面不光滑。焊接后，如发现焊点拉出尾巴，用电烙铁头在松香上蘸一下，再补焊即可消除。

（2）假焊。假焊是指表面上好像焊住了元器件，但实际并没有焊上，有时用手一拔，引线就可以从焊点中拔出，如图7.4.29(b)所示的蜂窝状焊点。假焊往往是由于焊剂没有全部蒸发，在焊锡与金属之间留有一定的焊剂，冷却后靠焊剂（松香）把焊锡与金属面粘住，稍一用力就能拉开。焊接后，如发现焊点出现渣滓、棱角，需清除杂物后重新焊接。

（3）虚焊。虚焊主要是由待焊金属表面的氧化物和污垢造成的，它使焊点成为有接触电阻的连接状态，导致电路工作不正常，出现连接时好时坏的不稳定现象，噪声增加而没有规律性，给电路的调试、使用和维护带来重大隐患。虚焊如图7.4.29(c)所示。

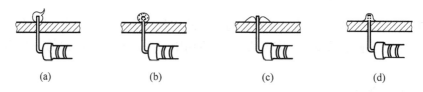

图7.4.29 焊点质量检查
(a) 焊点毛刺；(b) 假焊；(c) 虚焊；(d) 合格焊点

此外，也有一部分虚焊点在电路开始工作的一段时间内，接触良好，因此不容易被发现。但在温度、湿度和振动等环境条件下，接触表面逐步被氧化，接触慢慢地变得不完全起来。虚焊点的接触电阻会引起局部发热，局部温度升高又促使不完全接触的焊点情况进一步恶化，最终甚至使焊点脱落，电路完全不能正常工作。这一过程有时可长达一两年。

虚焊往往是由于电烙铁温度过低时就急于去焊接，焊点上的锡熔得很慢，没有充分包裹元件引脚与焊盘。反之，电烙铁温度过高也会造成虚焊，过高温度下焊接时间稍长，极易造成焊锡面氧化，焊锡流散开，仅有很少的焊锡将元器件引线与金属面相连。容易引起虚焊的原因还包括：焊锡质量差；助焊剂的还原性不良或用量不够；被焊接处表面未预先清洁好，镀锡不牢；焊接时间掌握不好，太长或太短；焊接中焊锡尚未凝固时，焊接元件松动。

（4）其他焊接缺陷。除了前文中提到的焊点缺陷以外，还有一些焊接缺陷需要注意避免。如导线引脚绝缘层剥得过长，裸露的金属线有与其他焊点相碰的危险；或多股线的线头没有焊妥，个别线芯脱离在焊点外；或由于焊接时间过长或温度过高，电路板基板材料炭化、鼓包，焊盘与板基脱离，元器件晃动等问题。出现这些问题都应及时解决，重新处理问题焊点，将相关导线接头重做并焊接，或将松动焊盘外接导线进行辅助连接。若缺陷过于严重，应更换电路板。

据统计数字表明,在电子整机产品的故障中,有将近一半是由于焊接不良引起的。然而,要从一台有成千上万个焊点的电子设备里,找出引起故障的虚焊点来,实在不是容易的事。所以,虚焊是电路可靠性的重大隐患,必须避免。进行手工焊接操作的时候,尤其要加以注意。

检验质量并解决的办法有以下几种:

(1) 观察检查法。通过焊点的表面光滑度、形状和色泽、牢固程度等,可以直观地检查出毛刺、夹渣、鼓包、麻点、起皱、连焊、缺焊等明显的问题。用观察法检查焊点质量时可使用3~5倍的放大镜,在放大镜下可以很清楚地观察到焊点表面焊锡与焊件相接处的细节,而这里正是判断焊点质量的关键。

(2) 带松香重焊检验法。检验一个焊点虚实真假最可靠的方法就是重新焊一下。用满带松香焊剂、缺少焊锡的电烙铁重新熔融焊点,从旁边或下方撤走电烙铁,若有虚焊其焊锡一定会被强大的表面张力吸走,使虚焊处暴露出来。

带松香重焊法可与观察检验法配合使用,在不断积累经验的过程中,提高观察检查法的准确性。

5) 导线焊接

导线是电子电路中不可缺少的线路连接材料,各种不同类型的导线可以满足不同的电路需求。电子制作中所用的导线都是绝缘线,常用的有单股线、多股线、屏蔽线等,如图 7.4.30所示。

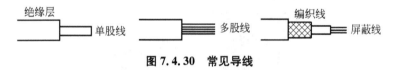

图 7.4.30　常见导线

导线焊前处理包括: 剥绝缘层,去漆、锈,以及预焊上锡。

导线焊接前要除去末端绝缘层。剥除绝缘层应采用专用工具(剥线钳)。将焊接导线按相应接线端子尺寸剥去绝缘层,注意保证芯线伸出焊线 0.5~1mm。用剥线钳剥线时要选用与导线线径相同的刀口,对单股线不应伤及导线,对屏蔽线、多股导线应不断线。剥除多股导线绝缘层时注意将线芯拧成螺旋状,一般采用边去绝缘层边拧的方法。

选择合适的电烙铁将导线及接线端子的焊接部位预先用焊锡润湿,多股导线挂锡时要边上锡边旋转,旋转方向与拧合方向一致。

(1) 导线与接线端子的连接

导线与接线端子的连接有 3 种基本形式,如图 7.4.31 所示。

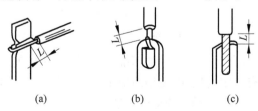

(a)　　　　　(b)　　　　　(c)

图 7.4.31　导线与接线端子的连接方式

(a) 绕焊; (b) 钩焊; (c) 搭焊

导线与接线端子的焊接过程参照五步法点锡焊即可,如图7.4.32所示。

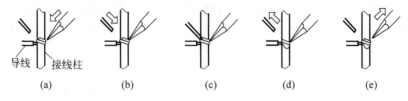

导线　　接线柱

(a)　　　　　　(b)　　　　　　(c)　　　　　　(d)　　　　　　(e)

图7.4.32　导线与接线端子的焊接

(a)准备；(b)加热；(c)加焊锡；(d)去焊锡；(e)去电烙铁

(2)导线与导线的连接

导线之间的连接以绕焊为主,如图7.4.33所示。普通绕焊完毕后应在焊接点缠绕绝缘带,起到连接点绝缘并加固的作用,如图7.4.34所示。

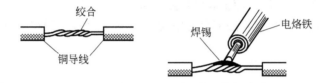

绞合　　　　　　　　　　　　焊锡　　电烙铁

铜导线

图7.4.33　导线与导线的焊接

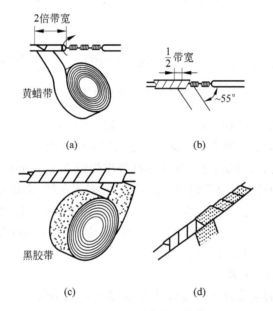

2倍带宽

$\frac{1}{2}$带宽

黄蜡带

~55°

(a)　　　　　　　　　　　　(b)

黑胶带

(c)　　　　　　　　　　　　(d)

图7.4.34　连接点缠绝缘带

(a)黄蜡带缠绕起始；(b)黄蜡带连接点缠绕；(c)黑胶带缠绕起始；(d)黑胶带连接点缠绕

导线连接如图7.4.35所示。有条件的情况下,在导线连接前加热缩管,可以起到保护及绝缘作用。但热缩管有一定的尺寸,使用时应根据导线尺寸进行选择。

在导线接头上锡后,导线绞合前就应套上合适的热缩管。导线绞合施焊后,趁热将热缩管移到焊接的位置,利用电烙铁或热风机合适的温度均匀加热,直至热缩管紧箍在焊接部位及导线上(热缩管在加热到100℃以上时直径可缩到原直径的1/2～1/3),如图7.4.36所示。

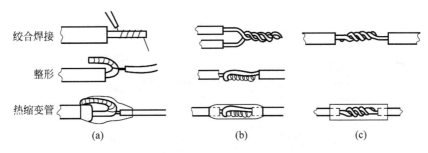

图 7.4.35　导线连接

(a) 粗细不等的两根线；(b) 相同的两根线；(c) 简化接法

图 7.4.36　热缩管绝缘焊接

使用热缩管时应注意以下操作要点：

① 使用热缩管前，应清除导线或焊点上的毛刺、尖角，以防在回缩过程中刺穿热缩管造成开裂。

② 切割热缩管时，切口应整齐、光滑，不得产生毛刺或裂口，以避免加热收缩时产生集中应力，沿裂口蔓延。

③ 加热时必须从一端向另一端或从中间向两端均匀加热至热缩管收缩，不可从两端向中间加热，以免造成鼓包现象。

④ 收缩热缩管可以用下述任意一种方法，如电烙铁、电热风枪、恒温烘箱、丙烷灯、液化气明火、汽油喷灯等。采用加热枪（一般温度 400～600℃）和各种产生蓝色明火（800℃以上）的加热工具，必须注意火与热缩管的距离，即 4～5cm 均匀移动，火焰的外焰与热缩管表面成 45°角，并且边移动边加热，不可过于靠近热缩管表面或集中在一处加热，否则会产生薄厚不均或烧伤热缩管。

⑤ 回缩好的导线应平放在干净柔软的平台上，防止划伤，待冷却后进行修整。

⑥ 对于有弯导线，要将弯角处的热缩管整理好，以防产生皱纹。

（3）屏蔽线或同轴电缆连接

屏蔽线或同轴电缆末端连接对象不同处理方法也不同，如图 7.4.37 所示。连接时需先用镊子等工具将线芯从绝缘芯线（绝缘布）中剥离出来，然后将线芯与所要连接的导线绞合、焊接，最后加上热缩管保护绝缘线头和焊接点。

（4）特殊导线连接

当导线过粗或难以焊接时，可用浇焊法焊接。铝导线在焊接时较难上锡，可用焊钳加压进行焊接，如图 7.4.38 所示。

3. 注意事项

在保证得到优质焊点的前提下，具体的焊接操作手法可以有所不同，但下面这些前人总结的方法，对初学者的指导作用是不可忽略的。

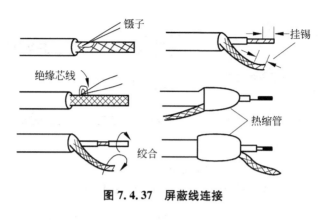

图 7.4.37　屏蔽线连接

图 7.4.38　特殊导线连接

1）保持烙铁头的清洁

焊接时，烙铁头长期处于高温状态，又接触助焊剂等弱酸性物质，其表面很容易氧化、腐蚀并沾上一层黑色杂质。这些杂质形成隔热层，妨碍了烙铁头与焊件之间的热传导。因此，要用一块湿布或湿的木质纤维海绵（高温海绵/矿渣棉）擦拭烙铁头，以保持清洁。切记：一定要加水后擦拭，不然会烧坏海绵。普通烙铁头一般用紫铜制成，在腐蚀污染严重时可以用锉刀修去表面氧化层。对数字电路、计算机的焊接工作来说，还需锉细再修整。

对于有镀层的烙铁头，一般不要锉或打磨。因为电镀层的目的就是保护烙铁头不被腐蚀，打磨会磨掉烙铁头的镀膜层，反而加速氧化缩短使用寿命。还有一种新型合金烙铁头，寿命较长，但需配备专门的电烙铁，一般用于固定产品的印制板的焊接。

2）烙铁头的更换及镀锡

烙铁头的形状和作用如图 7.4.39 所示。烙铁头老化或损坏至无法修复时应及时更换，不同的烙铁头适用于不同的焊接场合。

电烙铁初次使用时，首先应给烙铁头挂锡，挂锡的方法很简单。通电之前，先用砂纸或小刀将烙铁头端面清理干净；通电以后，待烙铁头温度升到一定程度时，将焊锡放在烙铁头上熔化，使烙铁头端面挂上一

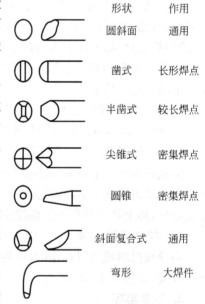

形状	作用
圆斜面	通用
凿式	长形焊点
半凿式	较长焊点
尖锥式	密集焊点
圆锥	密集焊点
斜面复合式	通用
弯形	大焊件

图 7.4.39　烙铁头的形状和作用

层锡。

挂锡时可准备一盒松香,将带锡的烙铁头在松香中反复摩擦,直至烙铁头表面挂上一层均匀的焊锡。挂锡后的烙铁头随时都可以焊接。

修整后的烙铁头也应立即镀锡,否则通电后表面会生成难镀锡的氧化层。

3)电烙铁温度的控制方法

(1)温度由实际使用决定。观察烙铁头,当其发紫时,说明温度设置过高。

(2)一般焊接直插电子元器件时,将烙铁头的实际温度设置为 330～370℃;表面贴装电子元器件时,将烙铁头的实际温度设置为 300～320℃。

(3)对于特殊材料,需要特别设置电烙铁温度。

(4)话筒、蜂鸣器等要用含银锡丝,温度一般在 270～290℃之间。

(5)焊接大的组件引脚,温度不要超过 380℃,但可以增大电烙铁功率。

4)增加接触面积加快传热

加热时,应该使焊件上需要焊锡浸润的部分均匀受热,而不能仅仅加热焊件的一部分。更不能采用电烙铁对焊件增加压力的办法,以免造成损坏或产生隐患。

正确的方法是,根据焊件的形状选用不同的烙铁头,或者自己修整烙铁头,让烙铁头与焊件形成面接触而不是点接触或线接触。这样,能大大提高传热效率。

5)借助焊锡桥加热

在非流水线作业中,焊接的焊点形状是多种多样的,不可能不断更换烙铁头。要提高加热效率,需要进行热量传递的焊锡桥。

所谓焊锡桥,就是烙铁头上保留少量焊锡,作为加热时烙铁头与焊件之间传热的桥梁。由于金属熔液的导热效率远远高于空气,因此焊件很快就被加热到焊接温度。注意,焊锡桥的锡量不可过多,因为长时间存留在烙铁头上的焊料处于过热状态,实际已经降低了质量,还可能造成焊点之间误连短路。

6)烙铁撤离有讲究

电烙铁撤离要及时,撤离时的角度和方向与焊点的形成有关。图 7.4.40 所示为电烙铁不同的撤离方向对焊点锡量的影响。

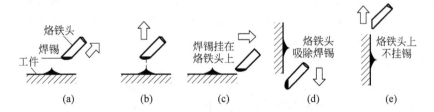

图 7.4.40　电烙铁撤离方向与焊点锡量的关系

(a)沿水平方向上 45°撤离;(b)向上方撤离;(c)水平方向撤离;(d)垂直向下撤离;(e)垂直向上撤离

7)在焊锡凝固前勿移动

在焊锡凝固前切勿使焊件移动或受到振动,特别是用镊子夹住焊件时,一定要等焊锡凝固后再移走镊子,否则极易造成焊点疏松或虚焊。

8)焊锡用量要适中

手工焊接常使用的管状焊锡丝,内部已经装有由松香和活化剂制成的助焊剂。焊锡丝的直径有 0.5mm、0.8mm、1.0mm、5.0mm 等多种规格,要根据焊点的大小选用。一般应使焊锡丝的直径略小于焊盘的直径。

如图 7.4.41 所示,过量的焊锡不但消耗了焊锡,而且还增加了焊接时间,降低工作效率。更为严重的是,过量的焊锡很容易造成虚焊、空焊,产生不易觉察的短路故障。焊锡过少也不能形成牢固的结合,同样是不利的。特别是焊接印制板引出导线时,焊锡用量不足,极容易造成导线脱落。

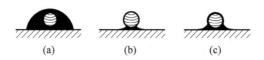

图 7.4.41 焊点锡量的掌握
(a) 焊锡过多;(b) 焊锡过少;(c) 合适的焊锡和合适的焊点

9) 助焊剂用量要适中

适量的助焊剂对焊接非常有利。过量使用松香助焊剂,焊接以后需要擦除多余的助焊剂,并且延长加热时间,降低工作效率。当加热时间不足时,又容易形成夹渣的缺陷。焊接开关、接插件时,过量的助焊剂容易流到触点上,造成接触不良。

合适的焊剂量,应该是松香酒精溶液仅能浸湿将要形成焊点的部位,不会透过电路板上的通孔流走。对使用松香芯焊丝的焊接,基本上不需要再涂助焊剂。目前,印制板生产厂在电路板出厂前大多进行过松香酒精溶液喷涂处理,无须再加助焊剂。

10) 不易焊接材料的处理方法

对于不易焊接的材料,应采用先镀后焊的方法。例如,对于铝质零件,可先给其表面镀上一层铜或者银,然后再进行焊接。具体做法是:先将一些 $CuSO_4$(硫酸铜)或 $AgNO_3$(硝酸银)加水配制成浓度为 20% 左右的溶液;再把吸有上述溶液的棉球置于用细砂纸打磨光滑的铝件上面,也可将铝件直接浸于溶液中,由于溶液里的铜离子或银离子与铝发生置换反应,大约20min 后,在铝件表面便会析出一层薄薄的金属铜或者银;用海绵将铝件上的溶液吸干净,置于灯下烘烤至表面完全干燥。完成以上工作后,在其上涂上有松香的酒精溶液,便可直接焊接。

注意:该方法同样适用于铁件及某些不易焊接的合金。溶液用后应盖好并置于阴凉处保存。当溶液浓度随着使用次数的增加而不断下降时,应重新配制。溶液具有一定的腐蚀性,应尽量避免与皮肤或其他物品接触。

11) 电子元器件一般的焊接顺序

(1) 阻容、二极管等两引脚贴片元件,由小到大,由低到高。

(2) 晶体管、集成电路等多引脚贴片元件,由小到大,由低到高。

(3) 蜂鸣器、电解电容等其他通孔直插元器件,由小到大,由低到高。

(4) 单排插针等接插件,可不分次序,便于焊接即可。

12) 其他焊接注意事项

(1) 电烙铁使用前应检查使用电压是否与电烙铁标称电压相符。

(2) 电烙铁应该接地。

(3) 电烙铁通电后不能任意敲击、拆卸及安装其电热部分零件。

(4) 电烙铁应保持干燥,不宜在过分潮湿或淋雨环境使用。

（5）拆烙铁头时，要切断电源。

（6）海绵用来收集锡渣和锡珠，以用手捏刚好不出水为宜。

（7）电烙铁使用以后，一定要稳妥地插放在烙铁架上，并注意导线等杂物不要碰到烙铁头，以免烫伤导线，造成漏电等事故。

（8）在焊接印制电路板时，也可采取先插电阻器，逐点焊接后，用偏口钳或指甲刀剪去多余长度引线，然后再焊电容器等体积较大的元器件，最后焊上不耐热的易损的晶体三极管、集成电路等。

7.4.3　贴片元器件的手工焊接工艺

贴片元器件的手工焊接比普通通孔插接式元器件的难度要大，需要一定的步骤和手法。但在我们试制电路板、自制电路产品或对原有的印制电路板进行维修时，都需要进行手工焊接。因此，有必要将贴片器件的手工焊接单独列出来，进行操作训练。

1. 焊接工具的选择

贴片元器件焊接时使用的工具仍是电烙铁，但不同的烙铁头针对不同的贴片引脚，有着不一样的焊接效果，应根据焊接器件的需要选择。

常用烙铁头有以下几种：

（1）超细烙铁头（图 7.4.42）。实现点到点的焊接，通常采用焊锡丝实现焊接。

（2）扁铲式、马蹄式烙铁头（图 7.4.43）。具有高焊接速度的优势，容易实施拖焊，常用于引脚较多或引脚宽大器件的焊接。

图 7.4.42　超细烙铁头

图 7.4.43　马蹄式烙铁头

2. 贴片焊接

1）双引脚贴片元器件的焊接

双引脚器件由于引脚很少，焊接较容易。但是双引脚的贴片器件体积往往非常小，焊接时必须使用镊子夹持元器件，并在光线充足的环境下施焊。

焊接步骤如下：

（1）在一个焊盘上点上少量焊锡（只需非常少量），以免放上元器件时焊锡被挤出焊盘，如图 7.4.44 所示。

（2）用镊子夹持元器件，放在印制电路板标注的位置，使它一端引脚与点锡后的焊盘连接，一端引脚搭在干净的焊盘上。

（3）用电烙铁加热点锡后的焊盘，同时将夹持元器件的镊子轻轻向下推，使元器件引脚与熔化的焊锡紧密连接，如图 7.4.45 所示。

（4）用焊锡丝和电烙铁仔细焊接元器件的另一端，使元器件引脚与焊盘紧密相连，如

图 7.4.46 所示。

图 7.4.44　焊盘点锡

图 7.4.45　固定元器件

图 7.4.46　焊另一端引脚

2）多引脚元器件的焊接

多引脚元器件由于引脚排列非常密集，无法实施手工焊接。进行多引脚贴片焊接有效的方式是拖焊，熟悉了拖焊技术后，基本可以使用电烙铁、松香、吸锡线、酒精完成多引脚贴片的焊接。

焊接步骤如下：

（1）首先把多引脚元器件平放在焊盘上，对准焊盘位置，并用手紧紧压住，如图 7.4.47 所示。

（2）用电烙铁将熔化的焊锡丝焊接元器件的引脚，以此固定元器件。注意：元器件四面全部都要用焊锡固定好，否则元器件很容易在焊接过程中移动，如图 7.4.48 所示。

图 7.4.47　放置元器件

图 7.4.48　固定引脚

（3）固定好后在元器件四面引脚头部加上较多的焊锡丝，形成一个大的焊锡包，如图 7.4.49 所示。

（4）把烙铁头放入松香中，甩掉烙铁头部多余的焊锡，这里松香可以多蘸取些，有助于多余焊锡的去除以及后续拖焊的实施，如图 7.4.50 所示。然后把电路板斜放 45°（有助于元器件引脚上的焊丝在熔化的情况下顺势往下流动），把蘸有松香的烙铁头迅速放到斜着的元器件引脚的焊锡包上。

图 7.4.49　施加较多焊锡丝

图 7.4.50　蘸取松香

（5）使电烙铁以小曲线的方式，将焊锡拖焊过整个引脚区域（这也是拖焊手法的核心步骤）。重复拖焊手法，使元器件引脚达到与焊盘贴合的效果，如图7.4.51所示。

图7.4.51　拖焊示意图

图7.4.52　拖焊效果

（6）由于拖焊手法中在焊接前蘸取的松香较多，因此会造成焊盘周围大量松香溢出、堆积。如果拖焊时间较长，还会使松香变黑，影响美观，也容易在电路板上凝结杂质。因此需要准备一些酒精和棉签，擦拭引脚表面，去除多余的松香，如图7.4.53所示。

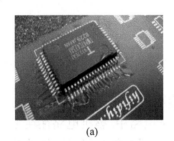

(a)

(b)

图7.4.53　酒精清理对比

（a）清理前；（b）清理后

3. 注意事项

（1）贴片焊接时由于芯片引脚密集，元器件体积较小，因此可能需要使用显微镜或放大镜进行焊点的观察和焊接。

（2）焊接时在有条件的情况下，可以使用温控型电烙铁，这样有利于温度的调节，避免对集成芯片造成影响。

（3）由于静电会对集成元器件或一些敏感器件产生影响，因此贴片焊接时应注意采取防静电措施，可以佩戴防静电腕带并使用专业焊台。

（4）印制电路板焊接时应在电路板下加垫绝缘胶皮或绝缘垫。

（5）贴片手工焊接过程中还需遵守普通焊接时所有的注意事项，具体内容详见7.4.2节，此处不再赘述。

思考题与习题

1. 阐述三极管的工作原理、作用及检测方法。
2. 电路设计的常用软件有哪些？试绘制小型机器人电路原理图及印制电路板图。
3. 贴片焊接的注意事项有哪些？试焊接小型机器人电路板。

第 8 章

电路调试及故障检修

8.1 电子电路基本调试技术

8.1.1 调试的一般原则

电子电路产品的调试一般遵循以下原则：

（1）先断电测试，再上电测试。断电测试主要依靠调试人员的观察和万用表来进行。

（2）电路分块隔离测试。在比较复杂的电子电路中，整机电路往往可以分成若干功能模块，如电源模块、显示模块、控制芯片模块等。分模块调试能尽可能地减少问题之间的干扰，能够准确快速地找到问题原因。

（3）先静态调试后动态调试。静态调试是指电路在未加入输入信号的直流工作状态下，测试调整静态工作点和各项技术性能指标；动态调试是指在电子电路输入适当信号的工作状态下测试调整动态指标（如输入规则的正弦波，观察波形在电路中有无失真等）。

（4）先调试电源电路。对于具有内部电源模块的电子产品，应首先调试电源电路，然后再依次调试其他模块。

8.1.2 调试准备

1. 调试人员技术准备

调试人员应具备一定的技术基础，对电子产品的电路设计知识、电路特点性能等有较好的了解，具体准备包括：

（1）明确电路调试的目的和要求。

（2）正确掌握并熟练应用测量仪器及设备，掌握正确的使用和测量方法。

（3）掌握一定的调整和测试电子电路方法。

（4）掌握电路中包含的模拟电路、数字电路的基础理论，能够根据各电路的性能特点分析、处理测试数据，并能够排除出现的故障。

2. 技术文件准备

主要是指做好技术文件、工艺文件、质量管理文件等材料的准备，如电路原理图、框图、装配图、印制电路图、印制电路装配图、零件图、元件参数表和程序、质检程序与标准等文件的准备。要求掌握上述文件的技术内容,了解电路的基本工作原理、主要技术性能指标、各参数的调试方法和步骤。

3. 准备测试设备

调试前应准备好测量仪器和设备,检查其是否处于正常工作状态,检查设备开关、量程挡位是否处于正确的位置,以避免调试中误测甚至引发危险。此外要注意测量仪器与设备的精度是否符合技术文件规定的要求,能否满足测试精度的需要。

8.1.3　调试步骤

1. 制定调试工艺方案

在调试开始之前,制定一个调试工艺方案,能够明确调试目的、调试内容、调试步骤与方法等细节,有助于调试工作的顺利进行。

一个完整的调试工艺方案包括:

(1) 调试内容与项目(如产品工作特性、测试点、电路参数等);

(2) 调试步骤与方法(如功能模块的区分以及各模块的调试顺序等);

(3) 测试条件与仪器仪表;

(4) 调试数据记录表格;

(5) 电子产品的注意事项与安全操作规程;

(6) 相关技术文档(如电路原理图、印制电路图、元器件列表等)。

制定调试工艺方案时要注意分清主次,将调试的重点和关键环节有条理地列出,这样才能使调试工作的效率更高、质量更好。这要求调试人员在制定调试方案前深入了解产品及其各部分的工作原理、性能指标,明确影响产品使用的关键模块与元器件。否则,制定出的方案必然是盲目无序的。

调试方案中还应注意各部件之间的相互影响,对调试中可能出现的异常情况作出预先估计。

2. 察看外观质量

完成方案制定后,接下来应该首先观察电路板的外观情况,这也是电路调试时最基本的检查方法。调试人员凭借视觉、嗅觉、触觉,直接观察电路产品有无问题,具体内容包括下列几项:

(1) 察看电路板是否有明显的裂痕、短路、开路或裸露铜线等现象;

(2) 察看元器件是否有错装、漏装、错连和歪斜松动等现象;

(3) 察看焊点是否有漏焊、虚焊、毛刺、挂锡等缺陷;

(4) 使用万用表电阻挡检查有无断线、脱焊、短路及接触不良;

(5) 检查电路绝缘好坏、保险丝通断、变压器好坏等情况;

(6) 如果电路有改动的地方,还应判断该部分元器件和电路连接是否正确。

由于很多故障的发生是由于工艺上的原因,特别是刚完成焊接装配工作的电路板或装配工艺较差的电子产品。盲目通电检查有时反而会扩大故障范围,引起元器件击穿、电路烧毁等问题。通过外观检查可以将绝大部分的工艺缺陷查找出来。

3. 静态调试

1) 静态调试概述

静态调试也叫直流调试,即一般意义上的通电调试。它是指在未加入输入信号,或程序控制芯片未进行控制动作的情况下,进行各模块电路静态工作点和静态技术性能指标的调试。

静态调试时电路板所通的电压一般是各晶体管或集成电路的工作电压,在 3～5V,有时是 6V、9V、12V、24V 等电压,但都不会过大。建议在设计的电路原理图上标注直流工作点和工作电压(如晶体管各级的直流电位或工作电流)。

上电后不要急于测量电气指标,要观察电路有无冒烟、打火等现象,听听有无异常声音,闻闻有无异常气味,用手触摸集成电路有无温度过高现象。如有异常现象,应立即关断电源,排除故障后再上电。

2)调试前的故障排除

静态调试时应首先排除以下故障。

(1)排除逻辑故障

这类故障通常是由于设计和加工印制板过程中的工艺性错误造成的,主要包括错线、开路、短路。排除的方法是首先将加工的印制板认真对照原理图,看两者是否一致。应特别注意检查电源系统,防止电源短路和极性错误,并重点检查系统总线(地址总线、数据总线和控制总线)是否存在相互之间短路或与其他信号线路短路现象。必要时利用数字万用表的短路测试功能,可以缩短排错时间。

(2)排除元器件失效

造成这类错误的原因有两个:一个是元器件买来时就已损坏;另一个是由于安装错误,造成器件烧坏。排除方法是:检查元器件与设计要求的型号、规格和安装是否一致,在保证安装无误后,用替换方法排除错误。

(3)排除电源故障

在通电前,一定要检查电源电压的幅值和极性,否则很容易造成集成块损坏。加电后检查各插件上引脚的电位,一般先检查 VCC 与 GND 之间电位,若在 4.8～5V 之间属于正常。若有高压,联机仿真器调试时,将会损坏仿真器,有时会使应用系统中的集成块发热损坏。

不同的分立元器件以及集成电路组成的模拟电路、数字电路,都有各自的静态工作点与工作性能,应根据电路特点的不同安排调试方法和步骤。

例如,对由晶体管和电容、电阻构成的模拟放大电路,应根据放大电路的类型,检测其静态工作点 Q 的工作状态,并根据放大倍数等技术参数,调整其静态工作点设置。对数字集成电路,应先对单片集成电路分调,即检查其逻辑功能、高低电平、有无异常状况等;而后进行总调,即对多片集成电路的组合电路输入单次脉冲信号,对照真值表进行调试。对装配好的整机产品,还应对整机进行全参数测试,检查各模块之间的相互干扰情况,各项静态参数的调试结果均应符合规定的技术指标。

3)调试环节

电路静态调试中有以下通用的调试环节,在此列举出来。

(1)电源模块调试

电子产品中如带有内部电源模块,应首先完成电源模块的调试检测,具体可遵循以下步骤:

① 先用万用表测量电路板电源和地之间是否短路。

② 上电时可用带限流、短路保护等功能的可调稳压电源。先预设好过流保护电流,然后将电压值慢慢往上调,同时监测输出电流和输出电压。

③ 如果往上调的过程中，没有出现过流保护等问题，且输出电压也正常，则说明电源部分正常。

④ 如果往上调的过程中，出现过流保护，则要断开电源，寻找故障点，并重复上述步骤，直到电源正常为止。

⑤ 如果电流过大，超出了电路设计中元器件所能承受的最高电流，应警惕电流过大引起的元器件、线路发热现象，如温度过高应及时断电，以免烧坏元器件。

（2）功能模块调试

各功能模块在静态工作调试时可遵循以下步骤：

① 每个功能模块在上电测试时，要按照电源模块调试的步骤进行，以避免因为设计错误和安装错误导致过流烧坏元器件。

② 确认各芯片电源引脚的电压是否正常，再检查各参考电压是否正常，还要测试主要功能点的电压是否正常等。

③ 通过看、听、闻、摸等手段观测电路板。"看"就是看元件有无明显的表面异常或机械损坏，"听"就是听工作声音是否正常，"闻"就是检查是否有异味，"摸"就是用手去感觉器件的温度是否正常。

（3）振荡电路调试

振荡电路由于上电后会产生振荡，往往对其他电路部分产生影响。因此对于含有振荡电路的电路板应仔细检查振荡电路的工作情况，并根据技术要求进行调整。一般振荡电路调试可遵循以下步骤：

① 检查电路安装、焊接是否正确可靠，有无短路现象，在确保无误后，再接通电源测试。

② 接通电源后，如出现不起振现象，或给外界信号强烈触发才可起振（如手握金属螺钉旋具碰触晶体管基极；或用 $0.01\sim0.1\mu F$ 电容一端接电源，另一端去碰触晶体管基极），则说明电路可能没有满足振幅或相位平衡这两个根本条件。应检查相位条件是否满足，仔细检查反馈回路，看反馈线圈是否反接形成负反馈所致。如果满足相位平衡却不起振，则要根据振幅平衡条件所包含的因素进行调试。应调整振荡电路放大部分的电阻或晶体管，使之工作在满足需求的放大倍数状态，满足振幅平衡条件。

③ 振荡电路起振但示波器观察波形质量不好时，应排除寄生振荡对波形的影响（检查电路布局，重点检查构成环形、半环形的电路及元器件，如有寄生振荡应采取电容隔离等手段进行解决）。此外还需要调整放大电路的静态工作点，放大电路品质因数 Q 的降低会直接导致波形变坏。

4. 动态调试

动态调试是在静态调试的基础上进行的，在电路的输入端加入合适的信号，按信号的流向顺序检测各测试点的输出信号，若发现不正常现象，应分析原因，并排除故障，再进行调试，直到满足要求。这需要调试者具备一定的理论知识和调试经验。

1）信号输入检测调试

对于没有单片机等控制芯片的电子电路，可用信号发生器直接在电路的输入端接入适当频率和幅值的信号，并按照信号的流向逐级检测关键节点的波形、参数和性能指标。若发现信号失真、不导通等故障，应及时查找原因并加以解决，做到边检测边处理。检测也可以从产品的最终输出单元开始，逐步移向最前面的单元。这种逐级查找的方法能迅速准确地找到故障发生的单元及原因。

　　在没有信号发生器的情况下,常用人体感应信号作为信号源。下面以多级放大电路外接扬声器为例,说明信号输入检测调试的实施步骤和具体方法。此处的扬声器也可用示波器来进行有无波形的观察,如图8.1.1所示。

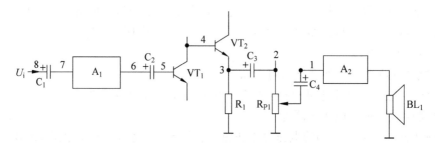

图 8.1.1　信号输入法调试示意图

　　(1) 手握螺丝刀断续单击第1点,即集成电路 A_2 的信号输入引脚。打开扬声器音量开关,扬声器发声若很轻,表明 A_2 增益不足;若无声,则表明1点到扬声器之间存在故障,需检查 A_2 集成电路。若声音很大,则说明1点到扬声器之间没有问题。

　　(2) 继续单击第2点,若扬声器无声,则说明1点与2点之间有故障。可能是耦合电容 C_4 开路,或滑动变阻器 R_{P1} 接触有问题,或电路上存在虚焊等现象。若声音正常,则说明2点到扬声器之间没有问题。

　　(3) 继续单击3、4点。如果扬声器无声,则说明 VT_2 晶体管开路,应检查焊点有无虚焊,或考虑器件损坏,检查是否需要更换晶体管。若单击4点时,声音和单击3点时差不多,甚至更小,则说明 VT_2 没有起到放大作用,应检查晶体管的工作情况、焊点、引脚极性等,若 VT_2 损坏应更换器件。正常情况下单击4点时由于比单击3点时多经过一个晶体管放大,声音应比单击3点时响许多,此时说明4点到扬声器之间电路没有问题。

　　重复上述步骤逐级向前检查,直至检查完整个电路。

　　这种方法适用于方便外接扬声器的电路,以及没有示波器等可视检测设备的情况。此外由于实施信号时只需要螺丝刀,无须其他工具,操作非常方便简单,并能准确说明问题。有条件时可在扬声器上接毫伏表来观测信号的幅值强弱。条件允许的情况下,用示波器来观测电路信号更为直观,也是实验室最常用的方法。

　　2) 联机仿真调试

　　在进行单片机等控制芯片的调试时,需要联机仿真调试。联机仿真必须借助仿真开发装置、示波器、万用表等工具,它们是单片机开发的最基本工具。

　　信号线是联络单片机和外部器件的纽带,如果信号线连接错误或时序不对,都会造成对外围电路读写错误。51系列单片机的信号大体分为读、写信号,片选信号,时钟信号,外部程序存储器读选通信号(PSEN),地址锁存信号(ALE),复位信号等几大类。这些信号大多属于脉冲信号,对于脉冲信号借助示波器用常规方法很难观测到,必须采取一定措施。例如,利用在仿真器上软件编程的方法可实现检测。

　　对于电平类信号,观测起来比较容易。例如对复位信号可以直接利用示波器进行观测。当按下复位键时,可以看到单片机的复位引脚变为高电平;一旦松开,电平将变低。

总之,对于脉冲触发类的信号我们要用软件来配合,并要把程序编为死循环,再利用示波器观察;对于电平类触发信号,可以直接用示波器观察。

下面结合控制系统中常见的键盘、显示部分的调试过程来说明。本系统中的键盘、显示部分都是由并行口芯片 8155 扩展而成的。8155 属于可编程器件,因而很难划分硬件和软件,在调试中即使电路安装正确,没有一定的指令指挥它工作,也无法发现硬件的故障。因此要使用一些简单的调试程序来确定硬件的组装是否正确、功能是否完整。在本系统中,先对显示器进行调试,再对键盘进行调试。

(1) 显示器调试。为了使调试顺利进行,首先将 8155 与 LED 显示分离,这样可以用静态方法先测试 LED 显示,分别用规定的电平加至控制数码管段和位显示的引脚,看数码管显示是否与理论上一致。不一致,一般为 LED 显示器接触不良所致,必须找出故障,排除后再检测 8155 电路工作是否正常。

(2) 8155 编程调试。此时分为两个步骤:第一,对其进行初始化(写入命令控制字,最好定义为输出方式)后,分别向 PA、PB、PC 三个口送入♯0FFH,然后利用万用表测试各口的位电压,为 3.8V 左右;若送入♯00H,则各口的位电压应为 0.03V。第二,将 8155 与 LED 结合起来,借助开发机,通过编制程序(最好采用"8"字循环程序)进行调试。调试通过后,就可以编制应用程序了。

(3) 键盘调试。一般显示器调试通过后,键盘调试就比较简单,完全可以借助于显示器,利用程序进行调试。利用开发装置对程序进行断点设置,通过断点可以检查程序在断点前后的键盘数值变化,这样可知键盘工作是否正常。

以上讨论了借助简单工具对单片机硬件进行调试的方法,如果这些方法使用得好,则可以大大缩短单片机的开发周期。

8.1.4　调试注意事项

(1) 调试时应在完成一部分之后,再接通下一部分进行调试,不要一开始就将电源施加到全部电路上。

(2) 当示波器接入电路时,为了不影响电路的幅频特性,不要用导线或电缆线直接从电路中引向示波器的输入端,应采用示波器专用的衰减探头。

(3) 在测量小信号时,示波器的接地线不要接近大功率器件,否则波形可能会出现干扰。

(4) 动态调试时接入的信号源幅值不宜太大,否则将使被测电路的某些元器件工作在非线性区域,造成波形失真,给观测带来干扰。

8.2　常见电磁干扰

8.2.1　电磁干扰基本知识

在电子电路调试过程中,经常会出现一些与预期信号不同,甚至杂乱无章的扰动信号,这就是我们所说的干扰和噪声。在电子技术中,来自电子设备或电路系统外部的扰动称为干扰；来自电子设备或电路系统内部由材料、元器件的物理原因引起的扰动则称为噪声。

1. 干扰

周围环境中的高压电网、电台、电视台、电焊机、电机等设备以及雷击闪电等自然现象，所产生的电磁波和尖峰脉冲通过电磁耦合、线间电容或电源电线等进入电子电路，就形成了干扰。

1）干扰源

通常干扰源可分为自然和人为两大类。

（1）自然干扰源。如地磁场、大气层内的静电荷、动态放电（云和雷电）、宇宙辐射等。

（2）人为干扰源。如各种电台发射的电磁波，使用整流子的电动机、高频炉、电焊机，变电设备产生的电晕放电效应和固有电磁场，开关电路的突变，甚至日光灯火花都会形成干扰。此外，由于电子电路中使用的直流电源往往是由交流市电整流滤波而得，当滤波不好时，电子设备中就会混入交流市电信号引起的干扰。

2）干扰信号的传播途径

干扰信号无论是来自自然现象还是周围的电子设备，都需要经由一定的途径传播到电子产品上，有些传播途径本身还起着放大信号的作用，如图 8.2.1 所示。弄清楚干扰信号的传播途径，不仅能使我们更好地了解分析干扰现象，还为后面对干扰进行抑制处理做好准备。常见的干扰传播方式有电磁辐射、电路耦合传导两种方式。

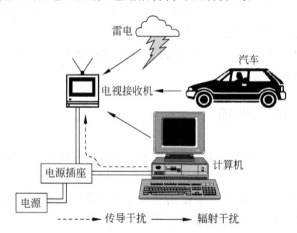

图 8.2.1　干扰传播示意图

（1）以电磁辐射方式传播

设备和自然干扰源产生的空间干扰场通过电磁辐射的形式传播。电磁辐射又称电子烟雾，是由空间共同移送的电能量和磁能量所组成，而该能量是由电荷移动所产生。举例说，正在发射信号的射频天线所发出的移动电荷，便会产生电磁能量。

① 由受影响设备的天线接收，如长的信号线、控制线、收音设备的天线等。

② 由导线感应耦合接收。图 8.2.2 所示为电磁辐射对导线回路干扰示意图。

③ 由闭合回路感应接收。如图 8.2.3 所示，由于感应电压与场强成正比，与闭合回路所围面积成正比，与电磁场的频率成正比。因此在设计印制电路板时，应尽量减小闭合回路所围的面积。

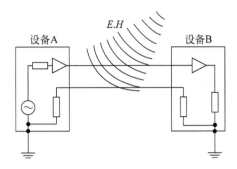

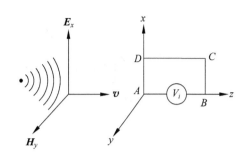

图 8.2.2　电磁辐射对导线回路干扰示意图　　**图 8.2.3　电磁辐射对闭合回路干扰示意图**

（2）以电路耦合方式传播

干扰信号能够通过漏电或耦合的方式，以绝缘物（包括空气）或支撑物为媒介，直接或间接地通过电阻、电感或电容耦合，进入电路。

① 电容耦合（静电耦合）

如图 8.2.4 所示，两个电路中的导体，当它们靠得比较近而且存在电位差时，会产生电场耦合，其程度取决于两导体的分布电容 C。图中，U_1 为干扰电压，A 为干扰源电路，B 为接收电路。

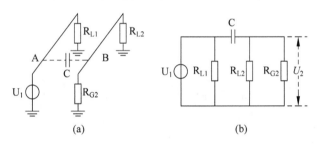

图 8.2.4　电容耦合示意图一

（a）耦合模型；（b）等效电路

电路 B 中耦合的干扰电压 U_2 为

$$U_2 = \frac{R_2}{R_2 + X_C} U_1 = \frac{\mathrm{j}\omega C R_2}{1 + \mathrm{j}\omega C R_2} U_1$$

其中

$$R_2 = \frac{R_{G2} R_{L2}}{R_{G2} + R_{L2}}, \quad X_c = \frac{1}{\mathrm{j}\omega C}$$

从上述模型与公式中可以看出，当耦合电容较小，即 $\omega C R_2 \ll 1$ 时，$U_2 \approx \mathrm{j}\omega C R_2 U_1$。

分析：干扰源频率越高，电容耦合越明显。同时接收电路的阻抗 R_2 越高，产生电容耦合越大。电容 C 越小，干扰耦合就越小。

结论：射频电路中，高频信号线都要加屏蔽；另外，射频电路中引线长度应尽量短。

另一种情况如图 8.2.5 所示。

由图 8.2.5 有

$$U_N = \frac{\mathrm{j}\omega C_{12} R}{1 + \mathrm{j}\omega R (C_{12} + C_{2G})} U_1$$

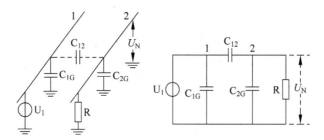

图 8.2.5　电容耦合示意图 II

分析：若 R 为低阻抗，且 $R \ll \dfrac{1}{j\omega(C_{12}+C_{2G})}$，则 $U_N \approx j\omega C_{12}RU_1$。

结论：若 U_1 和频率 f 不变，则减小 R 和 C_{12} 可以减小 U_N，其中 C_{12} 减小可采用导体合适的取向、屏蔽导体、增加导体间的距离等方法。

分析：若 R 为高阻抗，且 $R \gg \dfrac{1}{j\omega(C_{12}+C_{2G})}$，则 $U_N \approx \dfrac{C_{12}}{C_{12}+C_{2G}}U_1$。

结论：U_N 与频率 f 无关，且大于 R 为低阻抗情况时的 U_N。

② 电感耦合（电磁耦合）

如图 8.2.6 所示，当一个回路中流过变化电流时，在它周围的空间就会产生变化的磁场。

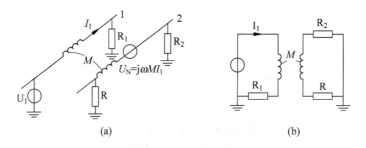

图 8.2.6　电感耦合示意图

（a）实际电路；（b）等效电路

根据电磁感应原理，有 $U_N = M\dfrac{\mathrm{d}I_1}{\mathrm{d}t}$。若 R_1 越小，则 I_1 越大，磁场越强，电感耦合越强。

③ 共阻抗耦合

如图 8.2.7 所示，共阻抗耦合是指干扰源回路与受干扰回路之间存在公共阻抗，干扰电路的电流通过公共阻抗所产生的电压变化，影响与此公共阻抗相连的所有电路，从而产生干扰信号。共阻抗耦合主要形式有电源内阻抗耦合、共地阻抗耦合、输出阻抗耦合等。

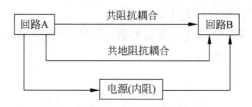

图 8.2.7　共阻抗耦合示意图

共阻抗耦合是最常见、最简单的传导耦合方式。例如,在市电电网上,使用电焊机、交流电动机等设备时,其产生的纹波就会沿着电源线路,干扰附近同时使用电网电源的电子设备。

④ 地电流干扰

当电子电路的接地点选取不当或接地回路设计不好时,会导致电路基准电位变化,对电子设备产生干扰。

⑤ 漏电流耦合

由于电子电路之间的绝缘不良,高压通过绝缘材料(绝缘高电阻)产生漏电。尽管漏电流非常小,也会对电子电路尤其是放大电路产生影响。漏电流产生的干扰与绝缘电阻大小成反比。因此,对于高输入阻抗的放大器,必须在输入端加强绝缘。

3) 干扰的作用形式

电压和电流的变化通过导线传输时有两种形态,我们将此称作串模(差模)和共模。设备的电源线、电话等通信线,与其他设备或外围设备相互交换的通信线路,至少有两根导线,这两根导线作为往返线路输送电力或信号。但在这两根导线之外通常还有第三导体,这就是地线。干扰电压和电流分为两种传输形式:一种是两根导线分别作为往返线路传输;另一种是两根导线作去路,地线作返回路传输。前者叫串模(差模),后者叫共模。根据这两种形式,我们可以把干扰分成两类:串模干扰(差模干扰)与共模干扰(接地干扰)。

(1) 串模干扰

串模干扰也称为正相噪声,电流作用于两条信号线间,其传导方向和波形与信号电流一致,如图 8.2.8(a)所示。

(2) 共模干扰

共模干扰也称为同相噪声,电流作用在信号线路和地线之间,干扰电流在两条信号线上各流过二分之一且同向,并以地线为公共回路,如图 8.2.8(b)所示。

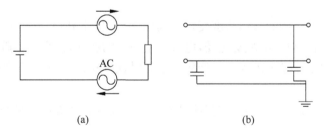

图 8.2.8　串模和共模等效电路示意图

(a) 串模等效电路;(b) 共模等效电路

如果电路板中产生的共模电流不经过衰减过滤(尤其是像 USB 和 IEEE 1394 接口这种高速接口走线上的共模电流),那么共模干扰电流就很容易通过接口数据线产生电磁辐射(在线缆中因共模电流而产生的共模辐射)。美国 FCC、国际无线电干扰特别委员会的 CISPR22 以及我国的 GB9254 等标准都对信息技术设备通信端口的共模传导干扰和辐射发射有相关的限制要求。

2. 噪声

1) 噪声的分类

噪声通常按其发生根源分为热噪声、散粒噪声、分配噪声、闪烁噪声($1/f$ 噪声)和爆裂噪声。噪声信号由大量的无规则短尖脉冲组成,其幅度和相位都是随机的,形状也不尽相同。任意噪声脉冲的能量都只占噪声总量的一部分,它们叠加起来即产生所谓的随机噪声。

(1) 热噪声

如图8.2.9所示,热噪声是由导体中电子的热震动引起的,它存在于所有电子器件和传输介质中。它是温度变化的结果,但不受频率变化的影响。热噪声在所有频谱中以相同的形态分布,它是不能消除的,由此对电子电路系统性能构成了上限。热噪声电压随温度升高而上升,且与电流无关;其振幅概率密度函数呈正态分布。

热噪声属于高斯白噪声。这里的白噪声是指功率谱密度在整个频域内均匀分布的噪声。所有频率具有相同能量密度的随机噪声称为白噪声。用我们耳朵听起来它是非常清晰的"咝"声(每高一个八度,频率就升高一倍,因此高频率区的能量也显著增强)。如果一个噪声,它的幅度分布服从高斯分布(指概率分布是正态函数),而它的功率谱密度又是均匀分布的,则称它为高斯白噪声。图8.2.10所示为白噪声示意图。

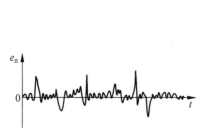

图 8.2.9　电阻热噪声电压波形

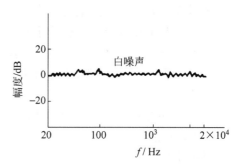

图 8.2.10　白噪声示意图

(2) 散粒噪声

散粒噪声是由半导体的载体密度变化引起的噪声,属于高斯白噪声。在大多数半导体和电子管器件中,由于粒子的随机运动,电流产生一定的波动,都会产生散粒噪声,它是半导体和电子管器件的主要噪声来源。在低频和中频时,散粒噪声与频率无关;高频时,散粒噪声与频率有关。

当电流流过被测体系时,如果被测体系的局部平衡没有被破坏,此时被测体系的散粒效应噪声可以忽略不计。

散粒噪声电压与温度无关,但随着平均电流强度或平均光强度增大而增加。由于电流强度或光强度的增加会使信号本身强度的增加相对散粒噪声的增加更快,因此在电子产品使用中并不用担心增加电流强度或光强度使噪声增加,实际上反而提升了电子产品的信噪比。

(3) 分配噪声

分配噪声只存在于晶体三极管中,是三极管集电极电流随基区载流子复合数量的变化而变化所引起的噪声,亦即由发射极发出的载流子分配到基极和集电极的数量随机变化而引起。分配噪声随着频率的增加而增大,而且存在一个截止频率,当晶体管的工作频率高到一定值后,噪声会迅速增大。

(4) 闪烁噪声

闪烁噪声产生的原因与半导体材料制作时表面清洁处理和外加电压有关。它是有源器件中因载波密度的随机波动而产生的,它会对中心频率信号进行调制,并在中心频率上形成两个边带,降低了振荡器的 Q 值。在低频端,闪烁噪声功率与频率成反比。定性地说,这种噪声是由于 PN 结的表面发生复合、雪崩等引起的。

由于闪烁噪声是在中心频率附近的主要噪声,因此在设计器件模型时必须考虑它的影响。

(5) 爆裂噪声

爆裂噪声存在于硅晶体管中,是由于制造工艺存在缺陷,半导体结合处渗入杂质所导致的。它的振幅比热噪声大 10 倍左右,是一种无规则脉冲的低频噪声,扬声器接收到这种信号会发出类似谷物爆裂般的声音。由于生产工艺的改进,这种噪声在集成电路中并不是主要噪声。

2) 电阻元器件、晶体管元器件的噪声

在电子电路中,一般以电阻、晶体管类元器件的噪声影响最大。

(1) 电阻类元器件的噪声

典型的电阻器件产生的噪声以热噪声和闪烁噪声为主。在低频区(小于 1kHz)时,闪烁噪声占优势;大于 1kHz 时,热噪声占优势。电阻器噪声-频率曲线如图 8.2.11 所示。

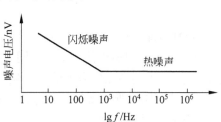

图 8.2.11　电阻器噪声-频率曲线

普通合成炭质电阻器的噪声较大,金属膜电阻器的噪声较小,线绕电阻器噪声最小。因此在低噪声电路中常使用金属膜电阻或线绕电阻。

(2) 晶体管元器件的噪声

晶体管的自身噪声由下列四种噪声组成:①闪烁噪声。其功率谱密度随频率 f 的降低而增加,因此也叫作 $1/f$ 噪声或低频噪声。频率较低时这种噪声较大,频率较高(几百赫以上)时这种噪声可以忽略。②热噪声。一般为基极电阻的热噪声,其功率谱密度基本上与频率无关。③散粒噪声。其功率谱密度基本上与频率无关。④分配噪声。其强度与频率的平方成正比,当频率高于晶体管的截止频率时,这种噪声急剧增加。

图 8.2.12 所示是晶体管噪声系数 F 随频率变化的曲线。对于低频,特别是超低频低噪声放大器,应选用 $1/f$ 噪声小的晶体管;对于中、高频放大,则应尽量选用截止频率高的晶体管,使其工作频率范围位于噪声系数-频率曲线的平坦部分。

在工作频率和信号源内阻均给定的情况下,噪声系数也与晶体管直流工作点有关。发射极电流 I_e 有使噪声系数最小的最佳值,典型的 F-I_e 曲线如图 8.2.13 所示。

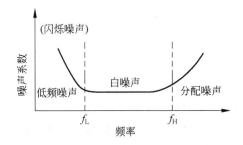

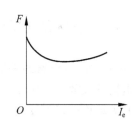

图 8.2.12　晶体管噪声系数-频率特性曲线　　图 8.2.13　放大器噪声系数-发射极电流关系曲线

晶体管放大器的噪声系数基本上与电路组态无关。但共发射极放大器具有适中的输入电阻，F 为最小时的最佳信源电阻 R_s 和此输入电阻比较接近，输入电路大体上处于匹配状态，增益较大。共基极放大器的输入电阻小，共集电极放大器的输入阻抗高，两者均不易同时满足噪声系数小和放大器增益高的条件，所以都不太适于用作放大键前置级。为了兼顾低噪声和高增益的要求，常采用共发射极-共基极级联的低噪声放大电路。

对于低噪声电子电路，应该考虑到晶体管既是放大器件，同时又是噪声源，需要使用低噪声工艺的晶体管。低噪声晶体管一般用作各类无线电接收机的高频或中频前置放大器，以及高灵敏度电子探测设备的放大电路。

场效应晶体管没有散粒噪声，在低频时主要是闪烁噪声，频率较高时主要是沟道电阻所产生的热噪声。通常它的噪声比晶体管的小，可用于频率高得多的低噪声放大器。

3）信噪比和噪声因数

（1）信噪比

信噪比，即 SNR 或 S/N(SIGNAL-NOICE RATE)，反映电子设备的抗干扰能力，狭义来讲是指放大器的输出信号电压与同时输出的噪声电压的比，常用分贝数表示。一般来说，信噪比越大，说明混在信号里的噪声越小，信号传输的质量越高；否则相反。信噪比一般不应该低于 70dB，高保真音箱的信噪比应达到 110dB 以上。

信噪比的计算方法是

$$SNR = 10\lg(P_s/P_n)$$

式中，P_s 和 P_n 分别为信号和噪声的有效功率。

也可以换算成电压幅值的比率关系，即

$$SNR = 20\lg(V_s/V_n)$$

式中，V_s 和 V_n 分别为信号和噪声电压的有效值。

（2）噪声系数

噪声系数（F）是指输入端的信噪比与输出端的信噪比之比，它是表征放大器噪声性能恶化程度的一个参量，并不是越大越好。它的值越大，说明在传输过程中掺入的噪声越大，即器件或者信道特性不理想。

噪声系数的计算公式为

$$F = \frac{输入端信噪比}{输出端信噪比}$$

噪声因数（NF）是将噪声系数（F）取对数，并以 dB 表示，即

$$NF = 10\lg F$$

8.2.2　电磁干扰的观测

1. 继电器开关对电子电路的干扰观测

将一个继电器开关放置在电子电路旁边，如图 8.2.14 所示。

当继电器开关动作时，50Hz 交流电在输入线路上产生的电磁感应信号等效为 U_{cs}，它与继电器接触电动势产生的直流干扰信号 U_{DS} 共同组成串模干扰信号 U_s。

测量 U_s，观察并记录波形。重复继电器开关动作，观察波形随继电器开关而产生的变化。

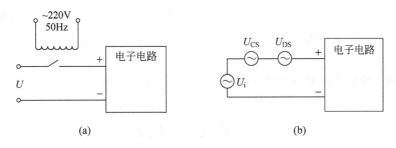

图 8.2.14　继电器开关对电子电路的干扰

（a）继电器开关与电子电路；（b）等效电路

2. 信噪比测量

通过计算公式我们发现，信噪比不是一个固定的数值，它应该随着输入信号的变化而变化，如果噪声固定的话，输入信号的幅度越高信噪比就越高。显然，这种变化着的参数是不能用来作为一个衡量标准的，要想让它成为一种衡量标准，就必须使它成为一个定值。于是，作为器材设备的一个参数，信噪比被定义为了"在设备最大不失真输出功率下信号与噪声的比率"，这样，所有设备的信噪比指标的测量方式就被统一起来，大家可以在同一种测量条件下进行比较。

通常信噪比不是直接进行测量的，而是通过测量噪声信号的幅度换算出来的，具体方法是：

（1）给放大器一个标准信号，通常是 0.775Vrms 或 $2V_{p-p}$（1kHz）。

（2）调整放大器的放大倍数使其达到最大不失真输出功率或幅度（失真的范围由厂家决定，通常是 10%，也有 1%），记下此时放大器的输出幅值 U_s。

（3）撤除输入信号，测量此时出现在输出端的噪声电压，记为 U_n。

（4）根据 $SNR=20lg(U_s/U_n)$ 就可以计算信噪比了。

（5）P_s 和 P_n 分别是信号和噪声的有效功率，根据 $SNR=10lg(P_s/P_n)$ 也可以计算信噪比。

这样的测量方式完全可以体现被测电子设备的性能。但是，实践中发现，这种测量方式很多时候会出现误差，某些信噪比测量指标高的放大器，实际听起来噪声比指标低的放大器还要大。

研究发现，这不是测量方法本身的错误，而是这种测量方法没有考虑到人耳对于不同频率的声音敏感性是不同的。同样多的噪声，如果集中在几百到几千赫，和集中在 20kHz 以上是完全不同的效果，后者我们可能根本就察觉不到。因此就引入了一个"权"的概念。这是一个统计学上的概念，它的核心思想是，在进行统计的时候，应该将有效的、有用的数据进行保留，而无效和无用的数据应该尽量排除，使得统计结果接近最准确。每个统计数据都有一个权，权越高越有用，权越低就越无用，毫无用处的数据的权为 0。于是，经过一系列测试和研究，科学家们找到了一条通用等响度曲线，这个曲线代表的是人耳对不同频率声音的灵敏度的差异，将这个曲线引入信噪比计算方法后，信噪比指标就和人耳感受的结果更接近了。噪声中对人耳影响最大的频段的权最高，而人耳根本听不到的频段的权为 0。这种计算方式被称为 A 计权，已经成为音响行业普遍采用的计算方式。

3. 实验注意事项

（1）观察干扰和噪声时应减小手机、强磁场或其他电子器件对观测产生的影响。

（2）由于外接引线会形成天线作用，引入环境的干扰和噪声，因此测量时应将电压源、信号源、示波器、电路板上多余的接线去掉，并尽量选择屏蔽线连接电压源、信号源、示波器。

（3）分析实验中所观测的结果，区分干扰、噪声的不同现象。

8.3　干扰抑制技术

8.3.1　抑制技术基础知识

1. 抑制技术概述

噪声是一种电子信号，干扰指的是某种效应，是由于噪声对电路产生的一种不良反应。电路中存在噪声，却不一定有干扰。在数字电路中。可以用示波器观察到正常脉冲信号中混有一些小的尖峰脉冲，是不希望的，这是一种噪声。但由于电路特性关系，这些小尖峰脉冲还不至于使数字电路的逻辑受到影响而发生混乱，所以可以认为没有干扰。

当一个噪声电压大到足以使电路受到干扰时，该噪声电压就称为干扰电压。而一个电路或一个器件，当它还能保持正常工作时所加的最大噪声电压，称为该电路或器件的抗干扰容限或抗扰度。一般说来，噪声很难消除，但可以设法降低噪声的强度或提高电路的抗扰度，以使噪声不至于形成干扰。

在传统观念中，所有不希望出现的信号都属于干扰。但根据新的国家标准，有些对电路无害的信号可以不认定为干扰，这取决于电路设备对干扰的抵抗性能。例如在电磁兼容的定义中，认为设备或系统在电磁环境中能正常工作且不对该环境中任何事物构成不能承受的电磁干扰的能力越强，其电磁兼容性就越好。而不同的电子设备或系统，对电磁兼容性能的要求级别亦不同。

因此，我们在进行电路抑制时，并不是要消灭某些噪声或干扰，而是尽可能地减小其效果。通常情况下，会采取切断传播途径、隔离元器件、屏蔽电子设备、电子滤波等措施来达到抑制噪声与干扰的目的。

从广义上讲，噪声与干扰是同义词，是指有用信号以外的无用信号。在测量时它严重影响有用信号的测量精度，特别是妨碍对微弱信号的检测。一般来说，噪声是很难消除的，但可以降低噪声的强度，消除或减小其对测量的影响。

1）噪声干扰的来源与耦合方式

要想抑制噪声和干扰，首先必须确定噪声源是什么，接收电路是什么，噪声源和接收电路之间是怎样耦合的，然后才能分别采取相应的措施。这就是平常所说的噪声形成的三要素，即噪声源、对噪声敏感的接收电路及耦合通道，如图 8.3.1 所示。

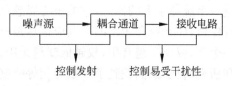

图 8.3.1　噪声形成的三要素

2）抑制噪声干扰的方法

抑制噪声干扰通常从三个方面解决：对于噪声源，应抑制噪声源产生的噪声；对于噪声敏感的接收电路，应使接收电路对噪声不敏感；对于耦合通道，可隔离耦合通道的传输。

（1）在噪声发源处抑制噪声

不难理解，在噪声发源处采取措施不让噪声传播出来，问题会迎刃而解。因此在遇到干扰时，无论情况怎样复杂，首先要查找噪声源，然后研究如何将噪声源的噪声抑制下去。工作现场常见的噪声源有电源变压器、继电器、白炽灯、电机、集成电路等，应根据不同情况采取适当措施，如电源变压器采取屏蔽措施、继电器线圈并接二极管等。

（2）使接收电路对噪声不敏感

这有两方面含义：一是将易受干扰的元器件甚至整个电路屏蔽起来，如对多级放大器中第一级用屏蔽体罩起来，使外来噪声尽量少进入放大器；二是使放大器固有噪声尽量小，通常选用噪声系数小的元器件，并通过合理布线来降低前置放大器的噪声。

（3）在噪声传播途径中抑制噪声

根据噪声传播途径的不同，采用相应手段切断或削弱噪声的传播，从而达到抑制噪声的目的。

2．常见抑制技术

由于干扰和噪声的产生原因和表现形式十分复杂，所以抑制手段和措施也多种多样。在多种干扰源和噪声同时存在的情况下，有时抑制手段本身也可能成为新的干扰源。因此，抑制手段的选择和采用需要在使用前仔细权衡，并在实践中反复摸索。下面介绍几种常用的抑制和消减干扰噪声的措施，电路设计者应从电路设计时便开始考虑，预防在先。

1）元器件的选择

不同材质的元器件，具有不同的噪声特性。一般，低噪声电路中常使用金属膜电阻器，或采用云母和瓷介质电阻器；电容可选用漏电流较小的钽电解电容。

对于前置放大电路，其噪声必须很低，否则将直接在放大电路中放大，影响电路的静态工作点，造成信号失真等现象，因此器件和电路耦合方式的选择都较严格。

（1）前置放大电路的晶体管往往是结型场效应晶体管，因为与其他晶体管相比，结型场效应晶体管具有高输入阻抗和较小的噪声。

（2）前置放大电路经常采用直接耦合方式，即传感器与前置放大器直接连接，不引入中间匹配网络。为了兼顾低噪声和高增益的要求，常采用共发射极-共基极级联的低噪声放大电路。

通过查阅元器件手册，可以很全面地看到元器的直流或交流、低频或高频应用特性。合理选择元器件，是减少噪声产生的第一步。

2）合理布局

印制电路板的印制线排列过密、强电流印制线与数字信号线距离过近、出现环形线路布局等情况，都会给电子产品中的相关电路带来干扰。很多时候，在电路检测调试中，原因不明而且难以排除的干扰大多是由于电路板布局过密、过乱造成的。合理的电路板布局，有利于降低和消除干扰。

印制电路板的合理布局应该从合理安排印制电路板元器件布局结构，正确选择布线方向，并兼顾整体仪器的工艺结构三方面考虑。合理的布局设计，既可消除因布线不当而产生的噪声干扰，同时也便于生产中的安装、调试与检修等。

布局的基本原则是：在完成电路原理和工艺规则要求的基础上，最大限度地减少无用信号的相互耦合。常用的布局规则包括以下几方面。

（1）布局和线要有合理的走向

应按照输入/输出、交流/直流、强信号/弱信号、高频/低频、高压/低压等顺序进行，它们的走向应该是呈线形的，不得相互交融，防止相互干扰。最好的布线走向是直线，最不利的走向是环形，应尽可能地减小环路面积，尤其是时钟信号等高速、高频电路，以抑制电磁辐射干扰。

在双层或多层印制电路板中，相邻两层间的走线必须遵循垂直走线的原则，否则会造成线间的串扰，增加电磁干扰辐射。如遇到线间交叉的情况，在双层或多层印制电路板中，可以采用过孔处理。对于直流、小信号、低电压电路板设计要求可以低些，但是要注意过孔不应太多，否则生产印制电路板时沉铜工艺稍有不慎就会埋下隐患。所以，设计中应把握过孔数量。

（2）布线线条要讲究

有条件做宽的布线决不做细的布线。强电流引线应尽可能宽些，如公共地线、功放电流引线等。由于印制电路板上的铜箔很薄，大约为 $35\mu m$，一端 1mm 宽的走线比同样长度 $\phi0.2mm$ 的铜导线的电阻还要大。因此印制电路板上强电流的走线应尽可能宽，甚至大面积布铜，以免引起发热甚至烧毁板基和铜箔。例如印制电路板上的公共地线，常使用大面积敷铜，以减小阻抗，加强散热，这对接地点问题有相当大的改善。在一些大面积布线仍不满足散热的元器件上（如电源、大功率输出端），还应加设散热片或风扇。

布线应圆滑，不得有尖锐的倒角；拐弯也不得采用直角。尤其是高压及高频线，对于高频电流，当导线的拐弯处成直角甚至锐角时，在靠近弯角的部位，磁通密度及电场强度都比较大，会辐射较强的电磁波，而且此处的电感量也会比较大，感抗也比钝角或圆角时要大一些。此外，在制作印制电路板时，锐角容易出现工艺残留腐蚀液的现象，造成过度腐蚀，这对细线影响很大。

信号线应尽可能短，尤其在高频信号线中，否则很容易产生传输线效应问题。传输线效应是指高频电磁波在导电介质中传输（比如 PCB 板内线路、通信的电缆等）过程中，发生的信号反射、干涉、振铃效应、天线效应、衰减、叠加等各种信号畸变的情况。

在设计高频或有高速跳变边沿信号的电子电路时，必须考虑传输线效应。应检查信号线的长度和信号的频率是否构成谐振，若布线长度为信号波长 1/4 时的整数倍，则此布线将产生谐振，而谐振会辐射电磁波，产生干扰。现在普遍使用的高时钟频率快速集成电路芯片都会存在这样的问题。一般来说，如果采用 CMOS 或 TTL 电路进行设计，工作频率小于 10MHz，布线长度应不大于 7in；工作频率为 50MHz，布线长度应不大于 1.5in；如果工作频率达到或超过 75MHz，布线长度应为 1in。对于高频芯片（GaAs 芯片）最大的布线长度应为 0.3in。如果超过这个标准，就存在传输线效应问题。

阻抗高的走线应尽量短，阻抗低的走线可长一些。因为阻抗高的走线容易发射和吸收信号，引起电路不稳定。电源线、地线、无反馈三极管的基极、发射极引线都属于低阻抗走线，射极跟随器的基极、放大器集电极（如中频变压器）的走线都属于高阻抗走线。要根据流通引线的电流、电压选择引线粗细，外接导线时不同功能的引线还应区分颜色。

（3）做好信号分区隔离

在布局上，要把模拟信号部分、高速数字电路部分、噪声源部分（如继电器，大电流开关等）合理地分开，使相互间的信号耦合为最小。高、中、低速逻辑电路在印制电路板上要处于不同区域。低电平信号通道不能靠近高电平信号通道和无滤波的电源线，包括产生瞬态过程的电路。必要时应加入光耦等隔离器件对模拟信号和数字信号进行隔离。

集成芯片输入端与输出端、反馈线应尽量远离干扰源（如功率因数较正电感、功率因数较正二极管、MOS 管）的引线，尽量不要相邻平行，以免产生反射干扰。必要时应加地线隔离，两相邻层的布线要互相垂直，平行容易产生寄生耦合。

（4）做好地线布局

由于地线往往流经较强电流，因此常采用大面积覆铜的方法。双层印制电路板的上层尽可能用宽线，地线尽量布在上层。多层印制电路板应用一层作为地线、一层作为电源线，以充分利用层间电容去耦，减少干扰。对数字电路（高频电路）的印制电路板可用宽的地线组成一个包围式的回路，即构成一个地网来起到屏蔽效果，但模拟电路的地线不能这样使用。

数字电路与模拟电路的共地处理。对于数模混合电路，布线时需要考虑它们之间互相干扰问题，特别是地线上的噪声干扰。数字电路的频率高，模拟电路的敏感强度强。对信号线来说，高频的信号线应尽可能远离敏感的模拟电路器件。但对地线，整个印制电路板对外界只有一个结点，所以必须在电路板内部处理数、模共地的问题。在电路板内部，数字地和模拟地实际上是分开的，它们之间互不相连，只是在印制电路板与外界连接的接口处（如插头等），数字地与模拟地有一点短接。请注意，只有一个连接点，如果整个系统提供数模外接的分别接地点，也可以在印制电路板上不共地，这由系统设计来决定。

电源与地线的布局处理。较常用的抑制噪声的方法有：①在电源、地线之间加去耦电容。②加宽电源、地线宽度，尽量使地线比电源线宽，它们线宽的关系是：地线＞电源线＞信号线。通常信号线宽为 0.2～0.3mm，最小宽度可达 0.05～0.07mm，电源线为 1.2～2.5mm，地线则采用大面积覆铜处理。

同一级电路的接地点应尽量靠近，本级电路电源滤波电容器也应该接在同级接地点上。特别是本级晶体管基极、发射极的接地点不能离得太远，否则因两个接地点间的铜箔太长而引起干扰和自激。

不同级的电路地线应采用地线割裂法，即使各级地线自成回路，也不直接连接，只在本级电路之外，与公共地有一个连接点。这样才能避免各级电流通过地线产生相互间的干扰。

总地线必须严格按照高频→中频→低频，逐级地按从弱电流到强电流的顺序排列。级与级之间宁可接线长些，也不可反复连接。

立体声扩音机、收音机、电视机等的两个声道地线必须分开，各自成一路，一直到功放末端才能再合起来。否则两路地线连接中极易产生串音，使分离度下降。

（5）设备导线处理

设备的内部和外部，常接有不同的线缆。这些线缆若胡乱捆扎在一起，又没有任何屏蔽、滤波、接地措施，则不仅会在传输高、低电平信号的导线之间产生相互干扰，也会给后期采用屏蔽滤波等补救措施带来不便。正确的导线处理也是一种电磁兼容性设计措施，它能大大降低电磁干扰，不需增加工序却可收到较满意的效果。常用的处理原则如下：

① 机箱中各种裸露走线要尽可能短。

② 传输不同电子信号的导线分组捆扎，数字信号线和模拟信号线也应分组捆扎，并保持适当的距离，以减小导线间的相互影响。

③ 对于经常用来传递信号的扁平带状线，应采用"地—信号—地—信号—地"的排列方式，这样可以有效地抑制干扰，明显提高信号线的抗干扰度。

④ 将低频进线和回线绞合在一起,形成双绞线,这样两线之间存在的干扰电流几乎大小相等方向相反,其干扰场在空间可以相互抵消,从而减少干扰。

⑤ 对确定的、辐射骚扰较大的导线加以屏蔽。所有敷设在屏蔽钢管内的电缆和导线都要进行适合的搭配和接地,高电压电缆的屏蔽必须接地,终端要有压线端子、开关装置、配电板、配电箱和分线盒的机架与机壳,在需要的地方都必须接地。

⑥ 在音频敏感电路周围使用磁屏蔽,以减少同电源线的耦合。用这种方法可以有效地减少 400Hz/50Hz 交流声。输入电路用差分方式,输入信号用双绞线。

(6) 其他注意事项

印制电路板布局中的注意细节还有很多,需要在实践中不断积累经验,重要的举例如下:

① 电磁滤波器要尽可能靠近电磁源,并放在同一块线路板上。例如,电源滤波/退耦电容在设计时,一般在原理图中仅画出若干电源滤波/退耦电容,但未指出它们各自应接于何处。其实这些电容是为开关器件(门电路)或其他需要滤波/退耦的部件而设计的,布置这些电容就应尽量靠近这些元部件,离得太远就没有作用了。

② DC/DC 变换器、开关元件和整流器应尽可能靠近变压器放置,以使其导线长度最短。

③ 时钟发生器、晶振和 CPU 的时钟输入端都易产生噪声,要相互靠近些。

④ 在 X 电容、PFC 电容引脚附近,铜条要收窄,以便充分利用电容滤波。

⑤ 变压器一次侧地和二次侧地之间或直流正极和二次侧地之间应接一个电容,为共模干扰提供放电。变压器的内屏蔽层应接一次侧直流正极,以抑制二次侧共模干扰。

⑥ 交流回路应远离 PWM(Pulse Width Modulation),即脉冲宽度调制回路,以减少来自后者的干扰。

3) 电源处理

(1) 线性电源(电网电源)的处理

通常在产品中用的电源有线性电源和开关电源两大类。线性电源输出的直流电压是一个固定值,由市电电网的交流电压经整流后得到。但在市电电网中,常常会有电力谐波的干扰和影响。

电力谐波主要由非线性负荷产生,非线性负荷吸收的电流与端电压不成线性关系,结果电流发生波形畸变且导致端电压波形畸变。产生电力谐波的设备非常广泛,主要有变频调速器、直流调速系统、整流设备、中高频感应加热设备、晶闸管温控加热设备、焊接设备、电弧炉、电力机车、不间断电源、计算机、通信设备、音像设备、充电器、变频空调、晶闸管调光设备、电子节能灯等。

电力谐波会增加电力设施负荷,降低系统功率因数,降低发电、输电及用电设备的有效容量和效率;引起无功补偿电容器谐振和谐波放大,导致电容器因过电流或过电压而损坏或无法投入运行;产生脉动转矩致使电动机振动,影响产品质量和电动机寿命;由于涡流和集肤效应,使电动机、变压器、输电线路等产生附加功率损耗而过热;增加绝缘介质的电场强度,缩短设备使用寿命;零序谐波电流导致三相四线系统的中线过载,并在三角接法的变压器绕组内产生环流;引起继电保护设施的误动作,造成继电保护等自动装置工作紊乱;改变电压或电流的变化率和峰值,延缓电弧熄灭,影响断路器的分断容量;使计量仪表特别是感应式电能表产生计量误差。

此外,电源线还有天线的作用,可以接收天空中的杂散电磁波,并将其传送到电子设备中。因此电子设备在接入市电电网时,应进行滤波处理。

通常这类干扰的频率较高,可用 LC 滤波器电路予以抑制。LC 滤波器,又称无源滤波器,它利用电容、电感在某一谐波频率时发生谐振,呈低阻抗,与电网阻抗形成分流的关系,使大部分该频率的谐波流入滤波器,能够同时补偿电网中的感性无功功率。由于 LC 无源滤波器具有投资少、效率高、结构简单、运行可靠及维护方便等优点,因此是目前广泛采用的抑制谐波及无功补偿的主要手段。LC 滤波器在电网滤波中的应用如图 8.3.2 所示。

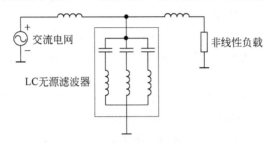

图 8.3.2　LC 滤波器在电网滤波中的应用

上述由电抗器与电容器串联谐振所构成的 LC 无源滤波支路称作单调谐滤波器,是最简单也是最常用的无源滤波支路。除此之外,还有许多其他类型的无源滤波支路,如图 8.3.3 所示。

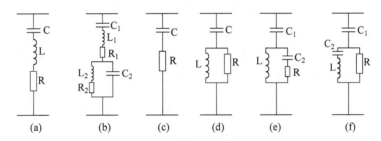

图 8.3.3　各种类型的 LC 滤波器电路

(a) 单调谐滤波器;(b) 双调谐滤波器;(c) 一阶减幅型滤波器;
(d) 二阶高通滤波器;(e) 三阶高通滤波器;(f) C 型阻尼滤波器

(2) 开关电源的处理

开关电源产生的噪声纹波比较复杂,很难滤除且幅值较大。主要来源于四个方面:低频纹波、高频纹波、共模噪声、开关器件产生的噪声和调节控制环路引起的纹波噪声。一般开关电源的纹波比线性电源的纹波要大,频率要高。

① 高频纹波。高频纹波来源于开关变换电路。开关电源的开关管在导通和截止的时候,都会有一个上升和下降时间,这时候在电路中就会出现一个与开关上升与下降时间频率相同或者奇数倍频的噪声,一般为几十兆赫。同样二极管在反向恢复瞬间,其等效电路为电阻电容和电感的串联,会引起谐振,产生的噪声频率也为几十兆赫。还有高频变压器的漏感也会产生高频干扰。这些噪声一般叫作高频纹波噪声,幅值通常要比纹波大得多。

② 共模噪声。功率器件与散热器底板、变压器原边与副边之间存在寄生电容,导线存在寄生电感,因此当电压作用于功率器件时,导致开关电源的输出端产生共模纹波噪声。

③ 开关器件产生的噪声。随着开关的开启和关闭的切换,电感中的电流也在输出的有

效值上下波动,所以在输出端也会出现一个与开关同频率的纹波,如图 8.3.4 所示。

④ 调节控制环路引起的纹波噪声。实际电路中控制环路要有时间响应,不能做到线性调节,故输出电压会忽高忽低,甚至电源系统产生振荡,由此产生了纹波噪声。

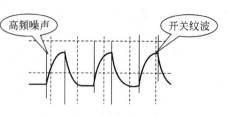

图 8.3.4   开关电源噪声纹波

抑制纹波电压的通常做法是:加大滤波电路中电容容量,或采用 LC 滤波电路,或采用多级滤波电路;以线性电源代替开关电源;合理布线等。如果能有针对性地采取措施会起到事半功倍的效果。

做法一,加大电感和输出电容。

根据开关电源的公式,电感内电流波动大小和电感值成反比,输出纹波和输出电容值成反比。所以加大电感值和输出电容值可以减小纹波。

通常的做法是,对于输出电容,使用铝电解电容以达到大容量的目的。但是电解电容在抑制高频噪声方面效果不是很好,而且等效串联电阻也比较大,所以会在它旁边并联一个陶瓷电容,来弥补铝电解电容的不足。同时,开关电源工作时,输入端的电压不变,但是电流是随开关变化的。这时电源不会很好地提供电流,通常在靠近电流输入端(以 Buck 型开关电路为例,是 SWITCH 附近)并联电容来提供电流。

这种做法对减小纹波的作用是有限的。因为体积限制,电感不能做得很大;输出电容增加到一定程度,对减小纹波就没有明显的效果了;增加开关频率,又会增加开关损失。所以在要求比较严格时,这种方法并不是很好。关于开关电源的原理等,可以参考各类开关电源设计手册。应用该对策后,Buck 型开关电路如图 8.3.5 所示。

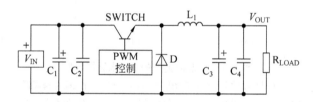

图 8.3.5   改变电容电感的开关电源电路

做法二,采用二级滤波。

二级滤波就是再加一级 LC 滤波器。LC 滤波器对纹波的抑制作用比较明显,根据要除去的纹波频率选择合适的电感、电容构成滤波电路,一般能够很好地减小纹波。但是,这种情况下需要考虑反馈比较电压的采样点。二级滤波的开关电源电路如图 8.3.6 所示。

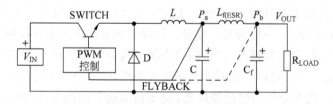

图 8.3.6   二级滤波的开关电源电路

采样点 (P_a) 选在 LC 滤波器之前，输出电压会降低。因为任何电感都有一个直流电阻，当有电流输出时，在电感上会有压降产生，使电源的输出电压降低。而且这个压降是随输出电流变化的。

采样点 (P_b) 选在 LC 滤波器之后，这样输出电压就是我们所希望得到的电压。但是这样在电源系统内部引入了一个电感和一个电容，有可能导致系统不稳定，需要增加系统稳定的措施。

做法三，开关电源输出之后，接 LDO 滤波。

这是减小纹波和噪声最有效的办法，输出电压恒定，不需要改变原有的反馈系统，但也是成本最高、功耗最高的办法。LDO(low dropout regulator)意为低压差线性稳压器，LDO 滤波是指在电源的输入端加入线性稳压器，以保证电源电压恒定和实现有源噪声滤波。传统的线性稳压器，如 78xx 系列的芯片都要求输入电压比输出电压高 2~3V，否则就不能正常工作。但是在一些情况下，这样的条件显然是太苛刻了，如 5V 转 3.3V，输入与输出的压差只有 1.7V，显然是不满足条件的。针对这种情况，才有了 LDO 类的电源转换芯片。

任何一款 LDO 都有一项指标：噪声抑制比，是一条频率-分贝曲线。经过 LDO 之后，开关纹波一般在 10mV 以下。图 8.3.7 所示是凌特公司 LT3024 的噪声抑制比曲线。

可以看出对几百千赫的开关纹波，LDO 的抑制效果非常好。但在高频范围内，该 LDO 的效果就不那么理想了。开关电源的电路布线也非常关键，可参考前文中对布线原则的阐述。

做法四，在二级滤波电路二极管上并联电容 C 或 RC。

对于高频噪声，由于频率高幅值较大，后级滤波虽然有一定作用，但效果不明显。简单的抑制做法是在二极管上并联电容 C 或 RC，或串联电感。图 8.3.8 所示是实际用二极管的等效电路。二极管高速导通截止时，要考虑寄生参数。在二极管反向恢复期间，等效电感和等效电容成为一个 RC 振荡器，产生高频振荡。为了抑制这种高频振荡，需在二极管两端并联电容 C 或 RC 缓冲网络。电阻一般取 10~100Ω，电容取 4.7pF~2.2nF。

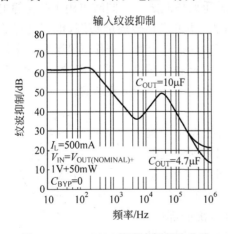

图 8.3.7　LT3024 的噪声抑制比曲线

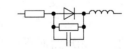

图 8.3.8　二极管并联容阻电容电路图

在二极管上并联的电容 C 或者 RC，其取值要经过反复试验才能确定。如果选用不当，反而会造成更严重的振荡。

做法五,在二级滤波电路二极管后接电感(EMI 滤波)。

这也是常用的抑制高频噪声的方法。针对产生噪声的频率,选择合适的电感元件,同样能够有效地抑制噪声。需要注意的是,电感的额定电流要满足实际要求。

4) 屏蔽

屏蔽可以有效减弱电磁干扰。屏蔽的方式有静电屏蔽和磁屏蔽。屏蔽的对象可以是干扰源,也可以是被干扰电路(或部分电路、元器件等),应根据屏蔽效果和可行性来选用。

(1) 静电屏蔽

静电屏蔽是通过将一个区域封闭起来的壳体实现的。如图 8.3.9 所示,这个壳体对它的内部起到"保护"作用,使它的内部不受外部电场的影响。壳体可以做成金属隔板式、盒式,也可以做成电缆屏蔽和连接器屏蔽。屏蔽的壳体一般有实心型、非实心型(如金属网)和金属编织带几种类型,后者主要用作电缆的屏蔽。屏蔽效果优与劣,不仅与屏蔽材料的性能有关,也与屏蔽与静电源的距离以及壳体上可能存在的各种不连续的孔洞和数量有关。

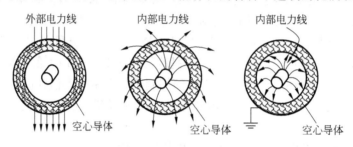

图 8.3.9　静电屏蔽示意图

若要取得好的静电屏蔽效果,首先要使屏蔽体接地,才能保证屏蔽体上感应的静电荷泄漏,使屏蔽体内的电路不受静电场干扰。其次,要尽量使屏蔽体将被屏蔽的物体包围起来,从而使干扰源和被干扰部件的耦合电容降到最小。当干扰频率和振幅固定时,可采用改变导线走向、拉开两线间距离等措施来降低耦合电容干扰。

静电屏蔽是很多仪表电路上防静电干扰的重要措施之一。同时也用于防止静电源对外界的干扰。在工程中,如果需要屏蔽的区域较大,还可采用金属屏蔽网,也有良好的屏蔽效果。在电子仪器中,为了免受静电干扰,常用接地的仪器金属外壳作屏蔽装置。电测量仪器中的某些连接线的导线绝缘外面包有一层金属丝网作为屏蔽。某些用途的电源变压器中,常在初级绕组与次级绕组之间放置一不闭合的金属薄片作为屏蔽装置。

(2) 磁屏蔽

磁屏蔽是指用铁磁性材料制成的屏蔽罩,把需防干扰的部件罩在里面,使它和外界磁场隔离,也可以把那些辐射干扰磁场的部件罩起来,使它不能干扰别的部件。用于磁屏蔽外壳的磁阻很小,它为外界干扰磁场提供了通畅的磁路,使磁力线通过外壳短路而不再影响屏蔽在内部的部件。屏蔽罩的形状对屏蔽效果影响很大,以圆柱形屏蔽罩效果最好,如图 8.3.10 所示。

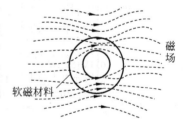

图 8.3.10　磁屏蔽示意图

实践中,要达到完全的屏蔽极不容易。总有一些磁场要进入屏蔽罩内或者泄漏至屏蔽罩外。要达到好的屏蔽效果,必须选用磁导率高的材料,如坡莫合金、硅钢片等软磁材料,而且不要太薄；屏蔽罩的结构设计，接缝要尽量少，且接缝处要紧密，尽量减少气隙。总之屏蔽罩的磁阻越小屏蔽效果越好。如果在低频交变磁场中，需要进行屏蔽，例如电源变压器需要屏蔽时，也是按以上磁屏蔽原则处理的。屏蔽要求较高时，可以采用多层屏蔽。

在高频交变磁场中，屏蔽原理完全是另一种概念。这时是利用涡流现象，以导电材料制成屏蔽罩。在高频干扰磁场中，屏蔽罩中会产生涡流。由于涡流产生的磁场有抵消外磁场的作用，外磁场的交变频率越高，产生的涡流就越严重，从而抵消外界磁场的作用越大。所以在进行高频屏蔽时，不必用很厚的铁磁性材料制作屏蔽罩，而是用导电性好的铜片或铝片制作屏蔽罩。对要求高的屏蔽罩，常是在铜壳上再镀一层银，以提高屏蔽罩的导电性能，屏蔽效果更好。

在实际应用中，静电屏蔽和磁屏蔽往往综合使用。如变压器的绕组之间加有接地的静电屏蔽，以防止干扰脉冲或干扰频率的扩散和干扰。同时，变压器铁芯和线圈包围在磁性钢壳内。

5）接地

电路系统中的接地有三种：一是为了保证人身安全，将强电系统中电气设备（如发电机、变压器等）的外壳接地，防止触电；二是为在电子电路中当作电位参考点接地；三是为了保障电子电路设备、测量仪器仪表等免受干扰而采用的抑制技术。本节中所讲的接地主要是指第三种。

接地的方法很多，具体使用哪种方法取决于系统的结构和功能。接地的一般原则是：尽量减小接地回路的阻抗，接地回路中尽量不出现电流，不能形成接地环路。

"接地"的概念首次应用在电话的设计开发中。从 1881 年初开始采用单根电缆为信号通道，大地为公共回路。这就是第一个接地问题。但是用大地作为信号回路会导致地回路中出现过量噪声和大气干扰。为了解决这个问题，增加了信号回路线。现在接地方法都是来源于过去成功的经验，这些方法主要有以下几种。

（1）单点接地

单点接地是指所有电路的地线接到公共地线的同一点，这种方法的最大好处是没有地环路，相对简单。但地线往往过长，导致地线阻抗过大。单点接地是为许多在一起的电路提供公共电位参考点的方法，这样信号就可以在不同的电路之间传输。若没有公共参考点，就会出现错误信号传输。单点接地要求每个电路只接地一次，并且接在同一点，该点常常以地球为参考。

单点接地可分为串联单点接地和并联单点接地两种形式，如图 8.3.11 所示。

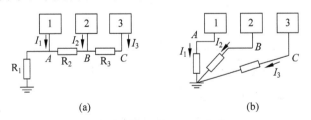

（a）   （b）

图 8.3.11 串联/并联单点接地示意图

(a) 串联单点接地；(b) 并联单点接地

串联单点接地中，由于许多电路之间有公共阻抗，因此相互之间由公共阻抗耦合产生的干扰十分严重。串联单点接地的优点是电路设计简单，容易实现，在实际中最为常见。但在大功率和小功率电路混合的系统中,切忌使用,因为大功率电路中的地线电流会影响小功率电路的正常工作。另外,最敏感的电路要放在 A 点,这点电位最稳定。例如,放大器功率输出级要放在 A 点,前置放大器放在 B、C 点。

并联单点接地可以解决公共阻抗问题,但是并联单点接地往往由于地线过多,可实现性小于串联单点接地。因此,实践中常采用串联、并联混合接地。即将电路按照信号特性分组,相互不产生干扰的电路放在一组,一组内的电路采用串联单点接地,不同组的电路采用并联单点接地。这样,既解决了公共阻抗耦合的问题,又避免了地线过多的问题。分组并联单点接地示意图如图 8.3.12 所示。

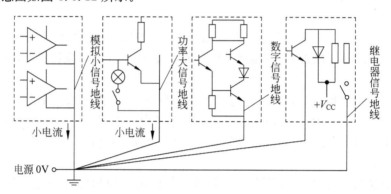

图 8.3.12   分组并联单点接地示意图

单点接地只在低频的场合可以起到抑制干扰的作用。在高频时,只能通过减小地线阻抗(减小公共阻抗)的方法来解决。由于趋肤效应,电流仅在导体表面流动,因此增加导体的厚度并不能减小导体的电阻。在导体表面镀银能够降低导体的电阻。

(2) 多点接地

如图 8.3.13 所示,多点接地是指所有电路的地线就近接地,地线很短,地线电感小,因此适用于高频场合。在高频电路和数字电路中经常使用多点接地。电路的接地线要尽量短,以减小电感。在频率很高的系统中,通常接地线要控制在几毫米的范围内。在多点接地系统中,每个电路就近接到低阻抗的地线面上,如机箱。

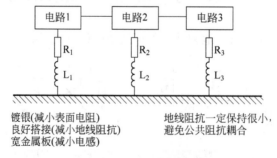

图 8.3.13   多点接地示意图

多点接地的缺点是存在地环路,容易产生公共阻抗耦合。在低频场合,通过单点接地可以解决这个问题。但在高频时必须使用多点接地,只能通过减小地线阻抗(减小公共阻抗)的方法来解决阻抗问题,即要求每根接地线的长度小于信号波长的 1/20。

通常 1MHz 以下时,可以用单点接地;10MHz 以上时,可以用多点接地;在 1～10MHz 之间时,如果最长的接地线不超过波长的 1/20,可以用单点接地,否则用多点接地。

（3）混合接地

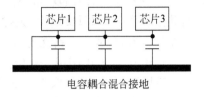

电容耦合混合接地

图 8.3.14　电容耦合混合接地示意图

混合接地既包含了单点接地的特性,又包含了多点接地的特性。例如,系统内的电源需要单点接地,而射频信号又要求多点接地,这时就可以采用图 8.3.14 所示的电容耦合混合接地。对于直流信号,电容是开路的,电路是单点接地;对于射频信号,电容是导通的,电路是多点接地。

在接地问题上要考虑两个方面:一个是系统的自兼容问题;另一个是外部干扰耦合进地回路,导致系统错误工作。当许多相互连接的设备体积很大（设备的物理尺寸和连接电缆与任何存在的干扰信号的波长相比很大）时,就存在通过机壳和电缆产生干扰的可能性。当发生这种情况时,干扰电流的路径通常在于系统的地回路中。由于外部干扰常常是随机的,因此解决起来往往更难。在进行接地设计时,应注意以下要求:

第一,安全接地。使用交流电的设备必须通过黄绿色安全地线接地,否则当设备内的电源与机壳之间的绝缘电阻变小时,会导致电击伤害。

第二,雷电接地。设施的雷电保护系统是一个独立的系统,由避雷针、下导体和与接地系统相连的接头组成。该接地系统通常与用作电源参考地及黄绿色安全地线的接地是共用的。

第三,电磁兼容接地。出于电磁兼容设计而要求的接地包括:①屏蔽接地。为了防止电路之间由于寄生电容存在而产生相互干扰、电路会辐射电场或电路对外界电场敏感,必须进行必要的隔离和屏蔽,这些隔离和屏蔽的金属必须接地。②滤波器接地。滤波器中一般都包含信号线或电源线到地的旁路电容,当滤波器不接地时,这些电容就处于悬浮状态,起不到旁路的作用。③噪声和干扰抑制。对内部噪声和外部干扰的控制需要设备或系统上的许多点与地相连,从而为干扰信号提供"最低阻抗"通道。④电路参考。电路之间信号要正确传输,必须有一个公共电位参考点,这个公共电位参考点就是地。因此所有互相连接的电路必须接地。

以上所有理由形成了接地的综合要求。但是,一般在设计时仅明确安全和雷电防护接地的要求,其他均隐含在用户对系统或设备的电磁兼容要求中。

6）滤波

滤波是将信号中特定波段频率滤除的操作,是抑制和防止干扰的一项重要措施。滤波通常采用的实现形式有以下几种。

（1）去耦电容

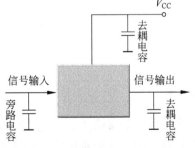

图 8.3.15　去耦电容位置示意图

我们经常可以看到,在电源和地之间连接着去耦电容,它有三个方面的作用:一是作为集成电路的蓄能电容;二是滤除器件产生的高频噪声,切断其通过供电回路进行传播的通路;三是防止电源携带的噪声对电路造成干扰。如图 8.3.15 所示,在电子电路中,当去耦电容放在电路前级,用于对输入信号中的高频噪声杂波进行滤除时,习惯上也被称作旁路电容。

数字电路中典型的去耦电容值是 $0.1\mu F$。这个电容的分布电感的典型值是 $5\mu H$。$0.1\mu F$ 的去耦电容有 $5\mu H$ 的分布电感,它的并行共振频率大约为 7MHz。即对于 10MHz 以下的噪声有较好的去耦效果,对 40MHz 以上的噪声几乎不起作用。$1\mu F$、$10\mu F$ 的电容,并行共振频率在 20MHz 以上,去除高频噪声的效果要好一些。每 10 片左右集成电路要加一片充放电电容,或 1 个蓄能电容,可选 $10\mu F$ 左右。高频旁路电容一般比较小,根据谐振频率一般是 $0.1\mu F$、$0.01\mu F$ 等,依据电路中分布参数以及驱动电流的变化大小来确定,可按 $C=1/f$ 计算,即 10MHz 取 $0.1\mu F$,100MHz 取 $0.01\mu F$。

去耦电容器选用及使用注意事项如下:

① 一般在低频耦合或旁路中,电气特性要求较低,可选用纸介电容器、涤纶电容器;在高频高压电路中,应选用云母电容器或瓷介电容器;在电源滤波和退耦电路中,可选用电解电容器。中高频电路中最好不用电解电容,电解电容是两层薄膜卷起来的,这种结构在高频时表现为电感,要使用钽电容或聚碳酸酯电容。

② 在振荡电路、延时电路、音调电路中,电容器容量应尽可能与计算值一致。在各种滤波网格(选频网络),电容器容量要求精确;在退耦电路、低频耦合电路中,对电容器容量的要求不太严格。

③ 电容器额定电压应高于实际工作电压,并留有余量,一般选用耐压值为实际工作电压两倍以上的电容器。

④ 优先选用绝缘电阻高、损耗小的电容器,还要注意使用环境。

(2) EMI 滤波器

EMI(electro magnetic interference)直译是电磁干扰。如图 8.3.16 所示,EMI 滤波器常用于对电源线滤波的电路,用来隔离电路板或者系统内外电源的电磁干扰。电源线是干扰传入设备和传出设备的主要途径,通过电源线,电网的干扰可以传入设备,干扰设备的正常工作,同样设备产生的干扰也可能通过电源线传到电网上,干扰其他设备的正常工作。因此在设备的电源进线处加入 EMI 滤波器是非常必要的。EMI 滤波器的作用是双向的,既可以作为输出滤波,也可以作为输入滤波。

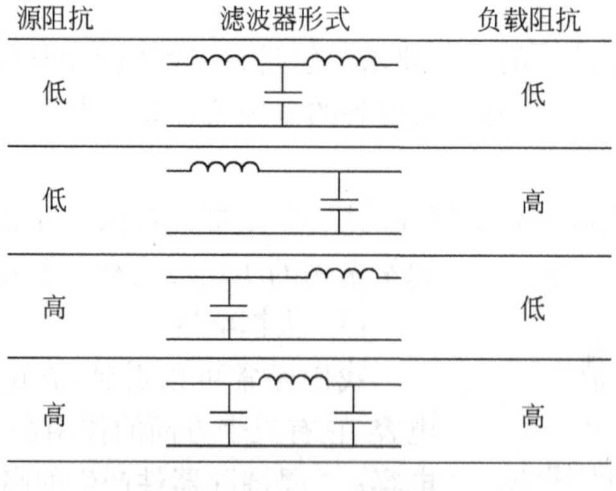

图 8.3.16　EMI 滤波器形式示意图

标准的 EMI 滤波器通常是由串联电抗器和并联电容器组成的低通滤波电路,它能使设备正常工作时的低频有用信号顺利通过,而对高频干扰有抑制作用。比较常见的 EMI 滤波器有穿心电容、L 型滤波器、Ⅱ型滤波器、T 型滤波器等。对于滤波器的选择,通常是通过滤

波器接入端的阻抗大小来决定。如果电源线两端都为高阻,那么宜选用穿心电容和 Ⅱ 型滤
波器,但是 Ⅱ 型滤波器的衰减速度比穿心电容大;如果两端阻抗相差比较大,宜选择 L 型滤
波器,其中电感接入低阻端;如果两端都为低阻抗,那么就选用 T 型滤波器。

（3）磁性元件

如图 8.3.17 所示,磁性元件是由铁磁材料构成的,
在抑制干扰的滤波电路中最常见的磁性元件有磁珠、
磁环、扁平磁夹子。

图 8.3.17　磁珠及等价电路示意图
(a) 磁珠；(b) 等价电路

磁珠是专门用于抑制信号线、电源线上高频噪声
和尖峰干扰的器件,还具有吸收静电脉冲的能力。磁
珠能有效吸收超高频信号,像一些 RF 电路、PLL、振荡电路和含超高频存储器电路
（DDRSDRAM、RAMBUS 等）都需要在电源输入端加磁珠。与磁珠相比,同样常用于滤波
的电感由于是一种蓄能元件,其频率应用范围很少超过 50MHz,常用于 LC 振荡电路、中低
频滤波电路等。磁珠对高频信号有较大的阻碍作用,一般规格有 $100\Omega/100MHz$,它在低频
时电阻比电感小得多。

磁珠有很高的电阻率和磁导率,等效于电阻和电感串联,但电阻值和电感值都随频率变
化。它的单位是欧姆,而不是亨特,这一点要特别注意。因为磁珠的单位是按照它在某一频
率产生的阻抗来标称的,阻抗的单位也是欧姆。

磁环和磁夹子一般用在连接线上,将整束电缆穿过一个铁氧体磁环就构成了一个共模
扼流圈。电缆在磁环上面缠绕的匝数越多,对频率较低的干扰抑制效果越好,而对频率较高
的噪声抑制作用则会减弱。在实际工程中,要根据干扰电流的频率来调整磁环的匝数。通
常当干扰信号的频带较宽时,可在电缆上套两个磁环,每个磁环缠绕不同的匝数,这样可以
同时抑制高频干扰和低频干扰。

由于磁性元件并不增加线路中的直流阻抗,这使得它非常适合用在电源线上作 EMI 抑
制器件。由于磁珠很小也很容易处理,所以有时候也把它用在信号线上作为 EMI 抑制器
件,但是它掩盖了问题的本质,影响了信号的上升、下降时间,除非万不得已或者在设计的最
后调试阶段,一般不推荐使用。

（4）共模/差模电感

两根电源线对地之间的干扰叫共模干扰,两根电源线之间的干扰叫差模干扰。抑制共
模干扰的滤波电感叫共模电感（共模扼流圈）,抑制差模干扰的滤波电感叫差模电感（差模扼
流圈）。共模电感是绕在同一铁芯上的圈数相等、导线直径相等、绕向相反的两组线圈,差模
电感是绕在一个铁芯上的一个线圈。

共模电感的特点是：由于同一铁芯上的两组线圈的绕向相反,所以铁芯不怕饱和。市
场上用得最多的磁芯材料是高导铁氧体材料。

差模电感常应用在大电流的场合,其特点是：由于是一个铁芯上绕一个线圈,因此当
流进线圈的电流增大时,线圈中的铁芯会饱和。市场上用得最多的铁芯材料是金属粉心
材料。

任何电源线上传导的干扰信号,均可用差模和共模信号来表示。差模干扰在两导线
之间传输,属于对称性干扰;共模干扰在导线与地（机壳）之间传输,属于非对称性干扰。
在一般情况下,差模干扰幅度小、频率低,所造成的干扰较小;共模干扰幅度大、频率高,

还可以通过导线产生辐射，所造成的干扰较大。用于滤除共模、差模干扰的电路原理图如图 8.3.18 所示。

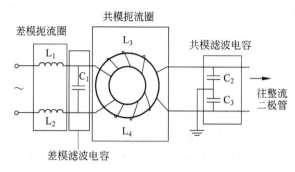

差模扼流圈　共模扼流圈　共模滤波电容

差模滤波电容

图 8.3.18　电感滤波电路示意图

由于共模干扰占传导干扰中的绝大部分，因此大多数电源都没有在板上设置差模滤波电感，而仅使用差模滤波电容；对共模部分则一般设置 1～2 个共模扼流圈进行两级滤波。

对理想的电感模型而言，当线圈绕完后，所有磁通都集中在线圈的中心。但通常情况下环形线圈不会绕满一周，或绕制不紧密，这样会引起磁通的泄漏。共模电感有两个绕组，其间有相当大的间隙，这样就会产生磁通泄漏，并形成差模电感。因此，共模电感一般也具有一定的差模干扰衰减能力。在滤波器的设计中，我们也可以利用漏感。如在普通的滤波器中，仅安装一个共模电感，利用共模电感的漏感产生适量的差模电感，起到对差模电流的抑制作用。有时，还要人为增加共模扼流圈的漏电感，提高差模电感量，以达到更好的滤波效果。

7）隔离

电子电路内部中常用隔离的方法，来减小模块之间的互相干扰。尤其在接地点的位置有差别时，接地回路便有电流。若回路电流为直流，那么普通的滤波器无法将干扰除掉。此时可用隔离的方式，在不同接地点位置的模块间消除干扰（如数字电路与模拟电路之间，接地点位置一般可分为数字地与模拟地）。

（1）光耦合器/光电隔离器

光耦合器（optical coupler，OC）亦称光电隔离器，简称光耦，它对输入、输出电信号有良好的隔离作用，在各种电路中得到广泛的应用。如图 8.3.19 所示，光耦合器的种类达数十种，主要有通用型（又分无基极引线和基极引线两种）、达林顿型、施密特型、高速型、光集成电路型、光纤型、光敏晶闸管型（又分单向晶闸管、双向晶闸管）、光敏场效应管型。目前，光耦合器已成为种类最多、用途最广的光电器件之一。

光耦合器一般由三部分组成：光的发射、光的接收及信号放大。输入的电信号驱动发光二极管（LED），使之发出一定波长的光，被光探测器接收而产生光电流，再经过进一步放大后输出。这种信号单向传输的方式，使输入端与输出端完全实现了电气隔离，输出信号对输入端无影响，抗干扰能力强，工作稳定，无触点，使用寿命长，传输效率高。

光耦合器是 20 世纪 70 年代发展起来的新型器件，现已广泛用于电气绝缘、电平转换、级间耦合、驱动电路、开关电路、斩波器、多谐振荡器、信号隔离、级间隔离、脉冲放大电路、数字仪表、远距离信号传输、脉冲放大、固态继电器（SSR）、仪器仪表、通信设备及微机接口中。

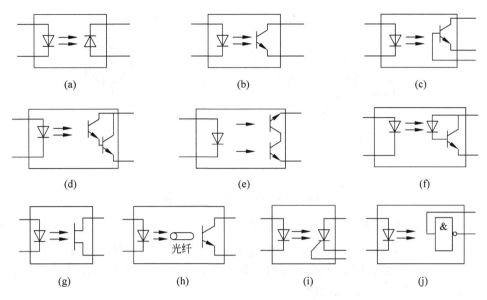

图 8.3.19　光耦合器的常见类型示意图

(a) 二极管型；(b) 通用型(无基极引线)；(c) 通用型(有基极引线)；(d) 达林顿型；(e) 双向对称型；
(f) 高速型；(g) 光敏场效应晶体管型；(h) 光纤型；(i) 光敏晶闸管型；(j) 光集成电路型

在单片开关电源中，利用线性光耦合器可构成光耦反馈电路，通过调节控制端电流来改变占空比，达到精密稳压的目的。

判断光耦的好坏，可通过在路测量其内部二极管和三极管的正反向电阻来确定。较可靠的检测方法有以下三种。

① 比较法。拆下怀疑有问题的光耦，用万用表测量其内部二极管、三极管的正反向电阻值，将其与正常光耦对应脚的测量值进行比较，若阻值相差较大，则说明光耦已损坏。

② 万用表检测法。以 PC111 光耦检测为例，将光耦内接二极管的＋端 1 脚和－端 2 脚分别插入数字万用表的 hFE 挡位的 c、e 插孔内，此时数字万用表应置于 NPN 挡。然后将光耦内接光电三极管 c 极 5 脚接指针式万用表的黑表笔，e 极 4 脚接红表笔，并将指针式万用表拨在 $R \times 1k$ 挡。这样就能通过指针式万用表指针的偏转角度——实际上是光电流的变化，来判断光耦的情况。指针向右偏转角度越大，说明光耦的光电转换效率越高，即传输比越高，反之越低；若表针不动，则说明光耦已损坏。

③ 光电效应判断法。如图 8.3.20 所示，以 PC817 光电耦合器为例，将万用表置于 $R \times 100$ 电阻挡，两表笔分别接在光耦的输出端 3、4 脚，然后用一节 1.5V 的电池与一只 $50 \sim 100\Omega$ 的电阻串接后，电池的正极端接 1 脚，负极端碰接 2 脚，或者正极端碰接 1 脚，负极端接 2 脚，这时观察接在输出端的万用表指针偏转情况。如果指针摆动，说明光耦是好的；如果不摆动，则说明光耦已损坏。万用表指针摆动偏转角度越大，表明光电转换灵敏度越高。

(2) 隔离变压器

隔离变压器是指输入绕组与输出绕组进行电气隔离的变压器，变压器的隔离是通过隔离原、副边绕线圈各自电流实现的。隔离变压器的主要作用是：使一次侧与二次侧的电气完全绝缘，也使该回路隔离。另外，利用其铁芯的高频损耗大的特点，可以达到抑制高频杂波传入控制回路的隔离效果。

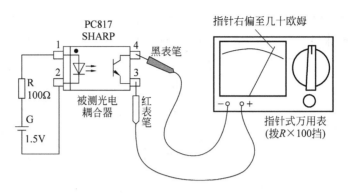

图 8.3.20　光耦合器测量示意图

隔离变压器的原理和普通变压器的原理是一样的,都是利用电磁感应原理。隔离变压器一般是指 1:1 的变压器。由于次级不与地相连,次级任一根线与地之间都没有电位差,使用非常安全。因此隔离变压器在交流电设备中非常常见,同时它还常用作维修时的安全电源,图 8.3.21 所示为隔离变压器。

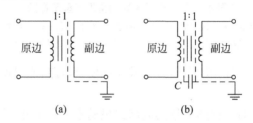

图 8.3.21　隔离变压器
(a) 单屏蔽层;(b) 双屏蔽层

一般变压器原、副绕组之间虽也有隔离电路的作用,但在频率较高的情况下,两绕组之间的电容仍会使两侧电路之间出现静电干扰。为避免这种干扰,隔离变压器的原、副绕组一般分置于不同的芯柱上,以减小两者之间的电容。原、副绕组同芯放置时,在绕组之间可加置静电屏蔽,以获得高的抗干扰特性。

静电屏蔽就是在原、副绕组之间设置一片不闭合的铜片或非磁性导电纸,称为屏蔽层。铜片或非磁性导电纸用导线连接于外壳。有时为了取得更好的屏蔽效果,整个变压器还罩上一个屏蔽外壳。对绕组的引出线端子也加屏蔽,以防止其他外来的电磁干扰。这样可使原、副绕组之间只剩磁的耦合,而其间的等值分布电容可小于 0.01pF,从而大大减小原、副绕组间的电容电流,有效地抑制来自电源以及其他电路的各种干扰。

(3) 布线割断

想将电路板间的电磁干扰完全隔离是很困难的,因为我们没有办法将电磁干扰一个个地"包"起来,因此要采用其他办法来降低干扰的程度。PCB 中的金属导线是传递干扰电流的罪魁祸首,它像天线一样传递和发射着电磁干扰信号,因此在合适的地方"截断"这些"天线"是有效的防电磁干扰方法。

"天线"断了,再以一圈绝缘体将其包围,它对外界的干扰自然就会大大减小。如果在断开处使用滤波电容还可以进一步降低电磁辐射泄漏。这种设计能明显地增加高频工作时的稳定性和防止电磁干扰辐射的产生,许多大的电脑主板厂商在设计上都使用了该方法。

8）补偿

如果能明确噪声发生和干扰侵入的位置，或者能预测所加扰动量时，可采用补偿的方法来减小噪声和干扰的不良影响。

（1）反馈补偿

负反馈对于放大电路中的噪声有抑制作用，但就其效果来说，以抑制加于最末级放大电路的噪声为最好。加于中间级的噪声效果降低；加于一次级的噪声由于和输入信号没有区别，负反馈起不到抑制作用。即使不知道所加噪声大小，负反馈也有抑制噪声的效果，所以对放大器内部产生的噪声和靠近电路末级的电源电压脉动等噪声，这种抑制方法效果较好。

（2）前馈补偿

前馈补偿是一种开环的补偿方式。在噪声大小已知或能够预测，且对输出信号的影响程度明确的情况下，可以加入与噪声相位相反、大小相等的信号来抵消噪声的影响。这种补偿方式叫前馈补偿。前馈补偿在噪声模式不明确的情况下不能有效补偿，因此使用时有一定的局限性。实际工程中，常在电源电路中，取部分交流电，调节其大小和相位，用来消除信号中的有害交流声，这是前馈补偿的一种使用形式。

8.3.2　干扰抑制技术的应用

1. 实施步骤

由于抑制技术内容较多，因使用场合不同方法也各种各样。下面以通用便携电子产品的电源噪声抑制为例，介绍抑制技术的应用与测量。

第一步，选择控制对象。

今天，便携式电子产品随处可见，如数码相机、数字视频设备和音频播放器等，随之产生的是此类设备 PCB 上的各种噪声的抑制问题。特别是当交流（AC）适配器代替电池给这些设备供电的时候，噪声的抑制就显得很有必要，因为适配器不仅会辐射噪声，同时外界的噪声也会从适配器的导线上耦合进来，如图 8.3.22 所示。

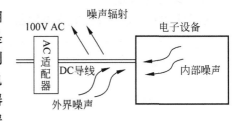

图 8.3.22　便携式电子设备的噪声环境

AC 适配器与便携式电子设备之间通过一根 DC 导线连接（见图 8.3.22），这根导线的作用就类似于一根天线，将外界噪声吸收进来，并将电子设备的内部噪声发射出去。

在电子设备中，DC/DC 模块和 DC/DC 转换 IC 芯片是电源电路不可缺少的部分。DC/DC 转换器所需电源是通过开关模块控制产生的，因此这种开关单元就变成了一种噪声源，这种噪声可以泄漏至直流电源线，且通过 AC 适配器导线发射出去。同时，随着便携式电子设备功能的增多，数据处理量的增加和处理速度的提高，电路要求有更高速率的 IC 处理芯片。当 IC 芯片动作时，频率范围从几千到几百兆赫的宽频噪声就随之产生，并通过 AC 适配器的导线发射出去。

第二步，添加滤波器。

一般说来，带有 AC 适配器的便携式设备所产生的共模噪声是通过 DC 电源线输出的，如 AC 适配器导线。因此,其噪声可以通过在导线上加共模噪声滤波器进行有效抑制。例如,通过在数码相机和适配器的连线上加一个铁氧体磁环来抑制噪声,如图 8.3.23 所示。

图 8.3.23　数码相机连接的磁环

尽管这是一个有效的噪声抑制方式,但是它也存在许多不足,比如,加上磁环之后导线会变得沉重和庞大,且不美观。如果改用一个小尺寸的片式共模扼流圈用于此类导线的共模噪声的抑制,是个不错的选择。共模扼流圈应放置在电源电路的前端,安装情况如图 8.3.24 所示。

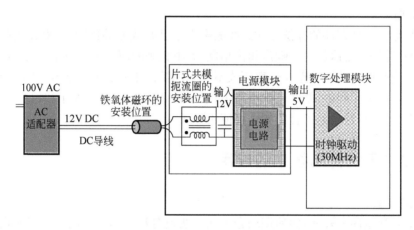

图 8.3.24　片式共模扼流圈的安放

第三步,效果评估。

为了评估 DC 电源线上的噪声抑制效果,我们可以做一个效果评估,如图 8.3.25 所示。

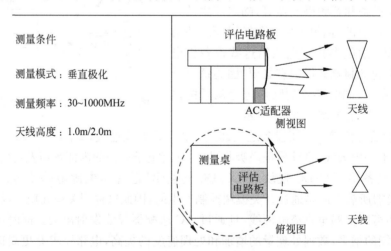

图 8.3.25　评估方式

AC 适配器被挂在一个放有评估电路板的测试桌上,这样可以测试垂直模式的噪声,此噪声代表从桌子上辐射来的噪声。没有噪声评估电路板的可以用示波器代替,对于数码相机、音频播放器等，可以直接从设备的图片、音效情况来粗略观察。

根据评估结果的测试数据，噪声的发射范围从几十兆赫到 800MHz 都有。因此，可以推断噪声是从 DC/DC 转换器和内部数字处理电路传向 AC 适配器，通过电源线发射出来的。

我们可以对两个不同模式下的噪声进行比较：①在 AC 适配器电源线上加装一个铁氧体磁环；②在 DC 输出模块上加装一个片式共模扼流圈。由于不同的铁氧体磁芯的尺寸会产生不同的共模阻抗，因此比较测试中可采用一个标准尺寸的磁环（直径大约为 20mm，长度大约为 40mm）和一个片式共模扼流圈（100MHz 时的阻抗值为 1400Ω），结果表明片式共模扼流圈静噪效果比较好。当然，使用更大尺寸的磁环或增加电源在磁环上绕线数也会得到一个较高的阻抗值，然而，这样会带来不足，导线的质量会增加，同时外观也显得凌乱。综上所述，推荐用片式共模扼流圈取代笨重的磁环。

2. 注意事项

抑制技术在实践中的注意细节有很多，这里列举几项在电路设计、制作、测量中较常遇到的现象，予以简单说明，其他内容需要随着经验的积累而逐渐体会。

1）集成运算放大器使用的注意事项

当采用集成运算放大器时，由于放大器间本身就具有放大功能，因此需要对电路设计格外注意。要考虑到信号流向的简捷、端直，如图 8.3.26(a) 所示，而图 8.3.26(b) 中的信号流向就较混乱。在实际电路中，由于受 IC 引脚的限制，有时要完全做到信号的直线流向是困难的。尽管如此，也应注意以下几点：

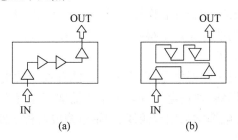

图 8.3.26　多运放集成电路信号流向排列比较

(a) 合格电路；(b) 混乱电路

（1）输入回路与输出回路尽量远，以免输出信号反馈到输入回路而产生自激振荡。

（2）避免同一芯片中的几个运算放大器一部分用作小信号放大，而另一部分用作振荡器，这种组合是一种很糟糕的设计。

（3）小信号放大器尽量远离大信号电路，尤其不宜用同一芯片中的一部分运放作为 A 电路的小信号放大器，而另一部分运放作为 B 电路的大信号放大器。

（4）注意由电源的不良耦合所产生的干扰，特别是多运放芯片由于共用同一电源，极易因电源的去耦不良而产生振荡。

2）测量仪器的抗共模干扰

在测量时，由于测量仪器本身也是电子设备，因此也会与外界和所测量设备之间产生互相干扰。由于信号传输的差模信号大小相等，相位差是 180°，所以相互抵消后地线上没有电流流过。所有的差模电流全流过负载，因此可以认为差模信号是作为携带信息"想要"的信号。由于共模干扰的信号同相，所有的共模电流都通过电缆和地之间的寄生电容流向地线。在以电缆传输信号时，因为共模信号不携带信息，所以它是"不想要"的信号。综上所述，实践中需要抑制的是共模干扰信号，可以通过以下方式进行抑制：

（1）使仪表浮地、信号接地，或使仪表接地、信号浮地。这里的浮地是指信号的参考地，这个地和大地不直接相连，是相互隔离的。这样可以抑制信号地与仪器地之间的地电流产生的共模干扰。如果仪表和信号都浮地，共模干扰会更小。

（2）对测量仪器和电子电路之间的连接线进行双层屏蔽，减少信号传输过程中的共模干扰。例如双绞线的屏蔽效果就比普通传输线效果好。

（3）串联共模扼流圈，利用其互感来抑制噪声，如图 8.3.27 所示。当信号电流流经扼流圈时，两线圈电感 L_1、L_2 的自感电动势被线圈之间的互感电动势抵消，所以和没有接入该扼流圈时一样；当共模干扰电流流入时，由于共模干扰电流引起的自感电动势和互感电动势同相，扼流圈就相当于接入了高阻抗元器件，对共模干扰起一定的抑制作用。

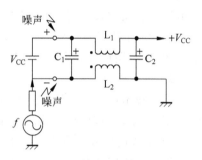

图 8.3.27　串联共模扼流圈电路示意图

（4）接入隔离变压器或光耦合器等可以切断共模干扰和内阻形成的回路，但在应用时应注意隔离器件速率等参数的选择。

（5）使用差分放大器，使共模干扰相位转换（即转换为大小基本相等的串模干扰信号），与原共模干扰信号大致抵消，达到抑制作用。差分放大器的频率适用范围很广，低频到高频均有效，输入和输出之间的线性关系也很好，非常适合在模拟信号电路中使用。

3）信号传输线的抗干扰

在远距离传输，尤其是传输弱信号，而周围又可能存在干扰电磁场的情况下，很容易在信号传输时受到干扰，如网线、通信电缆等。由于传输线无法完全置于屏蔽罩内，因此需要采用屏蔽线。通常的信号电缆常采用双绞线、同轴电缆或对称线路来抑制电磁干扰，最有效的方法是采用屏蔽型线路。

如图 8.3.28 所示，双绞线是一种对称传输线路，由两条相互绝缘的导线按照一定的规格互相缠绕（一般以逆时针缠绕）在一起，一根导线在传输中辐射的电波会被另一根线上发出的电波抵消。采用这种方式，不仅可以抵御一部分来自外界的电磁波干扰，而且可以降低自身信号的对外干扰。实际使用时，双绞线是由多对双绞线一起包在一个绝缘电缆套管里的，我们称之为双绞线电缆，一般扭线越密其抗干扰能力就越强。

双绞线可分为非屏蔽双绞线和屏蔽双绞线。屏蔽双绞线电缆的外层由铝箔包裹，以减小辐射，但并不能完全消除辐射。屏蔽双绞线价格相对较高，安装时要比非屏蔽双绞线电缆困难。与其他传输介质相比，双绞线在传输距离、信道宽度和数据传输速率等方面均受到一定限制，但价格较为低廉。

同轴电缆一般由里到外分为四层：中心铜线（单股的实心线或多股绞合线）、塑料绝缘体、网状屏蔽层（导电层）和塑料电线封皮，如图 8.3.29 所示。同轴电缆传导交流电而非直流电，每秒会有几次的电流方向发生逆转。如果使用一般电线传输高频率电流，这种电线就相当于一根向外发射无线电的天线，这种效应损耗了信号的功率，使得接收到的信号强度减弱。同轴电缆的设计正是为了解决这个问题。中心电线发射出来的无线电被网状导电层隔离,网状导电层可以通过接地的方式来控制发射出来的无线电。

图 8.3.28　双绞线示意图

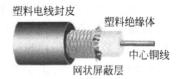

图 8.3.29　同轴电缆示意图

同轴电缆的缺点也显而易见:一是体积大,细缆的直径就有 3/8in,要占用电缆管道的大量空间;二是不能承受缠结、压力和严重的弯曲,这些都会损坏电缆结构,阻止信号的传输;三是成本较高。

传输电缆使用时需注意以下几点:

(1) 屏蔽层不能作为信号的返回电路。

(2) 线缆连接器两端的屏蔽层都应该接地,以免发生不连续现象;也可以将屏蔽层通过连接器的插头实现接地连接;

(3) 所有信号电路和信号接地返回线都要单独屏蔽。

(4) 具有单独屏蔽和总屏蔽的多芯导线及对绞电缆,同一电缆内所有屏蔽层都应该相互绝缘。

8.4　电子电路的故障检修

8.4.1　故障检修的流程及方法

机器人电路部分有故障时,应首先对其进行检查,找到故障的症结所在,再根据情况进行故障排除。但很多初学者,在发现机器人电路工作不正常时往往找不到问题所在,甚至越修越坏。检修人员需要具备一定水平的知识、能力、素质,才能迅速找出故障,并进行检修。本节主要学习的就是如何寻找故障,并排除故障。

1. 故障检测基本知识

1) 故障检修的准备工作

在判断和排除电路的故障之前,需要准备好常用的工具及检修时需要的技术文档,具体内容有:

(1) 通常检修时必备的测试仪器有直流稳压电源、示波器、信号发生器、万用表。它们就是常说的"四大件"。熟用巧用"四大件"能有效解决很多问题。在实践操作时,还可以查阅相关的万用表(或示波器)使用的经验丛书,并在实践中进行操练。

(2) 检修工作前必须备好常用的修理工具,如电烙铁、吸锡器、剪线钳、剥线钳、螺丝刀、镊子、剪刀、小扳手等,其中电烙铁是最应该熟练掌握的。在贴片器件或大体积器件电路的检修中,还应准备热风枪;在检修精密度较高的印制电路时,还可以准备焊球阵列封装检修台。

（3）准备常用的易损元器件，以待换用。这些元器件包括各种阻值的电阻器、常用电容器、二极管、晶体管和所检测电路中相关的集成器件。

（4）有些情况下，需要准备专用检测设备。如检修通信设备等高频电路时，常需要综合测试仪、场强仪、驻波比表、射频功率计、频谱分析仪、频偏仪等仪器；检修电视机等图像设备时，需要矢量示波器、扫频仪、图示仪、彩色发生器等仪器；检修数字设备时，需要逻辑脉冲发生器、逻辑探笔、IC 测试仪等仪器。这些专用设备在各自领域中具有不可替代的作用。

（5）除了设备及工具外，检修前应准备好被检测电路的相关技术文档，如电路原理图、印制电路板连接图。完整电子产品检测则还需要准备好产品的使用说明书、性能介绍等技术文档。

2）故障检修的程序及原则

在排除电路故障时，一般应遵循图 8.4.1 所示的程序。

图 8.4.1　排除故障的一般顺序

由于电子设备的故障可能是单独元器件造成的，也有可能是某块电路造成的；有可能是内部原因造成的，也有可能是外部影响造成的；有可能是某个模块出现故障，也有可能是多个模块同时出现故障或互相干扰出现问题。各种问题交织在一起，很容易使检修人员陷入混乱。因此在检修电子电路时，应掌握一定的原则，安排好检修的次序，以免手忙脚乱、顾此失彼。

（1）先了解后动手，先理论后实践。动手之前要先了解电子产品损坏前后的情况。例如，音频放大器杂音是否过多、无声，有无发热冒烟等；还要观察是否有他人检修、拆卸过等。同时还应对电子电路的技术文档有一定的了解。

（2）先观察后通电。通常在电子电路通电前先观察电路有无可见的明显故障点。例如元器件的短路、烧坏、脱落或其他损坏情况。此外，应先用万用表检测电路关键线路的阻值以及通断是否正常。更换完损坏的器件并确认无误后，再进行通电测试。

（3）先静态后动态。在检查部件时，应先空载后负载，先静态测量再动态测量（先直流后交流）。这样能确保安全修复机器，避免故障进一步扩大。一般静态条件下就能排除大部分故障。

（4）先简后繁，先易后难。对于多种故障共存的情况，应先解决简单容易的问题，再考虑复杂故障。这样简洁明了，便于排除故障间的相互干扰。

（5）先电源后整机。当电子设备不能正常工作，尤其是电子设备的指示灯不亮，或不能正常启动时，应首先考虑电源电路的问题。

（6）先通病后特殊。有些电路模块同时出现问题，应首先将它们之间共同的故障排除，然后再单独解决特殊问题。往往通病故障排除了，特殊故障就迎刃而解了。

（7）先末级后前级。检修时，通常从输出端等末级单元电路开始，依次逐级对前级进行分析，直到找到信号出现问题的故障单元。这样可以使检测有序，少走弯路。

（8）检修完毕后进行性能测试。

3）故障检修方法

检修工作是一项繁杂的技术工作，需要细心和经验。要想快速高效地找到故障点，完成检修工作，必须具备扎实的理论基础和实践功底，需要学习者在实践中不断摸索、总结。下面是检修工作中常用的一些方法与技术手段。

（1）直观法

直观法是电子故障检修中最基本的方法，调试检修人员通过触觉、嗅觉、视觉直接观察电子产品，找出损坏的器件。

① 断电检查

首先应在断电的情况下对电路进行检查。用目视的方法能直接判断出电路上的一些元器件损坏或电路异常的情况，如电池接头被电池液锈蚀、电容器爆炸、电解电容溢出电解液、电阻器烧焦炭化、金属部件锈蚀霉断、线头脱落、元器件断脚、扬声器纸盆破损、插头松落等现象。

当出现部件锈蚀等情况时，可用酒精清洗锈蚀处，刮除铜绿锈斑，换用新的元器件或配件即可。

② 通电检查

断电检查无误后，可以通电进行观察。注意观察有无冒烟、起火等现象，并用手接触变压器以及通过较大电流的晶体管、电阻器、二极管等元器件，检查有无烫手情况。如有异常，应立即切断电源，必要时应更换起火点、发烫点的元器件，因为元器件有可能已经由于电流过大而损坏。有时线路起火或发烫并不是由于元器件本身的原因造成的，而是周围电路设计或焊接等问题，而使线路通过电流过大，引起发热。因此还应仔细检查异常点周围的电路情况，否则更换新的元器件之后仍然会因同样的问题发热、起火。

通电后，转动或拨动电位器、可调电容、高频头、开关等器件，可以观察到电子电路是否发出噪声或出现异常。在通电检查时要特别注意以下两点：第一，在检查电源交流部分时要格外小心，注意人身安全，不要用手碰触 220V 交流市电部分；第二，拨动过的器件应及时复位，避免在检查过程中将器件弄歪或损坏，造成故障进一步扩大。

运用直观法时应以电路模块为单位，围绕故障点或核心工作点进行元器件的检查，不要每一个部件和元器件都仔细观察一番，否则工作量将很大。直观法的使用贯穿在整个故障检测和检修过程中，和其他方法配合使用往往能取得更好的效果，需要在实践中不断积累经验。

（2）测量法

测量法是通过万用表测量电路的电压、电流、电阻值，从而判断电路故障点的方法，是检测电路常用的方法之一。

① 电阻测量

通过电阻值的测量可以检查元器件的质量、线路的通断、电阻值的大小，一般要求在断电情况下，使用万用表的欧姆挡进行测量。通常，通过电阻测量来检测开关器件的通路短路是否正常，接插元件是否接触不良。

此外，还可以通过线路的阻值检测来判断铜箔线的短路和断路，在印制电路板检测上非常有用。因为印制电路板上的铜箔线非常细密，走向也常常曲折多样，凭肉眼检查很难发现问题。此时可用万用表的欧姆挡直接检测两点间的阻值,若阻值为零,则两点间有线路导通,否则就不在同一段铜箔线上。使用数字万用表时可以根据万用表的短路报警声来检查线路通断情况。

② 电压测量

电压检查时一般测量的是电路中的直流电压、交流电压、信号电压等。

直流电压正常是电路静态工作点正常的基本保障,各集成芯片、晶体管等器件都需要在稳定正确的直流电压供电情况下,才能正常工作。如 AVR 等控制芯片需要 5V 工作电压,晶体管基极与发射极之间的电压要大于 0.4V 才能使集电极与发射极之间导通。此外,直流电压一般压差都比较小,对人体的危险性小,在检修时很适合使用这种方法。

测量直流电压时一般选用万用表即可。选择适当量程后,黑表笔接电路板地线,红表笔分别接所要测量的点。测量时需要注意的是:当电路中有直流工作电压时,电阻器两端应有电压降,否则电阻器所在电路必有故障;电感线圈两端电压应接近于 0,否则说明电感器开路;整流电路输出端直流电压最高,沿 RC 滤波、退耦电路逐级降低;空载工作电压比负载工作电压高出许多(几伏)是正常的现象,高出越多说明电源的内阻越大,因此直流电压测量时一般应在负载工作情况下进行。

交流电压检测一般使用在接市电电网的电源供电部分或负载部分。如测量电源变压器一、二次交流电压,有助于判断电源变压器是否损坏;测量输出端的交流电压能够估算出功率的大小。

测量交流电时应根据需要选择测量工具。一般情况下万用表交流挡即可完成交流电压的测量,对于有更专业要求的测量场合,可使用交流电压表。测量交流电压时应注意:单手操作,安全第一;测量前检查万用表量程,并分清交、直流挡及极性。

信号电压一般是一个交变量,与交流电类似,但工作频率很高,如音频信号。由于普通万用表是针对 50Hz 交流电设计的,因此无法准确测量信号电压,必须使用真空管毫伏表。使用真空毫伏表时应注意:使用前先预热,使用一段时间后要校零,以保证电平信号测量的精度;在测量很小的音频信号电压,如测量话筒输出信号电压时,应选择好量程,否则会出现测不到、测不准现象,影响正常判断。

③ 电流测量

适合用电流测量的电路主要有以下两大类:第一,以直流电阻值较低的电感器件作为集电极负载的电路;第二,各种功率输出电路。

测量电流时一般采用断开法。测量整机工作电流时,应断开电源整流电路与电路板之间的输入通路,将万用表串联在电源输入通路上。红表笔接电源整流电路的输出端,黑表笔接电路板的输入端。测量某一元器件的电流时,可拆下该元件的一只引脚,串联上万用表电流挡测量,红表笔接电流流入处,黑表笔接电流流出处,如图 8.4.2 所示。

测量整机工作电流时,若电流很大,说明电路中存在短路现象;当工作电流很小时,说明电路中存在开路现象。

交流电流主要是检查电源变压器空载损耗时用到,一般在新接电源变压器或电源变压器空载发热时才会进行测量。由于一般万用表上没有交流电流挡的量程,因此测量交流电流时往往需要使用交流电流表。使用时直接将交流电流表串联在交流电路中即可,没有极性之分。

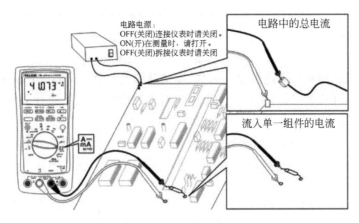

图 8.4.2　电流的测量方法

（3）波形观察法/信号输入法

波形观察法是用示波器观察电子电路各级输入、输出的波形，判断其是否正常的方法。信号输入法则是用信号发生器给出一定频率的正弦波、方波或尖波等信号，来模拟电子电路工作时的信号电波。这两种方法常常配合使用，即信号发生器给出信号电波后，示波器逐级观察信号经过的输入、输出点。这种方法不仅能检测出信号有无通断，还能直观地观察信号失真、变形情况和程度（图 8.4.3），并且能够检测出电路中的噪声波形，因此在电路检测中具有不可替代的作用。

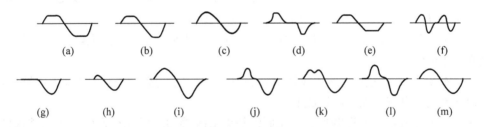

图 8.4.3　失真波形示意图

图 8.4.3(a)所示的波形为纯阻性负载上的截止、饱和失真波形。一般是由于输入信号过强，超过电路允许范围（阈值），信号不能顺利通过造成波形缺失。此时可适当减小输入信号，使输出波形在不截止且不过饱和的范围内，即处于正好不失真的状态。此时还应根据不失真信号电压计算输出功率，若小于应用的输出功率，说明放大器电路没有正常工作，输出功率不足。此时需要逐级测试放大电路的输出波形，找出引起失真的故障点。

图 8.4.3(b)所示为削顶失真波形，与之对应的是削底波形。产生削顶或削底失真往往是由于晶体管的静态工作点 Q 没有调整好，使晶体管工作在截止或饱和失真的状态下（若削顶削底同时出现，应考虑图 8.4.3(a)所示的情况）。此时应用示波器逐级找出失真的晶体管，调整晶体管的前端电阻或自举电容，使其静态工作点处于正常状态。

图 8.4.3(c)所示为双迹失真波形。这种失真波形有时会演变成多层的重影波形，一般是由于干扰造成的。应首先检查电源是否存在噪声干扰，如有应更换无干扰的电池或增加滤波器。其次可检查电路中是否存在振荡电路的干扰，或运放器件、负载器件的参数质量不佳。若是高频干扰，还可在每级运放中加 $0.1\sim10\mu F$ 高频隔离电容。

图 8.4.3(d)所示为交越失真波形,这种失真出现在晶体管放大电路中。比如一般的硅晶体管,NPN 型在 0.7V 以上才导通,这样在 0～0.7V 就存在死区,不能完全模拟输入信号波形,而 PNP 型小于－0.7V 才导通。当输入交流正弦波时,在－0.7～0.7V 之间两个管子都不能导通,输出波形对输入波形存在失真,即交越失真。消除交越失真的方法是设置合适的静态工作点,避开死区电压,使得每一个晶体管在静态时都处于微导通状态(U_{be} 为 0.4V 左右),一旦加入输入信号,使其马上进入线性工作区。

图 8.4.3(e)所示为梯形失真波形。这种失真一般是由于某级放大电路耦合电容过大,或某只晶体管直流工作电流不正常造成的。处理方法是减小级间耦合电容,或减小晶体管静态直流工作电流。

图 8.4.3(f)所示为阻塞失真波形。一般推动级与功放级的栅极电阻阻值偏高时,会使晶体管产生阻塞失真,可并联适当的电阻,以减小其阻塞失真。有时是由于元器件或晶体管失效、特性不良或焊接不稳造成的,可以直接替换好的器件并检查焊接即可。

图 8.4.3(g)所示为半波失真波形。这种失真出现时,一般说明推挽放大电路中某一臂的晶体管开路,没有电波经过。当某级放大电路中晶体管没有直流偏置电流,而输入信号较大时,也会出现此类失真。处理方法是检查各级晶体管,找出问题点并进行更换或调整。

图 8.4.3(h)所示为大小头失真波形。该失真的半周幅值不对称,一般是由于晶体管静态工作不正常所致,应检查晶体管的工作情况。

图 8.4.3(i)所示为非线性非对称失真波形。该失真波形往往是由于多级放大电路失真重叠造成的,应用示波器逐级检查放大电路的输出波形,找出问题电路。

图 8.4.3(j)所示为非线性对称失真波形。处理方法是减小推挽放大电路中晶体管的静态直流工作电流。

图 8.4.3(k)所示为另一种非线性对称失真波形。这一般是由于推挽放大电路中两只晶体管直流偏置电流一大一小造成的。

图 8.4.3(l)所示为波形畸形。上述原因都无法改善的时候往往是由于负载造成的,更换负载即可。

图 8.4.3(m)所示为斜削波失真。该失真一般发生在录音机中,应更换录放磁头。

波形观察法/信号输入法在使用时应注意以下事项:

① 仪器的测试引线要经常检查,以免引线由于经常扭转而出现内部断线现象,给测试带来错误判断。

② 信号源的信号电压大小应调整恰当,输入信号电压过大不仅容易产生失真波形,还会损坏放大器电路,造成额外故障。

③ 要熟练掌握示波器的操作方法,注意示波器挡位的选择。

(4) 分割测试法

分割测试法是将各级电路的隔离元件逐级断开,使整机电路分割成相对独立的单元电路,并分别测试故障现象的方法。

例如,检测电源电路时,常常从电源电路上切断它的负载,然后再通电观察。这是判断电源本身故障还是某级负载电路故障的常用方法。在检测电路噪声大的故障时,也常将信号传输电路中的某一点切断(如断开级间耦合电容的一个引脚),若噪声消失,则说明噪声的产生部位在切断点另一侧的电路中。通过逐级分段切割电路,可以有效地将故障缩小在一定范围内。

应该注意的是,分割法在使用时需要断开元器件的引脚,或切断铜箔引线。在进行分割检查后,应及时将线路恢复原样,以免造成新的故障,影响正常的检查。

（5）旁路法

旁路法是使用电容将电路某一点进行对地短接的方法,主要用来解决电路上的寄生振荡故障。电路本身产生的寄生振荡或寄生调制信号会叠加在正常的信号电压之上,给电子产品带来很大的干扰。当示波器观察到电路在未输入信号的情况下,就出现较为稳定的信号波形时,说明电路中存在寄生振荡。可以将电容器接在某级电路的输入端或输出端上,使其对地短路一下,或直接并联在环形电路间。若振荡消失,则说明此处的前级电路是产生振荡的所在。不断使用旁路法测试,便可以找到故障点。对于故障点的处理方法是改变电路,或在寄生振荡产生的电路间并联 0.1μF 钽电容。

2. 故障检测步骤

下面以放大电路为例,进行电路故障的查找。

1）单级放大电路故障查找

单级放大电路故障常见的有无信号输出、输出信号幅度小、信号失真。

下面以共发射极单级放大电路为例,进行常见的故障查找。图 8.4.4 所示为典型的容阻耦合共发射极放大电路,其中 U_{CC} 为直流供电电压,R_{b1}、R_{b2} 为基极分压式偏置电阻,R_c 为集电极电阻,R_e 为发射极反馈电阻,C_1、C_2 为稳定晶体管工作点的耦合电容,C_e 为发射极旁路滤波电容。

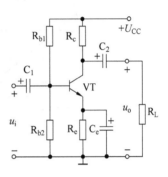

图 8.4.4　共发射极放大电路

（1）无信号输出故障查找

第一步,检查输入端的信号源、连接线以及示波器探头是否正常,如有故障应首先排除。

第二步,测量放大器直流供电电压 U_{CC}。用万用表直流电压挡红表笔接 $+U_{CC}$,黑表笔接地。如测得电压为 0 或很低,说明放大器供电电压不正常,应检查供电电源以及 U_{CC} 与地之间的电路连接。

第三步,测量晶体管各电极的工作电压。若测得集电极电压近似等于电源电压,则检查晶体管是否截止或开路；若测得集电极电压近似等于 0 或小于 1V,则检查晶体管是否饱和或被击穿。

检查晶体管是否开路或击穿时可用万用表的欧姆挡在线测量,用 $R \times 10$ 挡位测量晶体管 PN 结的正反向电阻,测得的阻值均很小时,说明 PN 结被击穿；用 $R \times 10$k 挡位测量 PN 结正反向电阻,测得阻值均很大时,说明 PN 结开路。此时应更换新的晶体管。

第四步,检查偏置电阻是否变值或开路。如 R_{b1} 开路,则晶体管没有偏置电压,晶体管不工作。如偏置电阻变值,则晶体管静态工作点不在所需要的正常状态。

以下三种情况下晶体管同样不能正常工作：

① 电路有虚焊或元器件开路。

② 发射极电阻 R_e 损坏。

③ 集电极电阻 R_c 损坏。

（2）输出信号幅度小故障查找

输入信号正常时，放大电路输出信号过小，未达到放大效果，则说明放大器电压放大倍数不够。

第一步，检查晶体管性能是否良好，可参考"无信号输出故障查找"第三步中晶体管开路或击穿的检查方法。

第二步，检查晶体管工作点是否正常。晶体管工作正常与否主要取决于偏置电阻及集电极电阻情况，应检查各电阻是否变值或开路。

第三步，检查旁路电容。若工作点正常，则需要着重检查旁路电容 C_e 是否开路。C_e 开路会使晶体管的交流负反馈量增大，导致放大倍数下降，信号输出幅度下降。

（3）非线性失真故障查找

晶体管放大电路输出波形出现非线性失真，说明晶体管放大电路没有工作在线性放大区，而工作在饱和区或截止区，使波形出现顶部或底部失真，如图 8.4.5 所示。

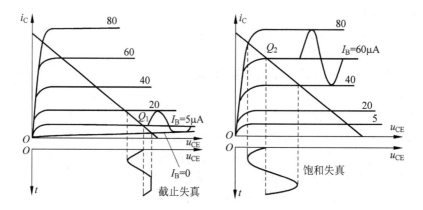

图 8.4.5　晶体管非线性失真示意图

放大电路工作在非线性区的原因是偏置参数发生了变化，主要检查 R_{b1}、R_{b2}、R_c、R_e 等是否变值或开路。

2）多级放大电路故障查找

多级放大电路一般由输入级、中间级和输出级组成，常见故障有无信号输出、输出信号幅度小、信号失真等问题。

下面以一个多级放大电路为例，进行故障查找。如图 8.4.6 所示，VT_1 是输入级，为射极跟随器结构，作为信号缓冲和阻抗变换级；VT_2 是中间级，进行电压放大；VT_3 是输出级，进行功率放大；T 是输出变压器，用来与负载的阻抗匹配。$R_1 \sim R_8$、$C_1 \sim C_8$ 的作用与图 8.4.4 中的电阻、电容作用类同。

第一步，检测 VT_1 与 VT_2。由于 VT_1 与 VT_2 两级放大电路之间为直接耦合方式，因此两级放大器中有一级出现故障，就会影响两级电路的直流工作点。在检测中应将这两级电路视为一个整体，直接检测两级的输入、输出波形，以及偏置元件的参数特性。其元件特点及性能与单级放大电路的检测类同。

第二步，分级检测 VT_2 与 VT_3。由于 VT_2 与 VT_3 间采用阻容耦合方式，它们的工作点彼此独立，因此应采用分级测量的方法查找故障。

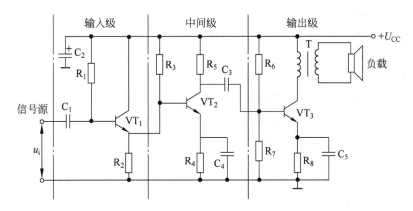

图 8.4.6　多级放大器电路图

第三步，当多级放大电路中有集成放大器时，应先找到集成电路的信号输入引脚和输出引脚，然后将信号加到集成电路的信号输入端，观察输出端是否有信号。若无信号输出，不能立即判断集成电路损坏，应继续检测集成电路各引脚的工作电压。如测得某一个引脚工作电压不正常，同样不能判断集成电路是坏的，还要检查引脚端的外围电路元件。如果外围电路元件是好的，则说明集成器件已损坏，需要更换新的器件。若外围元件有坏件，应更换后重复上述步骤，直至集成电路工作正常。

第四步，对于含有频率补偿电路或分频电路的多级放大电路，可采用电路分割法，将频率补偿或分频电路断开后再进行检查。

3. 注意事项

在初次制作电子电路产品时，故障多出现在元器件、线路和焊接工艺三方面，应重点检查这几个方面：

1）元器件检测

（1）应检查元器件是否有安装错误，器件极性是否安装正确。

（2）检查导线连接是否有错焊、漏焊现象，导线是否被烫伤，多股线芯部分是否折断。

2）焊接检测

初次焊接时很容易产生虚焊等问题。对于怀疑有虚焊点的电路，可将电烙铁蘸满松香，将焊点重新熔融一遍。注意此时不要加过多的焊锡，只有在焊点焊锡过少时可少量补锡，否则过多的焊锡会形成堆焊点，更容易在焊点内部产生空气包或形成豆腐渣状的不良情况。

3）线路检测

应仔细检查电路连接问题，看电路连接是否有设计上的重大缺陷。

故障检测人员应该了解，排除故障不能只求功能恢复，还要求全部性能都达到技术要求；更不能不加分析，不把故障的根源找出来，而盲目更换元器件，因为这只能排除表面的故障。

8.4.2　基本元器件拆卸方法

拆焊又称解焊，是指在调试、维修或焊错的情况下，将已焊接的连线或元器件拆卸下来。在实际操作上，拆焊要比焊接更困难，更需要使用恰当的方法和工具。如果拆焊不当，便很容易损坏元器件，或使铜箔脱落而破坏印制电路板。

1. 拆卸基本知识

除普通电烙铁外,拆焊时常用的工具还有如下几种。

1) 拆焊工具

(1) 吸锡器

吸锡器用于收集拆卸电子元件时熔融的焊锡,是拆焊时常用的工具,有手动和电动两种,如图 8.4.7。维修拆卸零件需要使用吸锡器,尤其是大规模集成电路,更为难拆,拆不好容易破坏印制电路板,造成不必要的损失。

按照吸筒壁材料,吸锡器可分为塑料吸锡器和铝合金吸锡器,大部分吸锡器均为活塞式结构。塑料吸锡器轻巧、做工一般、价格便宜,长型塑料吸锡器吸力较强;铝合金吸锡器外观漂亮、吸筒密闭性好,一般可以单手操作,更加方便。

按照是否可以电加热,吸锡器可以分为手动吸锡器和电热吸锡器。手动吸锡器可配合电烙铁一起使用;电热吸锡器直接可以拆焊,部分电热吸锡器还附带烙铁头,换上后可以作为电烙铁使用。手动吸锡器一般大部分是塑料制品,它的头部由于常常接触高温,因此通常采用耐高温塑料制成。

(a)   (b)

图 8.4.7 吸锡器
(a) 手动吸锡器;(b) 电动吸锡枪

胶柄手动吸锡器的里面有一个弹簧,使用时,先把吸锡器末端的滑杆压入,直至听到"咔"声,则表明吸锡器已被固定。再用电烙铁对接点进行加热,使接点上的焊锡熔化,同时将吸锡器靠近接点,按下吸锡器上面的按钮即可将焊锡吸上。若一次未吸干净,可重复上述步骤。

电动吸锡器一般呈手枪式结构,也叫作电动吸锡枪。主要由真空泵、加热器、吸锡头及容锡室组成,是集电动、电热吸锡于一体的新型除锡工具。电动吸锡器由于自带电热头,单手就能用,用起来方便很多。吸锡枪接通电源后,进行 5~10min 预热。当吸锡头的温度升至最高时,用吸锡头贴紧焊点使焊锡熔化。同时将吸锡头内孔一侧贴在引脚上,并轻轻拨动引脚,待引脚松动、焊锡充分熔化后,扣动扳机吸锡即可。

(2) 吸锡带

如图 8.4.8 所示,吸锡带是一种特制的涂了助焊剂的细铜丝编织带,能够有效地将熔化的焊锡吸附在金属丝上,尤其是处理少量焊锡时,吸得非常干净,常用来精密去除多余焊锡。由于吸锡带不能重复使用,属于消耗品,单用损耗较大,常和吸锡器搭配使用。

吸锡带使用时和吸锡器一样,都需要配合电烙铁。首先要用电烙铁将焊点上的焊锡熔融后,再用吸锡带将多余的焊锡吸走。

由于吸锡带十分柔软,没有吸锡器使用时的物理振动,因此常在集成芯片拆卸中使用。此外,使用吸锡带清除印制电路板上的焊盘时,不会影响周围紧密排列的其他元器件。

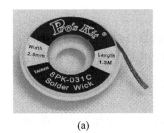
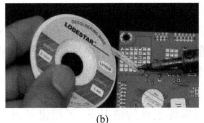

图 8.4.8　吸锡带

(a) 吸锡带；(b) 吸锡带和电烙铁配合使用

（3）空心针

空心针的作用是方便拆卸元器件的引脚，使用方法是：将针孔穿入元器件引脚，用电烙铁加温，略作旋转，即可使元器件引脚与印制电路板铜箔彻底分离。空心针多用来拆卸老式直插元件的焊盘。空心针可用医用针管改装，要选取不同直径的空心针管。市场上也有维修专用的空心针出售，如图 8.4.9 所示。

图 8.4.9　空心针

（4）镊子

拆焊以选用端头较尖的不锈钢镊子为佳，它可以用来夹住元器件引线，挑起元器件引脚或线头。

2）清洗工具

清洗工具是用来清洗电路板与元器件的，经常在拆焊或完成整个电路的焊接时使用。

（1）毛刷、酒精

清洁用的工具最常见的是毛刷和酒精。在清洗多余焊膏、松香、杂质时，一般都使用酒精擦涂，一般医用酒精即可满足使用要求。

毛刷在选择时应注意，必须是防静电的。应使用天然材料制成的毛刷，禁用塑料毛刷。其次，若使用金属工具进行清洁，必须切断电源，且对金属工具进行泄放静电的处理。常用毛刷和酒精如图 8.4.10 所示。

（2）气囊

气囊是元器件维修或保养时的必备清洁工具，它可清除物体表面和隐蔽处的灰尘，同时也可清除机内清洗后附着的水分。在使用气囊时要轻轻按动，将灰尘驱离机身即可，不要过于猛烈地用气吹，灰尘不是沙子，很多都能在空气中飘浮很久，短时间内不会自行落地，还会再沾染到元器件上，反而更麻烦。气囊外形如图 8.4.11 所示。

图 8.4.10　清洗工具

(a) 酒精；(b) 毛刷

图 8.4.11　气囊

（3）脱脂棉、棉签

清洗时也会用脱脂棉进行擦拭；对于引脚微小的器件，还会使用棉签蘸取酒精进行擦拭。选用普通医药商店销售的脱脂棉、棉签即可，选购脱脂棉时尽量挑选纤维比较长、比较整齐的。

2. 拆卸步骤

1）用镊子进行拆焊

在没有专用拆焊工具的情况下，可用镊子进行拆焊。因其操作简单，是印制电路板上元器件拆焊常采用的方法。由于焊点的形式不同，其拆焊的方法也不同。

（1）分点拆焊

对于印制电路板中引线之间焊点距离较大的元器件，拆焊时相对容易，一般采用分点拆焊的方法，如图8.4.12所示。操作过程如下：

第一步，固定印制电路板，用镊子从元器件所在面夹住被拆元器件的一根引线。

第二步，用电烙铁对被夹引线上的焊点进行加热，以熔化该焊点的焊锡。

第三步，待焊点上焊锡全部熔化，将被夹的元器件引线轻轻从焊盘孔中拉出。

第四步，用同样的方法拆焊被拆元器件的另一根引线。

第五步，用烙铁头清除焊盘上多余焊料。

（2）集中拆焊

对于拆焊印制电路板中引线之间焊点距离较小的元器件，如三极管等，拆焊时具有一定的难度，多采用集中拆焊的方法，如图8.4.13所示。

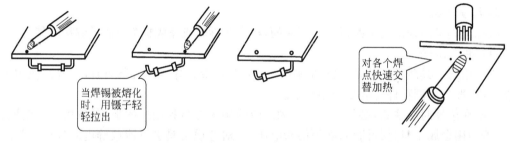

当焊锡被熔化时，用镊子轻轻拉出

对各个焊点快速交替加热

图8.4.12　分点拆焊示意图　　　　**图8.4.13　集中拆焊示意图**

集中拆焊的操作过程如下：

第一步，固定印制电路板，用镊子从元器件一侧夹住被拆焊元器件。

第二步，用电烙铁对被拆元器件的各个焊点快速交替加热，以同时熔化各焊点的焊锡。

第三步，待焊点上的焊锡全部熔化，将被夹的元器件引线轻轻从焊盘孔中拉出。

第四步，用烙铁头清除焊盘上多余焊料。

注意：此办法加热要迅速，注意力要集中，动作要快。如果焊接点引线是弯曲的，要逐点间断加温，先吸取焊点上的焊锡，露出引脚轮廓，并将引线拉直后再拆除元器件。

（3）同时加热拆焊

在拆卸引脚较多、较集中的元器件（如天线圈、振荡线圈等）时，采用同时加热方法比较有效，操作过程如下：

第一步，用较多的焊锡将被拆元器件的所有焊点连在一起。

第二步，用镊子夹住被拆元器件。

第三步，用内热式电烙铁头对被拆焊点连续加热，使被拆焊点同时熔化。

第四步，待焊锡全部熔化后，同时将元器件从焊盘孔中轻轻拉出。

第五步，清理焊盘，用一根不沾锡的 φ3mm 的钢针从焊盘面插入孔中，如焊锡封住焊孔，则需用烙铁熔化焊点。

2）用吸锡工具进行拆焊

（1）用专用吸锡烙铁进行拆焊

对焊锡较多的焊点，可采用吸锡电烙铁去锡脱焊。拆焊时，吸锡电烙铁加热和吸锡同时进行，如图 8.4.14 所示。

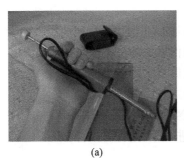 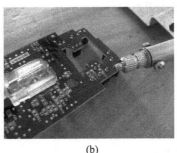

(a)   (b)

图 8.4.14 吸锡电烙铁拆焊

（a）通电加热，推下活塞；（b）熔化焊点并吸锡

用吸锡电烙铁去锡脱焊的操作过程如下：

第一步，吸锡时，根据元器件引线的粗细选用锡嘴的大小。

第二步，吸锡电烙铁通电加热后，将活塞柄推下卡住。

第三步，锡嘴垂直对准吸焊点，待焊点焊锡熔化后，再按下吸锡烙铁的控制按钮，焊锡即被吸进吸锡烙铁中。反复几次，直至元器件从焊点中脱离。

若吸锡时，焊锡尚未充分熔化，则可能造成引脚处有残留焊锡。遇到此类情况时，应在该引脚处补上少许焊锡，然后再用吸锡烙铁或吸锡枪吸锡。根据元器件引脚的粗细，可选用不同规格的吸锡头。标准吸锡头内孔直径为 1mm、外径为 2.5mm。若元器件引脚间距较小，应选用内孔直径为 0.8mm、外径为 1.8mm 的吸锡头；若焊点大、引脚粗，可选用内孔直径为 1.5～2.0mm 的吸锡头。

吸锡烙铁或吸锡枪在使用一段时间后必须清理，否则内部活动的部分或头部会被焊锡卡住。

（2）用吸锡器进行拆焊

吸锡器就是专门用于拆焊的工具，装有一种小型手动空气泵，如图 8.4.15 所示。使用吸锡器的拆焊过程如下：

第一步，将吸锡器的吸锡压杆压下。

第二步，用电烙铁将需要拆焊的焊点熔融。

第三步，将吸锡器吸锡嘴套入需拆焊的元件引脚，并没入熔融焊锡。

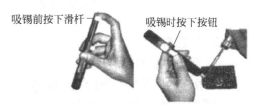

吸锡前按下滑杆 吸锡时按下按钮

图 8.4.15 吸锡器拆焊示意图

第四步，按下吸锡按钮，吸锡压杆在弹簧的作用下迅速复原，完成吸锡动作。如果一次吸不干净，可多吸几次，直到焊盘上的锡吸净，而使元器件引脚与铜箔脱离。

手动吸锡器使用时应注意以下事项：

① 要确保吸锡器活塞密封良好。通电前，用手指堵住吸锡器的小孔，按下按钮，如活塞不易弹出到位，说明密封是好的。

② 吸锡器头的孔径有不同尺寸，使用时要选择合适的规格。

③ 吸锡器头用旧后，要适时更换新的。

④ 接触焊点以前，每次都蘸一点松香，改善焊锡的流动性。

⑤ 头部接触焊点的时间应稍长些，当焊锡熔化后，以焊点针脚为中心，手向外按顺时针方向画一个圆圈之后，再按动吸锡器按钮。

（3）用吸锡带进行拆焊

吸锡带是一种通过毛细吸收作用吸取焊料的细铜丝编织带，使用吸锡带去锡脱焊，操作简单，效果较佳，如图 8.4.16 所示。其拆焊操作方法如下：

第一步，将铜编织带（专用吸锡带）放在被拆焊的焊点上。

第二步，用电烙铁对吸锡带和被焊点进行加热。

第三步，一旦焊料熔化时，焊点上的焊锡逐渐熔化并被吸锡带吸去。

第四步，如被拆焊点没完全吸除，可重复进行。每次拆焊时间 2～3s。

（4）空心针拆焊

如图 8.4.17 所示，使用空心针拆焊分为四步：

第一步，根据元器件引脚的粗细选用合适的空心针头，常备有 9～24 号针头各一只。

第二步，操作时，右手用电烙铁加热元器件的引脚，使元件引脚上的锡全部熔化。

第三步，左手把空心针头左右旋转刺入引脚孔内，使元件引脚与铜箔分离。

第四步，针头继续转动，去掉电烙铁，等焊锡固化后，停止针头的转动并拿出针头，就完成了拆焊任务。

图 8.4.16　吸锡带拆焊

图 8.4.17　空心针拆焊

3. 注意事项

1）严格控制加热的时间与温度

一般元器件及导线绝缘层的耐热较差，受热易损元器件对温度更是十分敏感。在拆焊时，如果时间过长，温度过高会烫坏元器件，甚至会使印制电路板焊盘翘起或脱落，进而给继续装配造成很多麻烦。因此，一定要严格控制加热的时间与温度。

2）拆焊时不要用力过猛

塑料密封器件、瓷器件和玻璃端子等在加温情况下，强度都有所降低，拆焊时用力过猛会引起器件和引线脱离或铜箔与印制电路板脱离。

3) 不要强行拆焊

不要用电烙铁去撬或晃动接点,不允许用拉动、摇动或扭动等办法去强行拆除焊接点。

4) 各类焊点的拆焊方法和注意事项

各类焊点的拆焊方法和注意事项见表 8.4.1。

表 8.4.1 各类焊点的拆焊方法和注意事项

焊点类型		拆焊方法	注意事项
引线焊点拆焊		首先用烙铁头去掉焊锡,然后用镊子撬起引线并抽出。如引线采用的是缠绕的焊接方法,则要将引线用工具拉直后再抽出	撬、拉引线时不要用力过猛,也不要用烙铁头乱撬,要先弄清引线的方向
引脚不多元器件的焊点拆焊		采用分点拆焊法,用电烙铁直接进行拆焊。一边用电烙铁对焊点加热至焊锡熔化,一边用镊子夹住元器件的引线,轻轻地将其拉出来	这种方法不宜在同一焊点上多次使用,因为印制电路板上的铜箔经过多次加热后很容易与绝缘板脱离而造成电路板的损坏
有塑料骨架的元器件的拆焊		因为这些元器件的骨架不耐高温,所以可以采用间接加热拆焊法。拆焊时,先用电烙铁加热除去焊接点焊锡,露出引线的轮廓,再用镊子或针挑开焊盘与引线间的残留焊锡,最后用烙铁头对已挑开的个别焊点进行加热,待焊锡熔化时,迅速拔下元器件	不可长时间对焊点进行加热,防止塑料骨架变形
焊点密集的元器件的拆焊	采用空心针管	使用电烙铁除去焊接点焊锡,露出引脚的轮廓。选用直径合适的空心针管,将针孔对准焊盘上的引脚。待电烙铁将焊锡熔化后迅速将针管插入电路板的焊孔并左右旋转,这样元器件的引线便和焊盘分开了。 优点:引脚和焊点分离彻底,拆焊速度快。很适合体积较大的元器件和引脚密集的元器件的拆焊。 缺点:不适合引脚呈扁片状元器件(如双联电容器)的拆焊,也不适合像导线这样不规则引脚的拆焊	① 选用针管的直径要合适。直径小于引脚则插不进;直径大了,在旋转时很容易使焊点的铜箔和电路板分离而损坏电路板。② 在拆焊引脚密集的元器件(如集成电路)时,应首先使用电烙铁除去焊接点焊锡,露出引脚的轮廓。以免连续拆焊过程中残留焊锡过多而对其他引脚拆焊造成影响。③拆焊后若有焊锡将引线插孔封住,可用铜针将其捅开
	采用吸锡电烙铁	它具有焊接和吸锡的双重功能。在使用时,只要把烙铁头靠近焊点,待焊点熔化后按下按钮,即可把熔化的焊锡吸入储锡盒内	需在焊点熔化后再按下按钮,以保证熔化的焊锡可以被吸入储锡盒
	采用吸锡器	吸锡器本身不具备加热功能,它需要与电烙铁配合使用。拆焊时先用电烙铁对焊点进行加热,待焊锡熔化后撤去电烙铁,再用吸锡器将焊点上的焊锡吸除	撤去电烙铁后,吸锡器要迅速移至焊点吸锡,避免焊点再次凝固而导致吸锡困难
	采用吸锡绳	使用电烙铁除去焊接点焊锡,露出导线的轮廓。将在松香中浸过的吸锡绳贴在待拆焊点上,用烙铁头加热吸锡绳,通过吸锡绳将热量传导给焊点熔化焊锡,待焊点上的焊锡熔化并吸附在锡绳上,抻起吸锡绳。如此重复几次即可把焊锡吸完。此方法在高密度焊点拆焊操作中具有明显优势	吸锡绳可以自制,方法是将多股胶质电线去皮后拧成绳状(不宜拧得太紧),再加热吸附上松香助焊剂即可

8.4.3 贴片元器件拆卸方法

1. 拆焊工具

贴片式元器件由于体积小、引脚多,因此拆焊起来往往非常麻烦,需要一定的经验和技巧。拆卸贴片元器件使用的工具也和普通拆焊略有不同,除 8.4.2 节中提到的拆焊工具外,还有以下几种。

1) 热风台、热风枪

如图 8.4.18 所示,热风台、热风枪主要是利用发热电阻丝的枪芯吹出的热风来对元件进行焊接与摘取元件。热风台、热风枪控制电路的主体部分包括温度信号放大电路、比较电路、晶闸管控制电路、传感器、风控电路等。为了提高电路的整体性能,还设置有辅助电路,如温度显示电路、关机延时电路和过零检测电路。设置温度显示电路是为了便于调温。温度显示电路显示的是电路的实际温度,在操作过程中可以依照显示屏上显示的温度来手动调节。

图 8.4.18　热风台、热风枪

2) BGA 焊台

BGA(ball grid array)的全称是球栅阵列封装,它是集成电路的一种封装法,它的 I/O 端子以圆形或柱状焊点按阵列形式分布在封装下面,如图 8.4.19 所示。由于 BGA 芯片焊接的温度要求比较高,引脚的分布形式与普通器件也有一定差别,一般用的加热工具(如热风枪)满足不了它的需求,因此常用专业的 BGA 焊台来进行拆焊工作。BGA 焊台一般也叫 BGA 返修台,在工作的时候按照标准的回流焊曲线温度进行设定。用好一点的 BGA 焊台进行元器件焊接、检修等工作,成功率可以达到 98% 以上。

(a)　　　　　　　　　　　(b)

图 8.4.19　BGA 拆焊工具

(a) BGA 封装形式;(b) BGA 焊台

3）专用拆焊烙铁头

对于表面组装技术贴片器件来说，还可以采用不同规格的专用烙铁头来进行拆卸。拆焊时只要根据器件尺寸，将专用烙铁头更换至普通电烙铁上即可使用，与其他焊接工具相比较，无须操作人员有很高的操作技巧。在使用专用拆焊烙铁头时，一定注意要根据元器件尺寸选择合适的烙铁头，尺寸合适是降低芯片损伤的先决条件。

（1）镊型烙铁头，如图8.4.20(a)所示，可拆除多种元器件，具有使用灵活、工作效率高等特点。

（2）开槽式烙铁头，常用于超小尺寸元器件的拆焊，如图8.4.20(b)所示。

（3）隧道式烙铁头，常用于引脚排列在两边SMT器件的拆焊，如图8.4.20(c)所示。

（4）方形烙铁头，常用于四边引出引脚的SMT器件的拆焊，如图8.4.20(d)所示。

（5）扁铲式烙铁头（图8.4.20(e)），用于拆焊完成后，清除残留焊锡，常和吸锡带配合使用。使用时要选择合适的尺寸，吸锡带宽度应与焊盘宽度一致，并选用符合工艺要求的助焊剂。若残留焊锡较少，且符合工艺要求，可不用吸锡带，直接用扁铲式烙铁头平整焊盘。

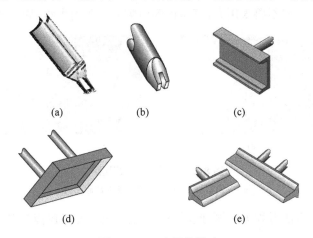

(a)　　　　　(b)　　　　　(c)

(d)　　　　　(e)

图8.4.20　专用烙铁头

2. 拆焊步骤

1）热风枪拆焊

第一步，选择合适的热风头。热风枪的热风头是可以更换的，拆焊前应首先根据需要拆焊的器件尺寸，选择合适的热风头。

第二步，热风枪加热。将热风枪对准拆焊芯片，均匀加热芯片各个引脚，如图8.4.21所示。

热风枪在使用时应特别注意温度、风量、时间、距离的控制。在吹带塑料外壳的集成芯片时，过高的温度、过长的时间、过近的距离都会把塑料外壳吹变形或烧坏元器件。若温度过低、风量过小，势必增加熔化焊点的时间，反而会使过多的热量传到芯片内部，损坏器件。若风量过大，则可能影响周边器件，甚至将周围元器件吹跑。

图8.4.21　热风枪拆焊

初学者使用时可将温度、送风量旋钮调至中间挡位。以热风枪850为例，可把热风枪的刻度温度调到 5.5，热风枪的刻度风量调到 6.5～7，此时实际温度是 270～280℃。风枪嘴离功放的高度应为 8cm 左右(可根据情况自己掌握，但不能太近)。

第三步，移除芯片。因为金属导热快，锡很快就会熔化。待芯片各引脚焊锡均熔化时，就可以用镊子将器件完好无损地取下来。

第四步，清理及补焊。在原来的焊盘上补焊新的功放器件前，还应先用风枪对焊盘进行加热清理。若遗留焊锡适中，且符合工艺要求，可待焊盘上的焊锡熔化时直接放上新的器件，然后用热风枪吹元器件引脚就可以完成补焊。若焊盘上遗留的焊锡过多且不规则，无法采用前述方法补焊时，应将焊盘上残留的焊锡、助焊剂等清除干净，重新进行新元器件的焊接。

2) 电烙铁拆焊

第一步，先在元器件一边的引脚上锡，另一边不要上锡。这时上锡一侧会微微翘起，如图 8.4.22(a)所示。

第二步，用镊子顶住翘起一侧，并用电烙铁对翘起一侧进行拖焊。当焊锡逐渐熔化时，用镊子轻轻撬动芯片，但不要太用力，直至该侧引脚完全脱离焊盘，如图 8.4.22(b)所示。

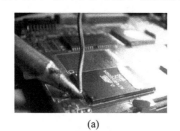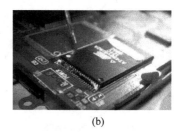

(a)　　　　　　　　　　　　　　　　(b)

图 8.4.22　拆焊一侧引脚

(a) 一侧引脚上锡；(b) 镊子顶住翘起一侧

第三步，用同样方法拆焊另一侧，此时可不用镊子撬，直接在拖焊时用镊子移除芯片即可，如图 8.4.23 所示。

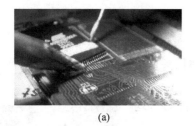

(a)　　　　　　　　　　　　　　　　(b)

图 8.4.23　移除芯片

(a) 拆焊另一侧引脚；(b) 移除下来的芯片

第四步，清理引脚和焊盘。首先给烙铁上锡，在烙铁上形成锡珠，如图 8.4.24 所示。

然后，用镊子倾斜着夹持芯片，涂上焊剂，然后用烙铁头上带的锡珠，自上而下拖动，如图 8.4.25(a)所示。拖动的时候，如果还见到连锡，可以用烙铁头碰一下这些脚，然后横向抽开，直至引脚连锡清除干净，如图 8.4.25(b)所示。

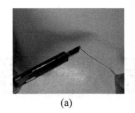 

(a)　　　　　　　　　　　　(b)

图 8.4.24　烙铁上锡形成锡珠

(a) 烙铁上锡；(b) 形成锡珠

 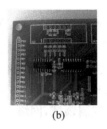

(a)　　　　　　　　　　　　(b)

图 8.4.25　清理引脚连锡

(a) 带锡珠拖焊；(b) 清理完毕的芯片

3. 注意事项

(1) 对热敏感的电路板和芯片要避免选择温度过高的烙铁头或热风枪。

(2) 对接地铜箔过多的电路板以及焊点过大的芯片,要选择温度较高的烙铁头或热风枪。这样才可保证在所需的时间范围内使焊点的焊锡达到熔化。

(3) 对元器件密度大的电路板需采用超细烙铁头,此时最好选择温度高的烙铁头对焊点进行快速的热传导。

(4) 如果拆除的芯片仍打算重新使用,在拆除时要格外小心,注意不要损伤芯片的引脚。

(5) 电路板上的焊盘总是要重复使用的,因为高温度将会把粘贴焊盘的黏合剂破坏使焊盘脱落,所以要尽量在较短的时间内采用较低的温度进行焊接。

(6) 请勿将热风枪与化学类(塑料类)的刮刀一起使用。

(7) 当热风枪使用时或刚使用过后,不要去碰触喷嘴。热风枪的把手必须保持干燥、干净,且远离油品或瓦斯。热风枪严禁对着人直吹。

(8) 热风枪要完全冷却后才能存放。

思考题与习题

1. 常见的干扰和噪声有哪些? 尝试进行观测。

2. 什么是干扰滤波技术? 什么是接地技术? 什么是屏蔽技术?

3. 电路故障检修的步骤有哪些?

第 9 章

小型智能机器人控制器设计

机器人控制器是根据指令以及传感信息控制机器人完成一定动作或作业任务的装置，它是机器人的心脏，决定了机器人性能的优劣。常见的机器人控制器有单片机、嵌入式系统、FPGA、PC 机等，本书涉及的小型智能机器人选用的是国际通用的 Arduino 单片机控制器。因为它具有技术开源、获取方便、成本低廉、维修简单等优点，目前已经越来越多地应用在小型机器人及相关控制领域，网络资源及相关书籍非常丰富，十分适合初学者及机器人制作爱好者使用。

9.1 Arduino 介绍

Arduino 是一种开源单片机控制器，它以 Atmel AVR 单片机为核心，采用基于开放源代码的软硬件平台，构建开放源代码的 simple I/O 接口板，使用类似 Java、C 语言的 Processing/Wiring 开发环境，开发语言和开发环境简单、易理解，初学者可以快速使用 Arduino 做出有趣的东西。Arduino 可以配合红外传感器、超声波传感器、蓝牙、WIFI 等，其开发环境界面基于开放源码原则，可以免费下载使用，可以开发出更多智能机器人作品。

Arduino 控制板是以 ATmegaXX 单片机为核心的单片机最小系统板，主要包括两部分：一部分是 ATmegaXX 单片机最小系统，另一部分是 USB 转串口电路。Arduino 开发板是实现代码功能的地方，因为开发板只能控制和响应电信号，所以开发板集成一些特定的元件以实现与现实世界的交互。这些组件可以是将物理量转换成开发板能感应电信号的传感器，或者是将开发板上电信号变化转换成现实世界物理变化的执行器、交换器、加速度计、超声波距离传感器等；而执行器是指 LED、扬声器、电机以及显示器等。目前，已经有许多可以运行 Arduino 软件的官方开发板，以及由 Arduino 委员会成员开发的兼容性强的 Arduino 开发板。

9.2 控制器开发板简介

本节主要介绍 Arduino Uno R3 开发板。Arduino Uno 是 Arduino USB 接口系列的最新版本，作为 Arduino 平台的参考标准模板，其实物如图 9.1 所示。Uno 的控制器核心是 ATmega 328，同时具有 14 路数字输入输出接口（其中 6 路可作为 PWM 输出）、6 路模拟输入、一个 16MHz 晶体振荡器、一个 USB 口、一个电源插座、一个 ICSP header 和一个复位按钮。

图 9.1　Arduino Uno 开发板

Uno 板具有以下特点：

(1) 在 AREF 处增加了两个引脚 SDA 和 SCL，支持 I²C 接口。

(2) 增加 IOREF 和一个预留引脚，扩展板将能兼容 5V 和 3.3V 核心板。

(3) 改进了复位电路设计。

(4) USB 接口芯片由 ATmega16U2 替代了 ATmega8U2。

Arduino Uno 的主要特性包括：处理器 ATmega328 的工作电压 5V，输入电压（推荐）7～12V，数字 I/O 脚 14 个（其中 6 路作为 PWM 输出），模拟输入脚 6 个；I/O 脚直流电流 40mA，3.3V 脚直流电流 50mA；Flash Memory 32KB（ATmega328，其中 0.5KB 用于 bootloader），SRAM 2KB（ATmega328），EEPROM 1KB（ATmega328）；工作时钟 16MHz。

1. 电源

Arduino Uno 可以通过 3 种方式供电，而且能自动选择供电方式；外部直流电源通过电源插座供电；电池连接电源连接器的 GND 和 VIN 引脚；USB 接口直接供电。

电源引脚说明如下：

(1) VIN：外部直流电源接入电源插座时，可以通过 VIN 向外部供电；也可以通过此引脚向 Uno 直接供电；VIN 有电时将忽略从 USB 或者其他引脚接入的电源。

(2) 5V：通过稳压器或 USB 的 5V 电压为 Uno 上的 5V 芯片供电。

(3) 3.3V：通过稳压器产生的 3.3V 电压，最大驱动电流 50mA。

(4) GND：地。

2. 存储器

ATmega328 包括片上 32KB Flash，其中 0.5KB 用于 bootloader，同时还有 2KB SRAM 和 1KB EEPROM。

3. 输入输出

Arduino Uno 包括 14 路数字输入输出和 6 路模拟输入。其中 14 路数字输入输出的工作电压为 5V，每一路输出和接入最大电流为 40mA。每一路配置了 20～50kΩ 内部上拉电阻（默认不连接）。除此之外，部分引脚有特定功能，列举如下：

(1) 串口信号 RX(0 号)、TX(1 号)：与内部 ATmega8U2 USB 转 TTL 芯片相连，提供 TTL 电压水平的串口接收信号。

(2) 外部中断(2 号和 3 号)：触发中断引脚，可设成上升沿、下降沿或同时触发。

(3) 脉冲宽度调制 PWM(3、5、6、9、10、11)：提供 6 路 8 位 PWM 输出。

(4) SPI(10(SS)、11(MOSI)、12(MISO)、13(SCK))：SPI 通信接口。

(5) LED(13 号)：Arduino 专门用于测试 LED 的保留接口，输出为高时点亮 LED；输出为低时 LED 熄灭。

此外，6 路模拟输入 A0～A5 的每一路具有 10 位的分辨率(即输入有 1024 个不同值)，默认输入信号范围为 0～5V，可以通过 AREF 调整输入上限。除此之外，部分引脚的特定功能如下所述。

(1) TWI 接口(SDA A4 和 SCL A5)：支持通信接口(兼容 I^2C 总线)。

(2) AREF：模拟输入信号的参考电压。

(3) RESET：信号为低时复位单片机芯片。

4. 通信接口

(1) 串口：ATmega328 内置的 UART 可以通过数字口 0(RX)和 1(TX)与外部实现串口通信；ATmega16U2 可以访问数字口，实现 USB 上的虚拟串口。

(2) TWI(兼容 I^2C)接口。

(3) SPI 接口。

5. 程序下载方式

(1) Arduino Uno 上的 ATmega328 已经预置了 bootloader 程序，因此可以通过 Arduino 软件直接下载程序到 Uno 中。

(2) 可以直接通过 Uno 上的 ICSP header 下载程序到 ATmega328 中。

(3) ATmega16U2 的 Firmware(固件)也可以通过 DFU 工具升级。

6. 使用时的注意事项

(1) Arduino Uno 上 USB 口附近有一个可重置的保险丝，对电路起保护作用，当电流超过 500mA 时会断开 USB 连接。

(2) Arduino Uno 提供了自动复位设计，可以通过主机复位。这样可通过 Arduino 软件下载程序到 Uno 中。软件可以自动复位，不需要再按复位按钮。在印制板上丝印 RESET EN 处可以使能和禁止该功能。

以下是 Uno 开发板中各部分的功能。

(1) 复位按键：按下复位按键，开发板复位(硬件复位)。

(2) TWI(I^2C 接口)：用于连接 I^2C 协议的外部设备，需要把各自模块的 SDA 和 SCL 分别并接在 Arduino Uno 的 SDA 和 SCL 上(A4 和 A5)，加上拉电阻，共用电源，通过调用相关库函数实现 I^2C 通信。

(3) 数字输入输出接口：14 个数字输入输出接口，可通过软件配置相应接口的输入输出功能，其中带有"～"符号的引脚支持 PWM 功能(3、5、6、10、11 引脚)，通过相应的函数配置操作 PWM 的相关参数。

(4) 可编程控制的 LED 灯：可通过程序控制灯的亮灭、闪烁等状态。

(5) 串口收发指示灯：指示串口的收发状态。

(6) 电源指示灯：指示电源状态，上电灯亮。

(7) ICSP 编程接口：ICSP 编程接口，也可用于 SPI 通信。

(8) 主控单片机 ATmega328：Arduino Uno 开发板的主控芯片。

(9) 模拟输入接口：6 个模拟量输入接口，可通过调用相关函数实现 A/D 采样。

（10）电源接口：提供 5V 和 3.3V 电源。

（11）USB 接口：Arduino Uno 通过 USB 接口连接 PC 机，实现 Arduino Uno 开发板和 PC 之间的通信。

（12）ATmega16U2：USB 转串口的控制芯片。

（13）稳压芯片：AMS1117 稳压芯片，5V 和 3.3V 电源稳压器。

（14）DC 电源输入接口：Arduino Uno 可以使用外接电源进行输入，外接电源范围为 7～12V，原则上越靠近 7V 越好。

9.3　控制器片上资源介绍

Arduino Uno R3 的核心为 ATmega32XX 系列单片机，该系列单片机引脚如图 9.3.1 所示。

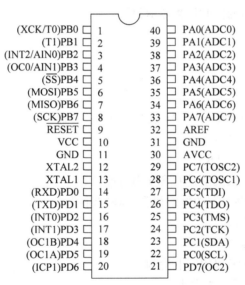

图 9.3.1　ATmega32XX 系列单片机引脚图

ATmega 32XX 系统单片机的主要特性有：

（1）高性能、低功耗的 8 位 AVR 微处理器。

（2）先进的 RISC 结构。

（3）131 条指令，且大多数指令执行时间为单个时钟周期。

（4）32 个 8 位通用工作寄存器。

（5）全静态工作。

（6）工作于 16MHz 时性能高达 16MIPS。

（7）只需两个时钟周期的硬件乘法器。

（8）非易失性程序和数据存储器。

（9）32KB 的系统内可编程 Flash。

（10）擦写寿命：10000 次。

（11）具有独立锁定位的可选 Boot 代码区。

（12）通过片上 Boot 程序实现系统内编程。

（13）真正的同时读写操作。

（14）1024 字节的 EEPROM。

（15）2KB 片内 SRAM。

（16）可以对锁定位进行编程实现用户程序的加密。

（17）JTAG 接口（与 IEEE 1149.1 标准兼容）。

（18）符合 JTAG 标准的边界扫描功能。

（19）支持扩展的片内调试功能。

（20）通过 JTAG 接口实现对 Flash、EEPROM、熔丝位和锁定位编程。

该系列产品的外设特点如下：

（1）两个具有独立预分频器和比较器功能的 8 位定时器/计数器。

（2）一个具有预分频器、比较功能和捕捉功能的 16 位定时器/计数器。

（3）具有独立振荡器的实时计数器 RTC。

（4）四通道 PWM。

（5）8 路 10 位 ADC。

（6）8 个单端通道。

（7）TQFP 封装的 7 个差分通道。

（8）两个具有可编程增益（1x，10x 或 200x）的差分通道。

（9）面向字节的两线接口。

（10）可编程的串行 USART。

（11）可工作于主机/从机模式的 SPI 串行接口。

（12）具有独立片内振荡器的可编程看门狗定时器。

（13）片内模拟比较器。

其特殊的处理器特点如下：

（1）上电复位以及可编程的掉电检测。

（2）片内经过标定的 RC 振荡器。

（3）片内/片外中断源。

（4）6 种睡眠模式，即空间模式、ADC 噪声抑制模式、省电模式、掉电模式、Standby 模式以及扩展的 Standby 模式。

（5）I/O 和封装。

（6）32 个可编程的 I/O 口。

（7）40 引脚 PDIP 封装、44 引脚 TQFP 封装与 44 引脚 MLF 封装。

其工作电压为如下：

（1）ATmega32L 为 2.7～5.5V；

（2）ATmega32 为 4.5～5.5V。

速度等级为如下：

（1）ATmega32L 为 0～8MHz；

（2）ATmega32 为 0～16MHz。

ATmega32L 在 1MHz、3V、25℃时的功耗如下：

(1) 正常模式为 1.1mA。

(2) 空闲模式为 0.35mA。

(3) 掉电模式＜1μA。

芯片引脚说明如下：

(1) VCC：数字电路的电源。

(2) GND：地。

(3) 端口 A(PA7～PA0)：端口 A 为 A/D 转换器的模拟输入端。端口 A 为 8 位双向 I/O 口，具有可编程的内部上拉电阻，其输出缓冲器具有对称的驱动特性，可以输出和吸收大电流。作为输入使用时，若内部上拉电阻使能，则端口被外部电路拉低时将输出电流。在复位过程中，即使系统时钟还未起振，端口 A 处于高阻状态。

(4) 端口 B(PB7～PB0)：端口 B 为 8 位双向 I/O，具有可编程的内部上拉电阻，其输出缓冲器具有对称的驱动特性，可以输出和吸收大电流。作为输入使用时，若内部上拉电阻使能，则端口被外部电路拉低时将输出电流。在复位过程中，系统时钟未起振时，端口 B 处于高阻状态。

(5) 端口 C(PC7～PC0)：端口 C 为 8 位双向 I/O，具有可编程的内部上拉电阻，其输出缓冲器具有对称的驱动特性，可以输出和吸收大电流。作为输入使用时，若内部上拉电阻使能，则端口被外部电路拉低时将输出电流。在复位过程中，系统时钟未起振时，端口 C 处于高阻状态。如 JTAG 接口使能，则需引脚 PC5(TDI)、PC3(TMS)与 PC2(TCK)的上拉电阻被激活，除去移出数据的 TAP 态外，TD0 引脚为高阻态。

(6) 端口 D(PD7～PD0)：端口 D 为 8 位双向 I/O，具有可编程的内部上拉电阻，其输出缓冲器具有对称的驱动特性，可以输出和吸收大电流。作为输入使用时，若内部上拉电阻使能，则端口被外部电路拉低时将输出电流。在复位过程中，系统时钟未起振时，端口 D 处于高阻状态。

(7) $\overline{\text{RESET}}$：复位输入引脚。持续时间超过最小门限时间的低电平将引起系统复位，持续时间小于门限时间的脉冲不能保证可靠复位。

(8) XTAL1：反向振荡放大器与片内时钟操作电路的输入端。

(9) XTAL2：反向振荡放大器的输出端。

(10) AVCC：端口 A 与 A/D 转换器的电源。不使用 ADC 时，该引脚应直接与 VCC 连接，使用 ADC 时应通过一个低通滤波器与 VCC 连接。

(11) AREF：A/D 的模拟基准输入引脚。

9.4　下载开发环境 Arduino IDE

Arduino 的开发环境(Arduino IDE)是完全免费而且是绿色开源的，无须安装，下载完成并解压缩后就可以直接打开使用。打开 Arduino 的网站 https://www.arduino.cc，选择 SOFTWARE→DOWNLOADS，如图 9.4.1 所示；下拉找到 Download the Arduino IDE，如图 9.4.2 所示；然后选择界面右侧 Windows Installer，如图 9.4.3 所示；再选择界面最下方 JUST DOWNLOAD 或 CONTRIBUTE & DOWNLOAD，如图 9.4.4 所示，进行开发环境安装软件的下载。

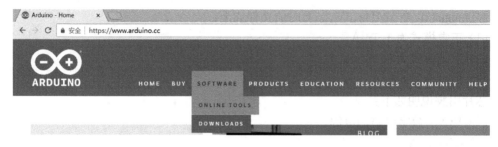

图 9.4.1　Arduino 官网主页

图 9.4.2　单击下载 Arduino IDE

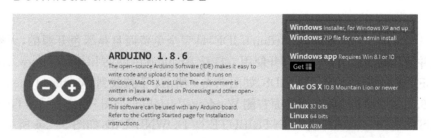

图 9.4.3　选择 Windows 版本

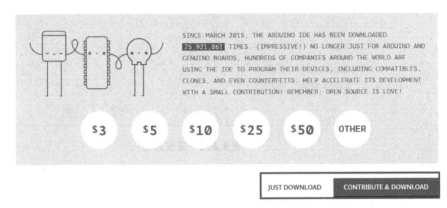

图 9.4.4　下载软件

9.5　安装开发环境 Arduino IDE

双击安装软件,单击 I Agree,出现图 9.5.1 所示界面。单击 Next,出现图 9.5.2 所示界面。选择合适安装路径,单击 Install,进行安装,出现图 9.5.3 所示界面。安装完毕后,可在桌面上看到如图 9.5.4 所示的快捷方式,此时安装成功。

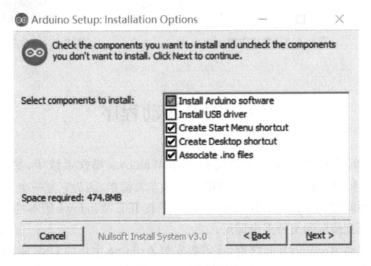

图 9.5.1　安装选项

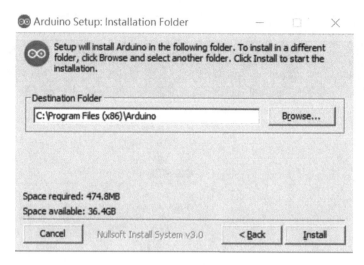

图 9.5.2　安装路径

图 9.5.3　安装完成

图 9.5.4　快捷方式图标

9.6　安装驱动程序

　　Arduino IDE 可以运行于所有较新和最新 Windows 操作系统中,如 Windows XP、Windows Vista 和 Windows 10。安装 IDE 软件包非常简单,因为它是一个自解压的 ZIP 文件,所以,甚至不需要执行任何安装动作,只需要下载 IDE Windows 版本的 ZIP 包,然后根据喜好把它解压到指定的文件夹中即可。

　　在第一次启动 Arduino IDE 之前,还需要安装 Arduino 主板的 USB 驱动。驱动的选择需要根据手头持有的 Arduino 主板的具体型号以及电脑中 Windows 的具体版本来进行。并且,每次插一块新的 Arduino 主板到电脑的 USB 上时,都需要安装一次驱动。

下面介绍安装驱动的步骤。

注意：本书中所用电路板采用的 USB 转串口芯片是 CH340D 芯片，必须安装 CH340D 驱动才能下载程序，而且操作系统必须为 Windows XP、Windows 7 系统。

（1）准备 Ardunio Uno 开发板和 USB 线，如图 9.6.1 所示。将数据线的圆口一端插在电路板上，扁口一端插到电脑的 USB 接口上，如图 9.6.2 所示。

图 9.6.1 Ardunio Uno 开发板和 USB 线　　　　图 9.6.2 数据线连接方式

（2）插好后，电路板上的电源指示灯会被点亮，电脑上会出现一个对话框，如图 9.6.3 所示。

图 9.6.3 选择自动安装软件

（3）在电脑确保联网的情况下，选择自动安装软件，系统会自动安装驱动程序。

（4）如果给电脑插上 USB 线后，没有弹出图 9.6.3 所示的对话框，可以在电脑控制面板菜单里，找到"设备管理器"选项并打开，如图 9.6.4 所示，可以看到"其他设备"一栏里有一个带叹号的 USB2.0-Serial 图标，右击该图标，如图 9.6.5 所示。选择"更新驱动程序"，出现图 9.6.6 所示的对话框，选择"自动搜索更新的驱动程序软件"，在电脑联网的前提下，经过一段时间的搜索与安装，就会实现 USB-SERIAL CH340 的安装，如图 9.6.7 所示，安装完成出现 9.6.8 所示的驱动安装成功界面。此时，在设备管理器的"端口"一栏，就可以看到安装好的 USB 串口驱动，此时应记住这台电脑所占用端口为 COM3，在后续程序烧录时会有端口选择。

图 9.6.4　设备管理器

图 9.6.5　更新驱动程序

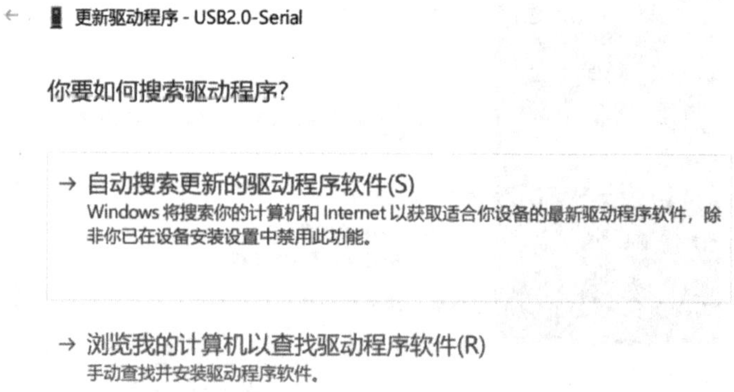

←　■　更新驱动程序 - USB2.0-Serial

你要如何搜索驱动程序？

→ 自动搜索更新的驱动程序软件(S)
Windows 将搜索你的计算机和 Internet 以获取适合你设备的最新驱动程序软件，除非你已在设备安装设置中禁用此功能。

→ 浏览我的计算机以查找驱动程序软件(R)
手动查找并安装驱动程序软件。

图 9.6.6　自动搜索更新的驱动程序软件

■　更新驱动程序 - USB-SERIAL CH340 (COM3)

你的设备的最佳驱动程序已安装

Windows 确定此设备的最佳驱动程序已安装。在 Windows 更新或设备制造商的网站上可能有更好的驱动程序。

USB-SERIAL CH340

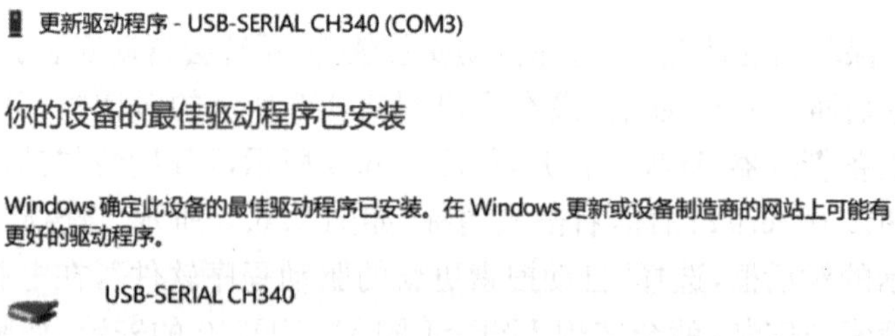

图 9.6.7　驱动程序安装完毕

（5）如果想对端口进行修改，比如不想使用 COM3，改为使用其他的端口时，可以在"设备管理器"里右击 USB-SERIAL CH340(COM3)，选择"属性"，出现属性对话框，选择第二栏"端口设置",单击最下面一行的"高级"选项,如图9.6.9所示。在最后一行的"COM端口号"选项中,可以选择其他的端口号,如图9.6.10所示,单击"确定"。这样再回到设备管理器中,就会发现端口号发生了改变,如图9.6.11所示。

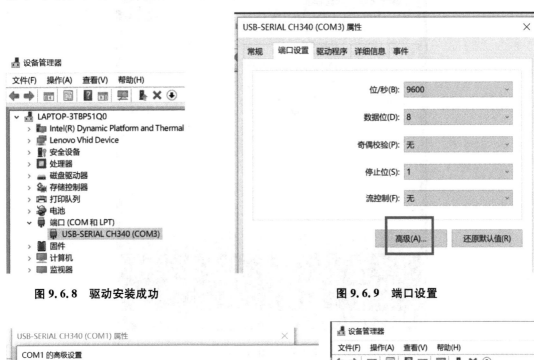

图9.6.8 驱动安装成功   图9.6.9 端口设置

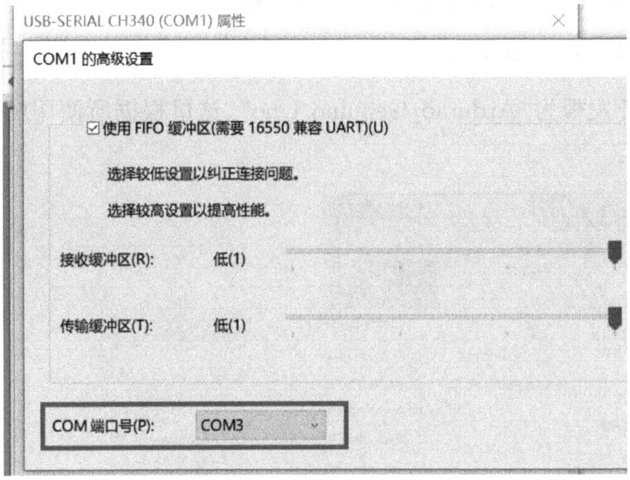

图9.6.10 端口选择    图9.6.11 端口号改变

9.7 程序烧录

通过上述过程,驱动安装完成,开发环境安装完毕,下面来讲一下程序的烧录过程。
用USB线连接电脑和电路板,双击桌面快捷键,启动Arduino开发环境。
在开发环境"工具"菜单里,选择端口为COM3,如图9.7.1所示。

图 9.7.1　选择端口

在开发环境"工具"菜单里，选择开发板为"Arduino/Genuino Uno"（这里根据所使用的电路板型号来选择），如图 9.7.2 所示。

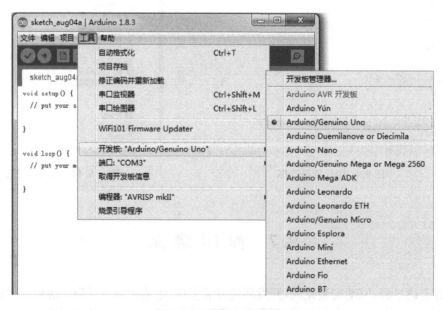

图 9.7.2　选择开发版型号

选择编写好的程序,这里打开一个系统自带的已经编写好的程序来进行演示,如图 9.7.3 所示。

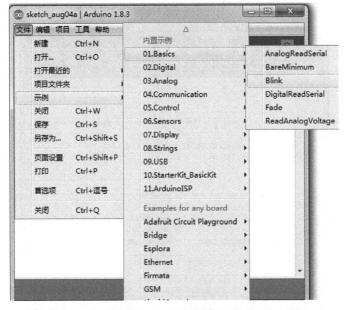

图 9.7.3　选择程序

单击 Upload 键,如图 9.7.4 所示,烧录软件到 Arduino 板子上。

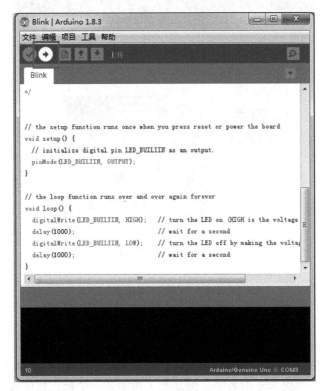

图 9.7.4　烧录程序

烧录成功，会出现如图 9.7.5 所示的界面，电路板上的 LED 灯按照程序设置进行闪烁，如图 9.7.6 所示。若烧录不成功，系统会在界面下方给出错误提示。

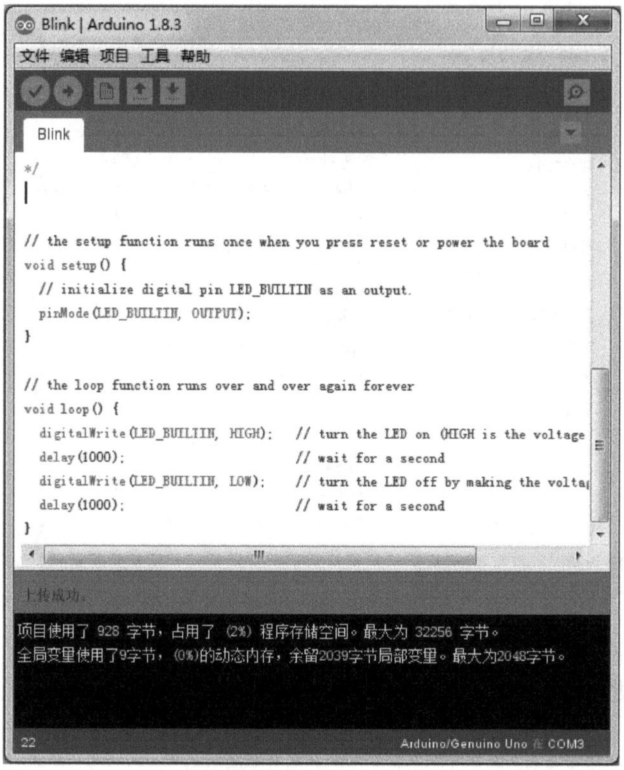

Blink | Arduino 1.8.3
文件 编辑 项目 工具 帮助
Blink
*/
// the setup function runs once when you press reset or power the board
void setup() {
// initialize digital pin LED_BUILTIN as an output.
pinMode(LED_BUILTIN, OUTPUT);
}
// the loop function runs over and over again forever
void loop() {
digitalWrite(LED_BUILTIN, HIGH); // turn the LED on (HIGH is the voltage
delay(1000); // wait for a second
digitalWrite(LED_BUILTIN, LOW); // turn the LED off by making the voltag
delay(1000); // wait for a second
}
上传成功。
项目使用了 928 字节，占用了 (2%) 程序存储空间。最大为 32256 字节。
全局变量使用了9字节，(0%)的动态内存，余留2039字节局部变量。最大为2048字节。
22
Arduino/Genuino Uno 在 COM3

图 9.7.5　烧录成功

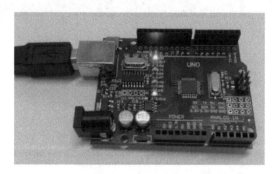

图 9.7.6　LED 灯闪烁

9.8　Arduino IDE 用户界面

IDE 软件打开后，会自动创建一个空的程序，这个程序是以当日的日期来命名的。可以把这个程序另存为一个更合适的名字。图 9.8.1 所示是一个新建程序的 IDE 界面。

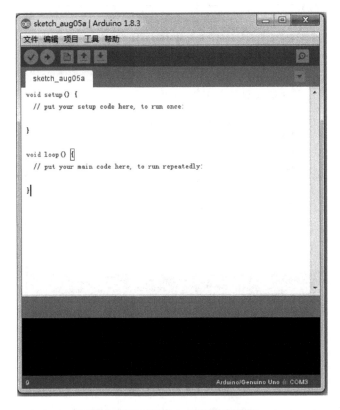

图 9.8.1　Arduino IDE 用户界面

1. "文件"（File）菜单

对保存在计算机上的程序文件进行操作时，要使用 File 菜单。File 菜单的常见项有 New(新建)、Open(打开)、Save(保存)、Save As(另存为)、Close(关闭)和 Print(打印)，它们的功能和常见软件中的完全一样。Page Setup(页面设置)菜单项设置打印输出的最基本的页面组合选择，包括页边距和方向(垂直或水平)，以及根据当前选择的系统打印机的一些选择，比如打印纸的大小。New、Open 和 Save 菜单项和菜单下面工具条里对应的图是完全一样的。

File 菜单如图 9.8.2 所示。

在 File 菜单中还有一系列示例程序的快捷方式。另外 Preferences(首选项)也在 File 菜单里。在 Preferences 菜单项中打开 Preferences 对话框，可修改软件的通用设置。Arduino 程序库可以设置在计算机文件系统的任何地方，字体的大小可以在编辑器窗口中设置，但是不能改变字体。Preferences 对话框的其他内容和之前的版本一样，包括设置文件后缀关联，但是文件名后缀从.pde 换成了.ino。

2. "编辑"（Edit）菜单

单击"编辑"菜单后会出现如图 9.8.3 所示的界面。"编辑"菜单里的"复原""重做""剪切""复制""粘贴""跳转到行"的功能和其他任何文本编辑软件中的都差不多。Arduino 软件还有一些很实用的菜单项，如"复制到论坛"(Copy for forum)和"复制为 HTML 格式"(Copy as HTML)，它们能在文本中插入恰当的格式命令以保持编辑器中的文本格式和高亮。编辑菜单中还有之前版本就已经出现的程序编辑功能，包括"增加缩进"(Increase

图 9.8.2　"文件"菜单

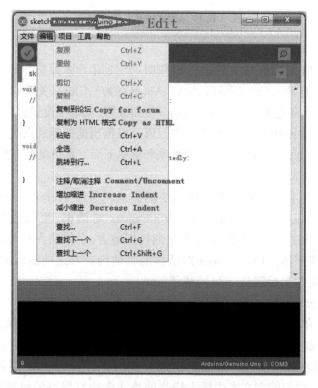

图 9.8.3　"编辑"菜单

Indent)和"减少缩进"(Decrease Indent)。另外,"注释/取消注释"(Comment/Uncomment)可以在选中的每一行前面加上两个斜线的注释符号,来把选中的大片代码对编译器隐藏起来。

Arduino 编辑器本身实现了剪切(Ctrl＋X)、复制(Ctrl＋C)和粘贴(Ctrl＋V)快捷方式。在编辑器窗口中单击右键就能打开编辑关联菜单,在关联菜单里有"在参考文件中寻找"(Find in Reference)项,能在超文本文档中搜索选中的关键词,并在系统默认浏览器中打开文档。

3. "项目"(Sketch)菜单

在"项目"菜单中可以找到和程序相关的功能列表,如图 9.8.4 所示。

图 9.8.4　"项目"菜单

(1)"验证/编译"(Verify/Compile)菜单项和工具条里的 ✅(验证)图标有重复。

(2)"显示项目文件夹"(Show Sketch Folder)会打开一个与操作系统相关的文件系统资源管理器应用程序,显示由软件自动创建的文件所在工作目录的内容。当需要这些文件的时候,这样做是更简单、快速和方便的方法,而不用从编译器的详细输出中梳理出这些文件的位置。

(3)"增加文件"(Add File)菜单项可以将另外一个文件复制到自己的程序中,并在编辑器窗口的选项卡中打开。

(4)"加载库"(Import Library)菜单项针对使用的任何 Arduino 库,可以在代码中插入正确的格式化的＃include 指令。

4. "工具"(Tools)菜单

在"工具"菜单中可以找到一些 Arduino 专用的工具及相关的设置,如图 9.8.5 所示。

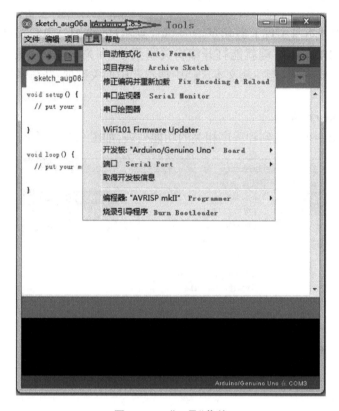

图 9.8.5 "工具"菜单

(1)"自动格式化"(Auto Format)用于整理代码的格式,强化一致的缩进,尽可能地排列好大括号。

(2)"项目存档"(Archive Sketch)菜单项会把程序文件夹里所有的文件打包进一个适合操作系统的压缩文件,当想和其他人分享自己的程序时,这个功能很方便。

(3)"串口监视器"(Serial Monitor)是非常有用的串口工具,可以用上传程序的那个串口和 Arduino 交谈,就是在"端口"(Serial Port)选择菜单项中选择的串口,如图 9.8.6 所示,自动滚屏译为 Autosero,没有结束符译为 No line ending,波特率译为 baud。

这不是像 Minicom 或 Tera Term Pro 那样的实时交互串口终端,想给 Arduino 发送字符,要在"串口监视器"窗口顶部的输入框里打字,然后单击 Send(发送)按钮来发送文字。从 Arduino 收到的任何信息都列在那个更大的、占据中心区域的、不能交互的文字框里。

如果 Arduino 看起来在发送些无意义的符号,或干脆什么都不发送,可以用窗口右下角的下拉列表控件来确认 Arduino 和电脑设置的波特率是否相同。

"串口监视器"也可以用工具条最右边的图标来启动。在上传新程序的时候,如果"串口监视器"窗口突然不见了,别惊讶,毕竟只有一个串口,上传程序和"串口监视器"用的是同一个串口,且同一时间只有一个功能可以使用这个串口。

(1)"开发板"(Board)选择菜单可以告诉 Arduino 软件自己所用 Arduino 电路板的类

图 9.8.6　"串口监视器"窗口

型,这样它就可以做出正确的选择来编译和上传程序了。如果需要,也可以在这里加入自己的电路板。

(2)"端口"(Serial Port)菜单可以指出使用系统中哪个待用的串口。每次在电脑上插入或拔出一个装备了 USB 的 Arduino 电路板时,这个菜单中的菜单项都会自动更新。插拔时通知所有的程序会花点儿时间,所以别着急,请耐心等待。

Arduino 软件之前版本的"工具"(Tools)菜单中有一个 Burn Bootloader(烧录引导装载程序)菜单项,它有一个层叠子菜单来选择芯片编程器。在 Arduino 1.8 版中,它被重新安排了,分成了一个"编程器"(Programmers)选择菜单和一个"烧录引导程序"(Burn Bootloader)菜单项。

(3)"烧录引导程序"(Burn Bootloader)菜单项用选择的编程器配置一个空的 AVR 芯片,使之可以通过 Arduino 的引导装载程序利用串口上传程序。Arduino 电路板可以用来作芯片的编程器。

5. 功能按钮

Arduino 开发环境菜单栏下方是最常用的 5 个功能按钮,如图 9.8.7 所示。这 5 个功能按钮依次是"验证"(Verify)、"上传"(Upload)、"新建"(New)、"打开"(Open)、"保存"(Save)。

各按钮的具体功能如下:

"验证"(Verify):用于对已完成程序的检查与编译。

"上传"(Upload):将编译后的程序文件上传到 Arduino 板中。

"新建"(New):可新建一个程序文件。

"打开"(Open):打开一个存在的程序文件,Arduino 开发环境下程序文件后缀名为. ino。

"保存"(Save):保存当前程序文件。

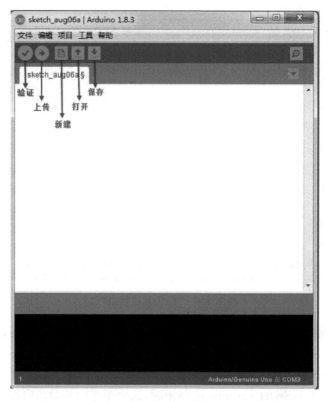

图 9.8.7 Arduino 开发环境菜单栏下方的功能按钮

6. 屏幕下方窗口

主屏幕下方有两个窗口(图 9.8.8)。第一个窗口提供了状态信息和反馈;第二个窗口用于在校验和烧写程序时提示相关信息,编码的错误也会在这里显示。

图 9.8.8 用户界面下方窗口

9.9 Arduino 编程语言

Arduino 编程语言是建立在 C/C++语言基础上的,即以基础的 C/C++语言,通过把 AVR 单片机(微控制器)相关的一些寄存器参数设置等进行函数化,以利于开发者快速使用。其主要使用的函数包括数字 I/O 操作函数、模拟 I/O 操作函数、高级 I/O 操作函数、时间函数、中断函数、通信函数和数学库等多种函数。

9.9.1　Arduino 编程基础

(1) 关键字：if、If…Else、For、switch、case、while、do…while、break、continue、return、goto。

(2) 语法符号：每条语句以分号";"结尾,每段程序以花括号"{}"括起来。

(3) 数据类型：boolean、char、int、unsigned int、Iong、unsigned long、float、double、string、array、void。

(4) 常量：HIGH 或者 LOW,表示数字 I/O 口的电平,HIGH 表示高电平(1),LOW 表示低电平(0)；INPUT 或者 OUTPUT,表示数字 I/O 口的方向,INPUT 表示输入(高阻态),OUTPUT 表示输出(AVR 只能提供 5V 电压 40mA 电流)；TRUE 或者 FALSE,TRUE 表示真(1),FALSE 表示假(0)。

(5) 程序结构：主要包括两部分,即 void setup()和 void loop()。其中,前者是声明变量及接口名称(例如"int val；int ledpin=13"),在程序开始时使用,初始化变量、引脚模式,调用库函数等(例如"pinMode(ledpin,OUTPUT)；")。而 void loop()是在 setup()函数之后,void loop()程序不断地循环执行,是 Arduino 的主体。

9.9.2　数字 I/O 口的操作函数

1. pinMode(pin,mode)

pinMode 函数用以配置引脚为输入或输出模式,它是一个无返回值函数。函数有两个参数：pin 和 mode。pin 参数表示要配置的引脚,mode 参数表示设置的参数 INPUT(输入)和 OUTPUT(输出)。

INPUT 用于读取信号,OUTPUT 用于输出控制信号。

PIN 的范围是数字引脚 0～13,也可以把模拟引脚(A0～A5)作为数字引脚使用,此时,编号 14 脚对应模拟引脚 0,19 脚对应模拟引脚 5。一般会放在 setup 里,先设置再使用。

2. Digitalwrite(pin,value)

该函数的作用是设置引脚的输出电压为高电平或低电平,也是一个无返回值的函数。

pin 参数表示所要设置的引脚,value 参数表示输出的电压 HIGH(高电平)或 LOW(低电平)。

注意：使用前必须先用 pinMode 函数设置。

3. DigitalRead(pin)

该函数在引脚设置为输入的情况下,可以获取引脚的电压情况 HIGH(高电平)或者 LOW(低电平)。

数字 I/O 口操作函数使用例程如下：

```
Int button = 9;                    //设置第 9 脚为按钮输入引脚
int LED = 13;                      //设置第 13 脚为 LED 输出引脚,内部连接板上的 LED 灯
void setup()
{
```

```
pinMode(button, INPUT);              //设置为输入
pinMode(LED,OUTPUT);                 //设置为输出
void loop()
{
if(digitalRead(button) == LOW);      //如果读取高电平
digitalWrite(LED,HIGH) ;             //13 脚输出高电平
else
digitalwrite(LED,LOW);               //否则输出低电平
}
```

9.9.3　模拟 I/O 口的操作函数

1. analogRererence(type)

该函数用于配置模拟引脚的参考电压。有三种类型：DEFAULT 是默认值，参考电压为 5V；INTERNAL 是低电压模式，使用片内基准电压源 2.56V；EXTERNAL 是扩展模式，通过 AREF 引脚获取参考电压。

注意：若不使用本函数，则默认是参考电压 5V。使用 AREF 作为参考电压，需接一个 $5k\Omega$ 的上拉电阻。

2. analogRead（pin）

用于读取引脚的模拟量电压值，每读取一次需要花 $100\mu s$ 的时间。参数 pin 表示所要获取模拟量电压值的引脚，返回为 int 型。精度 10 位，返回值为 0～1023。

注意：函数参数的 pin 范围是 0～5，对应板上的模拟口 A0～A5。

3. analogWrite(pin,value)

该函数通过 PWM，即脉冲宽度调制的方式在引脚上输出一个模拟量。图 9.9.1 所示为 PWM 输出的一般形式，也就是在一个脉冲的周期内高电平所占的比例。该函数主要用于 LED 亮度控制、电机转速控制等方面。PWM 波形的特点：波形频率恒定，其占空比 D 可以改变。

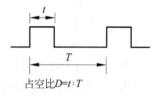

图 9.9.1　占空比的定义

Arduino 中的 PWM 的频率大约为 490Hz，Uno 板上支持以下数字引脚（不是模拟输入引脚）作为 PWM 模拟输出：3、5、6、9、10、11。板上带 PWM 输出的都有“～”号。

注意：PWM 输出位数为 8 位，为 0～255。

模拟 I/O 口操作函数使用例程如下：

```
int sensor = A0;                     //A0 引脚读取电位器
int LED = 11;                        //第 11 引脚输出 LED
void setup()
{
Serial. begin ( 9600 );
}
void loop()
{
int v;
v = analogRead ( sensor);
```

```
Serial.println(v,DEC);              //可以观察读取的模拟量
analogWrite(LED,v/4);               //读回的值范围是 0～1023,结果除以 4 才能
                                    //得到 0～255 之间的数值的区间值

}
```

9.9.4　高级 I/O 口的操作函数 Pulseln（pin，state，timeout）

该函数用于读取引脚脉冲的时间长度,脉冲可以是 HIGH 或者 LOW。如果是 HIGH,
该函数将先等引脚变为高电平,然后开始计时,一直等到变为低电平。返回脉冲持续的时间
长度,单位为 ms,如果超时没有读到时间,则返回 0。

下面制作一个按钮脉冲计时器,测一下按钮的持续时间,测测谁的反应快,看谁能按出
最短的时间,按钮接在第 3 引脚。程序如下:

```
int button = 3;
int count;
void setup()
{
pinMode(button, INTUT);
}
void loop()
{
count = pulseln(button, HIGH);
if ( count!= 0)
{
Serial. Println(count, DEC);
count = 0;
    }
}
```

9.9.5　时间函数

1. delay（ms）

延时函数,参数是延时的时长,单位是 ms。应用延时函数的典型例子是跑马灯的应用,
使用 Arduino 开发板控制四个 LED 灯依次点亮,程序如下:

```
    void setup()
{
        pinMode(6,OUTPUT);          //定义为输出
        pinMode( 7, OUTPUT);
        pinMode( 8, OUTPUT);
        pinMode( 9, OUTPUT);
}
void loop()
{
    int i;
    for(i = 6;i <= 9;i++)           //依次循环四盏灯
    {
```

```
        digitalWrite( i, HIGH);        //点亮 LED
        delay(1000);                   //持续 1s
        digitalWrite( i, LOW);         //熄灭 LED
        delay(1000);                   //持续 1s
    }
}
```

2. delayMicroseconds(μs)

延时函数,参数是延时的时长,单位是 μs,1ms＝1000μs。该函数可以产生更短的延时。

3. millis( )

计时函数,应用该函数,可以获取单片机通电到现在运行的时间长度,单位是 ms。系统最长的记录时间为 9 小时 22 分,超出从 0 开始。返回值是 unsigned long 类型值。

该函数适合作为定时器使用,不影响单片机的其他工作(而使用 delay 函数期间无法进行其他工作)。

计时时间函数使用示例,延时 10s 后自动点亮灯。程序如下:

```
int LED = 13;
unsigned long i, j;
void setup()
{
    pinMode(LED, OUTPUT);
    i = millis();                      //读入初始值
}
void loop()
{
    j = millis();                      //不断读入当前时间值
    if(j - i > 10000)                  //如果延时超过 10s, 点亮 LED
    {
        digitalWrite(LED, HIGH);
    }
    else
        digitalWrite(LED, LOW);
}
```

4. micros( )

计时函数,该函数返回开机到现在运行的微秒值;并显示当前的微秒值。返回值是 unsigned long 类型值,70min 溢出。例程如下:

```
unsigned long t;
void setup()
{
    Serial.begin(9600);
}
void loop()
{
    Serial.print("Time:");
    t = micros();                      //读取当前的微秒值
    Serial.println(t);                 //打印开机到目前运行的微秒值
    delay(1000);                       //延时 1s
}
```

9.9.6 中断函数

什么是中断？实际上在人们的日常生活中中断很常见。例如，你在看书，电话铃响，于是你在书上做上记号，去接电话，与对方通话；门铃响了，有人敲门，你让打电话的对方稍等一下，你去开门，并在门旁与来访者交谈，谈话结束，关好门；回到电话机旁，继续通话；接完电话后再回来从做记号的地方接着看书。这就是中断的概念，如图 9.9.2 所示。中断结构图如图 9.9.3 所示。

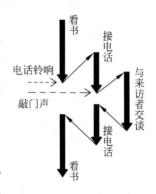

图 9.9.2 中断的概念

同样的道理，在单片机中也存在中断概念，如图 9.9.4 所示，在计算机或者单片机中中断是由于某个随机事件的发生，计算机暂停原程序的运行，转去执行另一程序（随机事件），处理完毕后又自动返回源程序继续运行的过程。也就是说，高优先级的任务中断了低优先级的任务。在计算机中，中断包括如下几部分。

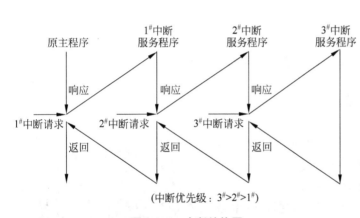

图 9.9.3 中断结构图

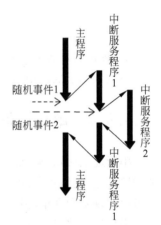

图 9.9.4 单片机的中断

（1）中断源：引起中断的原因，或能发生中断申请的来源。

（2）主程序：计算机现行运行的程序。

（3）中断服务子程序：处理突发事件的程序。

下面介绍中断函数。

1. attachInterrupt（interrput，function，mode）

该函数用于设置中断，函数有三个参数，分别表示中断源、中断处理函数和触发模式。中断源可选 0 或者 1，对应 2 号或者 3 号数字引脚。中断处理函数是一段子程序，当中断发生时执行该子程序部分。触发模式有四种类型：LOW（低电平触发）、CHANGE（变化时触发）、RISING（低电平变为高电平触发）、FALLING（高电平变为低电平触发）。

在使用 attachInterrupt 函数时要注意以下几点：

（1）在中断函数中 delay 函数不能使用。

（2）使用 millis 函数始终返回进入中断前的值。

（3）读取串口数据的话，可能会丢失。

（4）中断函数中使用的变量需要定义为 volatile 型。

下面的例子是通过外部引脚触发中断函数，然后控制 13 号引脚的 LED 的闪烁。

```
int pin = 13;
volatile int state = LOW;
void setup()
{
    pinMode(pin,OUTPUT);
    attachInterrupt(0,blink,CHANGE);      //中断源:1
//中断处理函数:blink()
//触发模式:CHANGE(变化时触发)}
void loop()
{
    digitalWrite(pin,state);
}
void blink()                              //中断处理函数
{
    state = ! state;
}
```

2. detachInterrupt（interrupt）

该函数用于取消中断，参数 interrupt 表示要取消的中断源。

9.9.7 串口通信函数

串行通信接口 Serial Interface 是指数据一位一位地顺序传送，其特点是通信线路简单，只要一对传输线就可以实现双向通信的接口，如图 9.9.5 所示。

串口通信接口出现于 1980 年前后，数据传输率是 115～230Kb/s。串口通信接口出现的初期是为了实现计算机外设的通信，初期串口一般用来连接鼠标、外置 Modem 以及老式摄像头和写字板等设备。

由于串口通信接口（COM）不支持热插拔及传输速率较低，目前部分新主板和大部分便携电脑已开始取

图 9.9.5 串口通信接口

消该接口，目前串口多用在工控和测量设备以及部分通信设备中，包括各种传感器采集装置、GPS 信号采集装置、多个单片机通信系统、门禁刷卡系统的数据传输、机械手控制、操纵面板控制电机等，特别是在低速数据传输的工程中应用广泛。

1. Serial.begin()

该函数用于设置串口的波特率，即数据的传输速率，也就是每秒传输的符号个数。一般的波特率有 9600、19200、57600、115200 等。

示例：

```
Serial. begin(57600);
```

2. Serial. available( )

该函数用来判断串口是否收到数据,函数的返回值为 int 型,不带参数。

3. Serial. read( )

该函数用于将串口数据读入。该函数不带参数,返回值为串口数据,int 型。

4. Serial. print( )

该函数向串口发送数据。可以发送变量,也可以发送字符串。

示例 1:

```
Serial.print("Today is good!" );
```

示例 2:

```
Serial.print(x,DEC);                    //以十进制发送变量 x
```

示例 3:

```
Serial.print(x,HEX);                    //以十六进制发送变量 x
```

5. Serial. println( )

该函数与"Serial. print"类似,只是多了换行功能。

串口通信函数使用例程:

```
int x = 0;
void setup()
{
    Serial.begin(9600);                 //波特率 9600
}
void loop()
{
    if(Serial.available())
    {
        x = Serial.read();
        Serial.print("I have received:");
        Serial.println(x,DEC);          //输出并换行
    }
    delay(200);
}
```

9.9.8　Arduino 的库函数

如同 C 语言和 C++一样,Arduino 也有相关的库函数,提供给开发者使用,这些库函数的使用,与 C 语言的头文件的使用方法类似,需要♯include 语句,将函数库加入 Arduino 的 IDE 编辑环境中,如♯include"Arduino. h"语句。

在 Arduino 开发中主要库函数的类别如下:数学库主要包括数学计算,EEPROM 库函数用于向 EEPROM 中读写数据,Ethernet 库用于以太网的通信,LiquidCrystal 库用于液晶屏幕的显示操作,Firmata 库实现 Arduino 与 PC 串口之间的编程协议,SD 库用于读写 SD

卡，Servo 库用于舵机的控制，Stepper 库用于步进电机的控制，WIFI 库用于 WiFi 的控制和使用等。诸如此类的库函数非常多，还包括一些 Arduino 爱好者自己开发的库函数也可以使用。

单击"项目"→"加载库"→"管理库"，可以选择下载更多库函数，如图 9.9.6、图 9.9.7 所示。

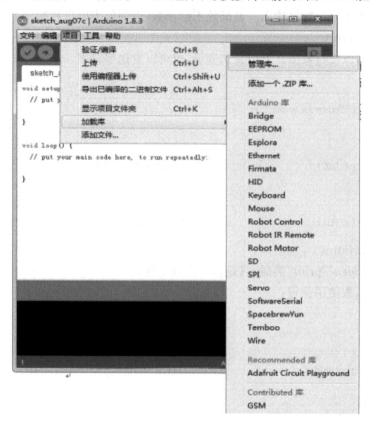

图 9.9.6　加载库

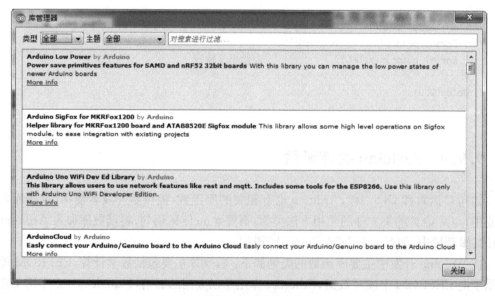

图 9.9.7　管理库

```
min(x,y);                          //求两者最小值
max(x,y);                          //求两者最大值
abs(x);                            //求绝对值
sin(rad);                          //求正弦值
cos(rad);                          //求余弦值
tan(rad);                          //求正切值
random(small,big);                 //求两者之间的随机数
```

数学库 randrom(small,big)返回值为 long。例如下列程序行,可以生成从 0~100 以内的整数。

```
long x;
x = random(0,100);
```

9.10　在 线 信 息

《小型智能机器人制作》在线信息网址见下方二维码。在线信息内容：超声波测距、红外循迹、红外遥控器、蓝牙模块代码程序。

在线信息网址

思考题与习题

1. 安装 Arduino 开发环境,并烧录例程。
2. 尝试通过 I/O 端口,输出占空比为 0.25 的 PWM 波。
3. 尝试实现单片机的串口通信。

第10章

小型机器人的传感器设计

10.1　传感器基础

人们对机器人智能化最直接的要求,就是希望机器人能够模仿人类感知世界、理解世界的方法来进行信息的获取和处理。图 10.1.1 所示对比了人和机器人感知世界的作用机理。其中,机器人传感器对应着人类的感觉器官。由于人类是通过眼、耳、鼻、舌、身这五种基本的感觉器官来了解和认知世界的。与之相对应,机器人要想感知世界,也要具备这基本的"五官":视觉传感器、听觉传感器、嗅觉传感器、味觉传感器、触觉传感器。

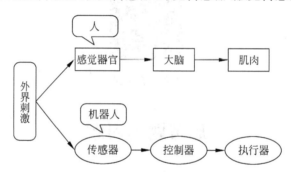

图 10.1.1　人与机器人感知世界作用机理

给机器人装备什么样的传感器,对这些传感器有什么样的要求,是设计机器人感觉系统时遇到的首要问题。对机器人传感器的选择应当完全取决于机器人的工作需要和应用特点。为了更好地理解传感器技术在机器人技术中的应用和功能,我们按照机器人的"感觉"需要,模仿人类的感知系统——五官,来为机器人传感器进行分类。

机器人"感觉"系统主要由视觉、听觉、嗅觉、味觉、触觉组成,但是有一些重要的"感知"能力:感知位置(类似于人的方向感)和角度(类似于人类的平衡感)的能力,以及机器人的接近觉(类似于人的距离感),这些能力对于机器人来说也是必不可少的。

机器人传感器可分为内部传感器及外部传感器两大类,如图 10.1.2 所示。

(1) 内部传感器,又称为内部检测传感器,是以机器人本身的坐标轴来确定位置,安装在机器人身体中用来感知它自己的状态,调整并控制机器人的行动。它通常包括位置、加速度、速度及压力传感器。

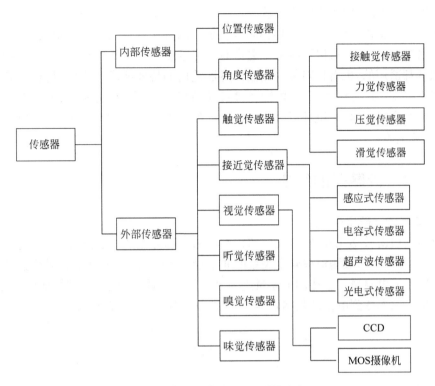

图 10.1.2 机器人传感器的分类

(2) 外部传感器，又称为外部检测传感器，用于机器人对周围环境、目标结构的状态特征获取，使机器人与环境发生交互作用，从而使机器人对环境有自校正和自适应能力。外部检测传感器通常包括触觉、接近觉、视觉、听觉、嗅觉、味觉等传感器。

其中，触觉传感器包括接触觉、力觉、压觉、滑觉传感器。接近觉传感器包括感应式、电容式、超声波、光电式传感器。视觉传感器包括 CCD 和 MOS 摄像机。

10.1.1 传感器的定义

传感器是指那些对被测对象的某一确定信息具有感受(或响应)与检出功能，并使之按照一定规律转换成与之对应的可输出信号，以满足信息的传输、处理、存储、显示、记录和控制等要求的元器件或装置的总称，它是实现自动检测和自动控制的首要环节。广义地说，传感器就是一种能将物理量或化学量转变成便于利用的电信号的器件。国家标准 GB 7665—87 对传感器的定义："能感受规定的被测量并按照一定的规律转换成可用信号的器件或装置，通常由敏感元件和转换元件组成。"国际电工委员会(International Electrotechnical Committee，IEC)对其的定义为："传感器是测量系统中的一种前置部件，它将输入变量转换成可供测量的信号。"按照 Gopel 等的说法："传感器是包括承载体和电路连接的敏感元件。"而"传感器系统则是有某些信息处理(模拟或数字)能力的传感器组合。"简单来说，这些定义都包含了以下几方面的含义：①传感器是测量装置，能完成检测任务；②它的输入量是某一被测量，可能是物理量，也可能是化学量、生物量等；③它的输出量要便于传输、转换、处理、显示等，可以是气、光、电量，但主要是电量；④输出和输入有对应关系，且应有一定的精确程度。

传感器是传感器系统的一个组成部分，它是被测量信号输入的第一道关口。传感器可以直接接触被测对象，也可以不接触。通常对传感器设定了许多技术要求，有一些是对各种类型传感器都适用的，也有只对某些类型传感器适用的特殊要求。各传感器在不同场合均应符合以下要求：高灵敏度、抗干扰性、线性、易调节、高精度、高可靠性、工作寿命长、可重复性、抗老化、高响应速率、抗环境影响、互换性、低成本、宽测量范围、小尺寸、质量轻、高强度、宽工作范围等。

10.1.2　传感器的组成

1. 传感器的一般组成

传感器一般由敏感元件、转换元件和转换电路三部分组成。敏感元件可以直接感受被测量的变化，并输出与被测量成确定关系的非电量。敏感元件的输出就是转换元件的输入，它将输入转换成电参量。上述的电参量进入基本转换电路中，就可以转换成电量输出。传感器只完成被测参数到电量的基本转换，其组成框图如图 10.1.3 所示。

图 10.1.3　传感器组成框图

2. 敏感元件

敏感元件品种繁多，按其感知外界信息的原理可分为以下几类：①物理类，基于力、热、光、电、磁和声等物理效应；②化学类，基于化学反应的原理；③生物类，基于酶、抗体和激素等分子识别功能。根据其基本感知功能可分为热敏元件、光敏元件、气敏元件、力敏元件、磁敏元件、湿敏元件、声敏元件、放射线敏感元件、色敏元件和味敏元件 10 类（还有人曾将传感器分为 46 类）。下面对常用的热敏、光敏、气敏、力敏和磁敏传感器及其敏感元件作简单介绍。

1）温度传感器及热敏元件

温度传感器主要由热敏元件组成。热敏元件品种较多，常见的有双金属片、铜热电阻、铂热电阻、热电偶及半导体热敏电阻等。以半导体热敏电阻为探测元件的温度传感器应用广泛，这是因为在元件允许的工作条件范围内，半导体热敏电阻器具有体积小、灵敏度高、精度高的特点，而且制造工艺简单、价格低廉。

2）光传感器及光敏元件

光传感器主要由光敏元件组成。目前光敏元件发展迅速，品种繁多，应用广泛，常见的光敏元件有光敏电阻器、光电二极管、光电三极管、光电耦合器和光电池等。

3）气敏传感器及气敏元件

由于气体与人类的日常生活密切相关，对气体进行检测已成为保护和改善生态、居住环境不可缺少的方法，这其中，气敏传感器发挥着极其重要的作用。例如，利用 SnO_2 金属氧化物半导体气敏材料，通过颗粒超微细化和掺杂工艺制备 SnO_2 纳米颗粒，并以此为基体掺杂一定催化剂,经适当烧结工艺进行表面修饰,制成旁热式烧结型 CO 敏感元件,能够探测 0.005%~0.5%范围的 CO 气体。还有许多对易爆可燃气体、酒精气体、汽车尾气等有毒气体进行探测的传感器,常用的主要有接触燃烧式气体传感器、电化学气敏传感器和半导体气敏传感器等。

4) 力敏传感器和力敏元件

力敏传感器的种类很多,传统的原理是利用弹性材料的形变和位移来进行测量,随着微电子技术的发展,利用半导体材料的压阻效应(在某一方向对其施加压力,其电阻率发生变化)和良好的弹性,已经研制出体积小、重量轻、灵敏度高的力敏传感器,广泛用于压力、加速度等物理力学量的测量。

5) 磁敏传感器和磁敏元件

目前,磁敏元件有霍尔器件(基于霍尔效应)、磁阻器件(基于磁阻效应,即外加磁场使半导体的电阻随磁场的增大而增大)、磁敏二极管和三极管等。以磁敏元件为基础的磁敏传感器在一些电学量、磁学量和力学量的测量中应用广泛。

3. 转换元件

转换元件能将敏感元件的输出转换为适于传输和测量的电信号部分,它是传感器的重要组成部分。它的前一环节是敏感元件。但有些传感器的敏感元件与转换元件是合并在一起的,例如,应变式传感器的转换元件是一个应变片。一般传感器的转换元件是需要辅助电源的。转换元件又可以细分为电转换元件和光转换元件。

4. 转换电路

被测物理量通过信号检测传感器后转换为电参数或电量,其中电阻、电感、电容、电荷、频率等还需要进一步转换为电压或电流。一般情况下,电压、电流还需要放大,这些功能都由中间转换电路来实现。因此,转换电路是信号检测传感器与测量记录仪表和计算机之间的重要桥梁。

转换电路的主要作用为:

(1) 将信号检测传感器输出的微弱信号放大、滤波,以满足测量、记录仪表的需要。

(2) 完成信号的组合、比较,系统间阻抗匹配及反向等工作,以实现自动检测和控制。

(3) 完成信号的转换。

在信号检测技术中,常用的转换电路有电桥、放大器、滤波器、调频电路、阻抗匹配电路等。

10.1.3 传感器的分类

1. 传感器的分类依据

我们已经基本了解什么是传感器了,那么如何对传感器进行分类呢? 可以根据传感器转换原理(传感器工作的基本物理或化学效应)、用途、输出信号类型以及它们的制作材料和工艺等进行分类。

根据传感器工作原理,可分为物理传感器和化学传感器两大类。物理传感器应用的是物理效应,诸如压电效应、磁致伸缩现象、离化/极化/热电/光电/磁电等效应,被测信号量的微小变化都将转换成电信号。化学传感器包括那些以化学吸附、电化学反应等现象为因果关系的传感器,被测信号量的微小变化也将转换成电信号。大多数传感器是以物理原理为基础运行的。化学传感器技术问题较多,例如可靠性、规模生产的可能性、价格等问题。

2. 传感器的分类方法

1) 按用途分类

传感器按照其用途可分为压力传感器、位置传感器、液面传感器、能耗传感器、速度传感器、加速度传感器、射线辐射传感器、热敏传感器、24GHz 雷达传感器等。

2) 按物理工作原理分类

传感器按照物理工作原理可分为振动传感器、湿敏传感器、磁敏传感器、气敏传感器、真空度传感器、生物传感器等。

3) 按输出信号分类

传感器按照其输出信号可分为模拟传感器、数字传感器、膺数字传感器和开关传感器。

模拟传感器:将被测量的非电学量转换成模拟电信号。

数字传感器:将被测量的非电学量转换成数字信号输出(包括直接和间接转换)。

膺数字传感器:将被测量的信号量转换成频率信号或短周期信号的输出(包括直接或间接转换)。

开关传感器:当一个被测量的信号达到某个阈值时,传感器相应地输出一个设定的低电平或高电平信号。

4) 按材料分类

在外界因素的作用下,所有材料都会做出相应的、具有特征性的反应。它们中的那些对外界作用最敏感的材料,即那些具有功能特性的材料,被用来制作传感器的敏感元件。从所应用的材料的角度可将传感器分成下列几类:

(1) 按照所用材料的类别可分为金属聚合物和陶瓷混合物。

(2) 按材料的物理性质可分为导体、绝缘体和半导体磁性材料。

(3) 按材料的晶体结构可分为单晶、多晶、非晶材料。

5) 按制造工艺分类

传感器按照制造工艺可分为集成传感器、薄膜传感器、厚膜传感器和陶瓷传感器。

集成传感器:由标准的生产硅基半导体集成电路的工艺技术制造。通常还将用于初步处理被测信号的部分电路集成在同一芯片上。

薄膜传感器:由沉积在介质衬底(基板)上的相应敏感材料的薄膜形成。使用混合工艺时,同样可将部分电路制作在此基板上。

厚膜传感器:利用相应材料的浆料涂覆在陶瓷基片上制成,基片通常是由 Al_2O_3 制成,然后对其进行热处理,使厚膜成形。

陶瓷传感器:采用标准的陶瓷工艺或变种的溶胶工艺生产。

厚膜传感器和陶瓷传感器两种工艺之间有许多共同特性,在某些方面,可以认为厚膜工艺是陶瓷工艺的一种变形。

10.1.4　传感器的工作原理

除了以上的分类方法,若按传感器的工作机理可分为物理型、化学型、生物型等。对于物理型,按传感器的构成原理又可分为结构型与物性型两类。根据传感器的能量转换情况可分为能量控制型传感器和能量转换型传感器。下面具体介绍它们的工作原理。

1. 物理型传感器的工作原理

物理型传感器应用的是物理效应,诸如压电效应、磁致伸缩现象、离化/极化/热电/光电/磁电等效应。被测信号量的微小变化都将转换成电信号。用到的主要物理特性有:

(1) 电参量式,包括电阻、电感、电容。

(2) 磁电式,包括磁电感应、霍尔元件、磁栅。

(3) 压电式,包括声波、超声波。

(4) 光电式,包括光电、光栅、激光、光导纤维、红外、摄像头。

(5) 气电式,包括电位器、应变。

(6) 热电式,包括热电偶、热电阻。

(7) 波式,包括超声波、微波。

(8) 射线式,包括热辐射、γ射线。

(9) 半导体式,包括霍尔器件、热敏电阻。

(10) 其他,包括差动变压器、振弦等。

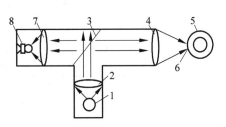

举个例子,光电传感器的主要工作流程就是接收相应的光的照射,通过类似光敏电阻这样的器件将光能转化为电能,然后通过放大和去噪处理即可得到所需要的输出电信号。这里的输出电信号和原始的光信号有一定的关系,通常是接近线性的关系,这样计算原始的光信号就不是很复杂了(如图 10.1.4)。其他物理传感器的原理都可以类比于光电传感器。

图 10.1.4 光电传感器
1—光源;2—透镜;3—半透膜;4—透镜;
5—罗拉;6—反光物;7—透镜;8—光敏三极管

物理型传感器又可以进一步分为结构型传感器和物性型传感器。

1) 结构型传感器

结构型传感器是以结构(如形状、大小等)为基础,利用某些物理规律来感受(敏感)被测量,并将其转换为电信号从而实现测量的。例如,对于电容式压力传感器,必须有按规定参数设计制成的电容式敏感元件,当被测压力作用在电容式敏感元件的动极板上时,引起电容间隙的变化导致电容值的变化,从而实现对压力的测量。对于谐振式压力传感器,必须设计制作一个合适的感受被测压力的谐振敏感元件,当被测压力变化时,改变谐振敏感结构的等效刚度,使谐振敏感元件的固有频率发生变化,从而实现对压力的测量。

2) 物性型传感器

物性型传感器就是利用某些功能材料本身所具有的内在特性及效应感受(敏感)被测量,并转换成可用电信号的传感器。例如,利用具有压电特性的石英晶体材料制成的压电式传感器,就是利用石英晶体材料本身具有的正压电效应来实现对压力测量;利用半导体材料在被测压力作用下引起其内部应力变化导致其电阻值变化制成的压阻式传感器,就是利用半导体材料的压阻效应而实现对压力的测量。

一般而言,物性型传感器对物理效应和敏感结构都有一定要求,但侧重点不同。结构型传感器强调要依靠精密设计制作的结构才能保证其正常工作;而物性型传感器则主要依据材料本身的物理特性、物理效应来实现对被测量的感应。近年来,由于材料科学技术的飞速发展与进步,物性型传感器的应用越来越广泛。这与该类传感器便于批量生产、成本较低及易于小型化等特点密切相关。

2. 化学型传感器的工作原理

化学型传感器多用于化学测量,如生产流程分析和环境污染监测,另外在矿产资源探测,气象观测和遥测,工业自动化,医学上远距离诊断和实时监测,农业生产中生鲜保存和鱼群探测,防盗、安全报警和节能等各方面都有重要的应用。

化学型传感器包括那些以化学吸附、电化学反应等现象为因果关系的传感器,其可将被测信号量的微小变化转换成电信号。按传感方式,化学型传感器可分为接触式与非接触式化学型传感器。化学型传感器的结构有两种:一种是分离型传感器,如离子传感器,其液膜或固体膜具有接收器功能,膜完成电信号的转换功能,它的接收和转换部位是分离的,有利于对每种功能分别进行优化;另一种是组装一体化传感器,如半导体气体传感器,其分子俘获功能与电流转换功能在同一部位进行,有利于化学型传感器的微型化。如图10.1.5所示为场效应化学型传感器的工作原理。

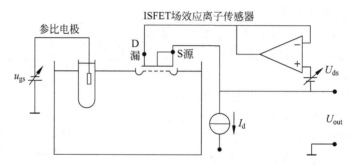

图 10.1.5　场效应化学型传感器的工作原理

3. 生物型传感器的工作原理

生物型传感器(图 10.1.6)由分子识别部分(敏感元件)和转换部分(换能器)构成。其中,分子识别部分识别被测目标,是可以引起某种物理变化或化学变化的主要功能元件,是生物型传感器选择性测定的基础。

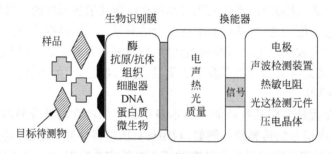

图 10.1.6　生物型传感器

生物体中能够选择性地分辨某种特质的物质有酶、抗体、组织、细胞等,这些分子识别功能物质通过识别过程可与被测目标结合成复合物,如抗体和抗原的结合、酶与基质的结合。在设计生物型传感器时,选择适合于测定对象的识别功能物质是极为重要的前提,要考虑到所产生的复合物的特性。根据分子识别功能物质制备的敏感元件所引起的化学变化或物理变化来选择换能器,是研制高质量生物型传感器的又一重要环节。敏感元件中的光、热、化学物质的生成或消耗会产生相应的变化量,根据这些变化量可以选择适当的换能器。生物化学反应过程产生的信息是多元化的,微电子学和现代传感技术的成果为检测这些信息提供了多种的方式与途径。

4. 能量控制型传感器的工作原理

能量控制型传感器又称为无源式、他源式或参量式传感器。在进行信号转换时,需要先获得能量,即从外部供给辅助能源使传感器工作,并且由被测量来控制外部供给能量的变化等。对于无源传感器,被测非电量只是对传感器中的能量起控制或调制作用,通过测量电路将其变为电压或电流量,然后进行转换、放大,以推动指示或记录仪表。配用测量电路通常是电桥电路或谐振电路。例如,电阻式、电容式、电感式、差动变压器式、涡流式、热敏电阻、光电管、光敏电阻、湿敏电阻、磁敏电阻等,基于应变电阻效应、磁阻效应、热阻效应、光电效应、霍尔效应等。

5. 能量转换型传感器的工作原理

能量转换型传感器主要由能量变换元件构成,它不需要外电源。如基于压电效应、热电效应、光电动势效应等的传感器都属于此类传感器。在进行信号转换时不需要另外提供能量,直接由被测对象输入能量,将输入信号能量变换为另一种形式的能量输出使其工作。有源传感器类似一台微型发电机,它能将输入的非电能量转换成电能输出,传感器本身无须外加电源,信号发射所需的能量直接从被测对象取得。因此只要配上必要的放大器就能推动记录仪表显示结果。例如压电式、压磁式、电磁式、电动式、热电偶、光电池、霍尔元件、磁致伸缩式、电致伸缩式、静电式等传感器。在这类传感器中,有一部分能量的变换是可逆的,也可以将电能转换为机械能或其他非电量,如压电式、压磁式、电动式传感器等。

表 10.1.1 给出了能量控制型和能量转换型传感器的分类和对比。

表 10.1.1　传感器按能量关系分类

能量控制型	能量转换型
应变效应(应变片)	压电效应(压电式)
压阻效应(应变片)	压磁效应(压磁式)
热阻效应(热电阻、热敏电阻)	热电效应(热电偶)
磁阻效应(磁敏电阻)	电磁效应(磁电式)
内光电效应(光敏电阻)	光生伏特效应(光电池)
霍尔效应(霍尔元件)	热磁效应
电容(电容式)	热电磁效应
电感(电感式)	静电式

10.1.5　传感器的应用领域

随着现代科技的高速发展及人们生活水平的迅速提高,传感器技术越来越受到重视,它的应用已渗透到国民经济的各个领域。

（1）工业生产的测量与控制。工业领域应用传感器，如：工艺控制、工业机械；测量各种工艺变量（如温度、液位、压力、流量等）；测量电子特性（电流、电压等）和物理量（速度、负载及强度）。

（2）汽车电控系统。汽车上的传感器相当于汽车的感官和触角，只有它才能准确地采集汽车工作状态的信息，提高汽车的自动化程度。汽车传感器分布在发动机控制系统、底盘控制系统和车身控制系统，成为汽车电控系统的关键部件，直接影响汽车技术性能的发挥。

（3）现代医学领域。医学传感器作为拾取生命体征信息的"五官"，它的作用日益显著，并得到广泛应用。例如，在图像处理、临床化学检验、生命体征参数的监护监测、呼吸/神经/心血管疾病的诊断与治疗等方面，传感器的使用十分普及。可以说，传感器在现代医学仪器设备中已无所不在。

（4）环境监测。近年来环境污染问题日益严重，人们迫切希望拥有一种能对污染物进行连续、快速、在线监测的仪器，传感器可以满足人们的这个要求。目前，已有相当一部分生物型传感器应用于环境监测中，如大气环境监测，可大大简化传统的检测方法。

（5）军事方面。传感器技术在军用电子系统领域的运用促进了武器、作战指挥、控制、监视和通信方面的智能化。传感器在远方战场监视系统、防空系统、雷达系统、导弹系统等方面，都有广泛的应用，是提高军事战斗力的重要因素。

（6）通信电子产品。手机产量的大幅增长及手机功能的不断增加为传感器市场带来新的机遇与挑战，智能手机市场份额的不断上升也增加了传感器在该领域的应用比例。此外，应用于集团电话和无绳电话的超声波传感器、用于磁存储介质的磁场传感器等都出现了强势增长。

（7）家用电器。20 世纪 80 年代以来，随着以微电子为中心的技术革命的兴起，家用电器向自动化、智能化、节能、无环境污染的方向发展。自动化和智能化的中心就是研制由微电脑和各种传感器组成的控制系统，如一台空调器采用微电脑控制配合传感器技术，可以实现压缩机的启动、停机、风扇摇头、风门调节、换气等，从而对温度、湿度和空气浊度进行控制。随着人们对家用电器方便、舒适、安全、节能要求的提高，传感器的应用将越来越广泛。

（8）科学研究。科学技术的不断发展催生了许多新的学科领域，无论是宏观的宇宙，还是微观的粒子世界，要通过许多未知的现象和规律获取大量人类感官无法获得的信息，没有相应的传感器是不可能完成的。

（9）智能建筑。智能建筑是未来建筑的必然趋势，它涵盖智能自动化、信息化、生态化等多方面的内容，具有微型集成化、高精度与数字化、智能化特征的智能传感器将在智能建筑中发挥重要的作用。

10.2　红外循迹传感器的应用

由于红外光电传感器的光波抗干扰性较强，价格适中，因此在机器人的制作中经常使用。本书的小型机器人选择红外管光电传感器作为机器人底盘巡线用，使得机器人可以根据地面的引导线而自主行走。

10.2.1　红外循迹传感器

红外光是英国科学家赫歇 1800 年在实验室中发现的,它是一种电磁波,在真空中的传播速度是 380000000m/s,具有明显的热效应,使人能感觉到而看不见。光有波长、频率等特性。如图 10.2.1 所示,一般人的眼睛可以看到的光(可见光)的波长在 380～780nm 之间,即通常所说的赤橙黄绿青蓝紫,它们的波长依次变短。在图 10.2.1 中,比红光波长长而比雷达波波长短的光是红外光,比紫光波长短比 X 射线波长长的光是紫外光。

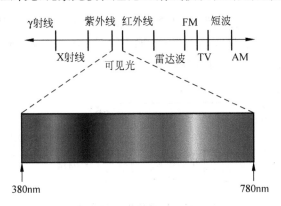

图 10.2.1　光谱分布图

如图 10.2.2 所示,红外循迹传感器是根据红外反射原理开发的传感器,红外循迹传感器包括红外发射端与红外接收端。红外循迹传感器工作时,发射端发射红外信号,接收端接收由物体反射回来的红外信号。循迹传感器的发射功率比较小,遇到白色时红外线被反射,遇到黑色时红外线被吸收,因而可以检测到白底中的黑线,也可以检测到黑底中的白线,由此实现黑线或白线的跟踪。并且,当检测到黑线时,循迹传感器输出低电平;检测到白线时,则输出高电平。循迹传感器可用于光电测试及程控小车、轮式机器人。

图 10.2.2　红外循迹传感器

ST178 是一种反射式红外光电传感器,它由一个高发射功率红外发光二极管和一个高灵敏度光电晶体管封装在一个塑料外壳里组成,一般检测距离可达 4～10mm。ST178 的外形和引脚图如图 10.2.3 所示。

ST120 是一种直射式光电传感器,它同样集成了一个高发射功率红外发光二极管和一个高灵敏度光电晶体管。发射管和接收管经过了对准,当光槽中无障碍阻隔时光路是通的。ST120 的光束很小,只有 0.4mm,可以分辨出很小的间隙。ST120 的外形和引脚图如图 10.2.4 所示。

图 10.2.5 所示为这两种元器件的典型应用电路。调节电阻 R_1 可改变发射管的发光强度,达到调节检测灵敏度的目的。在多个传感器同时使用时,由于元器件的制造存在差异,

图 10.2.3   ST178 的外形和引脚图

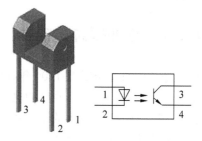

图 10.2.4   ST120 的外形和引脚图

因此可以考虑为每个传感器分别设置灵敏度调节。电阻 R_2 保护电阻,用于防止发射管电流过大,电阻 R_3 的阻值影响接收管灵敏度,通常可选 $10\sim50k\Omega$。检测的信号经滞回比较器 7414 整形后可直接输入单片机等控制器中。

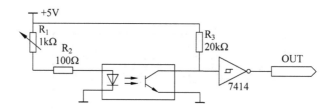

图 10.2.5   ST178/120 的典型应用电路

10.2.2   小型机器人的红外循迹传感器应用实例

1. 红外循迹传感器的安装及使用方法

本章小型双轮机器人中用到的循迹传感器安装在底盘两个轮子中间偏万向轮一端,三个传感器对称分布,如图 10.2.6 所示。传感器检测高度范围为 $0\sim3cm$,这个检测距离是可调的,但是如果调太大灵敏度会降低。

1) 红外循迹传感器的使用方法

(1) 底盘电路板上有一个 P1 接线端,P1 接口有 3 根排针,分别是 SR、SM、SL,是三个信号输出端。

(2) 检测到物体,信号端输出低电平;未检测到物体,信号端输出高电平。

(3) 判断信号输出端是 0 或者 1,就能判断物体是否存在。

2) 性能参数

(1) 检测距离:检测白纸时约为 2cm。视颜色的不同距离有所不同,白色最远。

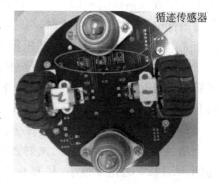

循迹传感器

图 10.2.6   红外循迹传感器
的安装位置

(2) 供电电压:5V,不要超过 5V(注意:最好用低电压供电,供电电压太高传感器的寿命会变短,5V 供电为佳)。

（3）工作电流：5V 时 18～20mA。大量测试表明，传感器硬件设置为 18～20mA 工作电流时性能最佳，主要表现在抗干扰能力上。

3）黑线或者白线检测原理

图 10.2.7　旋钮电位器

利用黑色对光线的反射率小这个特点，当平面的颜色不是黑色时，传感器发射出去的红外光被大部分反射回来，于是传感器输出低电平 0。当平面有一黑线，传感器在黑线上方时，因黑色的反射能力很弱，反射回来的红外光很少，达不到传感器动作的水平，所以传感器输出高电平 1。我们只要用单片机判断传感器的输出端是 0 或者是 1，就能检测黑线。检测白线的原理和检测黑线的原理一样。检测白线时，白线周边的颜色也要比较接近黑色，然后调节红外传感器上面的旋钮电位器，如图 10.2.7 所示，将灵敏度调低，一直调到刚好周边的颜色检测不到为止，这样就能检测白线了。

2. 控制系统设计与实现

本章小型机器人是一个基于 Arduino 控制的自动循迹双轮机器人，因此本节以 Arduino Uno 为控制核心，利用红外光电传感器，实现对路面黑色轨迹的检测，并将路面检测信号反馈给 Arduino 单片机。Arduino 单片机对采集到的信号予以分析判断，及时控制驱动电机，调整小车转向，使小车能够沿着黑色轨迹自动行驶，实现小车自动寻迹的目的。自动循迹双轮机器人系统方案如图 10.2.8 所示。

图 10.2.8　自动循迹双轮机器人系统方案

1）控制系统总体设计

自动循迹双轮机器人控制系统 Arduino 主控制电路模块、电源、循迹模块、电机及驱动模块等部分组成，控制系统的结构框图如图 10.2.9 所示。

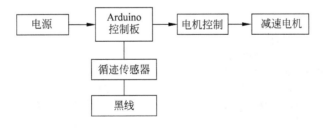

图 10.2.9　控制系统框图

2）双轮机器人循迹流程图

如图 10.2.10 所示，双轮机器人进入循迹模式后，即开始不停地扫描与探测器连接的单片机 I/O 口，一旦检测到某个 I/O 口有信号，即进入判断处理程序，先确定三个探测器中的哪一个探测到了黑线。

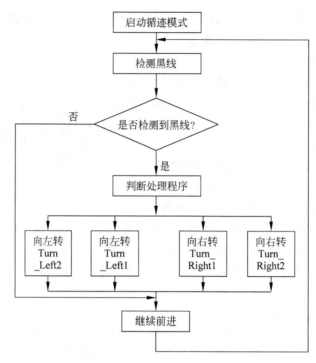

图 10.2.10　程序流程图

3. 代码实现

例程如下：

```
int MotorRight1 = 6;
int MotorRight2 = 9;
int MotorLeft1 = 10;
int MotorLeft2 = 11;
const int SensorLeft = 7;                    //左传感器输入脚
const int SensorRight = 3;                   //右传感器输入脚
int SL;                                      //左传感器状态
int SR;                                      //右传感器状态
void setup()
{
    Serial.begin(9600);
    pinMode(MotorRight1, OUTPUT);            //引脚 8 (PWM)
    pinMode(MotorRight2, OUTPUT);            //引脚 9 (PWM)
    pinMode(MotorLeft1, OUTPUT);             //引脚 10 (PWM)
    pinMode(MotorLeft2, OUTPUT);             //引脚 11 (PWM)
    pinMode(SensorLeft, INPUT);              //定义左传感器
    pinMode(SensorRight, INPUT);             //定义右传感器
}
void loop()
{
    SL = digitalRead(SensorLeft);
    SR = digitalRead(SensorRight);
    if (SL == LOW&&SR == LOW)//
    {
```

```
        digitalWrite(MotorRight1,HIGH);
        digitalWrite(MotorRight2,LOW);
        digitalWrite(MotorLeft1,HIGH);
        digitalWrite(MotorLeft2,LOW);
    }
    else
    {
        if (SL == HIGH & SR == LOW)              //左黑右白，快速左转
        {
            digitalWrite(MotorRight1,HIGH);
            digitalWrite(MotorRight2,LOW);
            digitalWrite(MotorLeft1,LOW);
            digitalWrite(MotorLeft2,LOW);
        }
        else if (SR == HIGH & SL == LOW)         //左白右黑，快速右转
        {
            digitalWrite(MotorRight1,LOW);
            digitalWrite(MotorRight2,LOW);
            digitalWrite(MotorLeft1,HIGH);
            digitalWrite(MotorLeft2,LOW);
        }
        else                                     //都是白色，停止
        {
            digitalWrite(MotorRight1,LOW);
            digitalWrite(MotorRight2,LOW);
            digitalWrite(MotorLeft1,LOW);
            digitalWrite(MotorLeft2,LOW);
        }
    }
}
```

10.3　红外遥控传感器的应用

　　红外光按波长范围分为近红外、中红外、远红外、极红外四类。红外线遥控是利用近红外光传送遥控指令的,波长为 $0.76\sim1.5\mu m$。用近红外作为遥控光源,是因为目前红外发射器(红外发光管)与红外接收器件(光敏二极管、三极管及光电池)的发光与受光峰值波长一般为 $0.8\sim0.94\mu m$,在近红外光波段内,二者的光谱正好重合,能够很好地匹配,可以获得较高的传输效率及较高的可靠性。

10.3.1　红外遥控系统原理

1. 红外遥控电路系统结构

　　遥控器的核心元器件是编码芯片,将需要实现的操作指令例如选台、快进等事先编码,设备接收后解码再控制有关部件执行相应的动作。显然,接收电路及 CPU 是与遥控器的编码一起配套设计的。编码是通过载波输出的,即所有的脉冲信号均调制在载波上,载波频

率通常为 38kHz。载波是用电信号去驱动红外发光二极管,将电信号变成光信号发射出去,这就是红外光,波长范围在 840～960nm 之间。在接收端,需要反过来通过光电二极管将红外线光信号转成电信号,经放大、整形、解调等步骤,最后还原成原来的脉冲编码信号,完成遥控指令的传递,这是一个十分复杂的过程。

红外线发射管通常的发射角度为 30°～45°,角度大距离就短,反之亦然。遥控器在光轴上的遥控距离可以大于 8.5m,与光轴成 30°(水平方向)或 15°(垂直方向)时大于 6.5m,在一些具体的应用中会充分考虑应用目标,在距离和角度之间需要找到平衡。红外线遥控系统框图如图 10.3.1 所示。

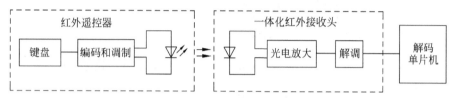

图 10.3.1 红外线遥控系统框图

2. 信号的调制与解调

在实际应用中,为了更好地去除环境光的影响和其他干扰,通常使用调制过的红外光。例如,红外遥控器将遥控信号(二进制脉冲码)调制在 38kHz 的载波上,经缓冲放大后送至红外发光二极管,转化为红外信号发射出去;接收后经过放大、滤波,将非 38kHz 的干扰信号滤掉,再经过解调,就可还原出原来的信号。这样可较好地排除环境和其他光源的干扰,提高了接收的可靠性和传输距离。

遥控器发出一串编码信号只需要持续数十毫秒的时间,大多数是十多毫秒或一百多毫秒重复一次,一串编码也就包括十位左右至数十位二进制编码,换言之,每一位二进制编码的持续时间或者说位长不过 2ms 左右,频率只有 500kHz 这个量级,要发射更远的距离则必须通过载波将这些信号调制到数十千赫,用得最多的是 38kHz。大多数普通遥控器的载波频率是所用陶瓷振荡器振荡频率的 1/12,最常用的陶瓷振荡器是 455kHz 规格,故最常用的载波也就是 455kHz/12≈37.9kHz,简称 38k 载波。此外还有 480kHz(40k)、440kHz(37k)、432kHz(36k)等规格的载波,也有 200kHz 左右的载波,用于高速编码。红外线接收器是一体化的组件,为了更有针对性地接收所需要的编码,就设计成以载波为中心频率的带通滤波器,只接收指定载波的信号并将其还原成二进制脉冲码,也就是解调。显然这是多合一遥控器应该满足的第二个物理条件。不过,家用电器多用 38kHz,很多红外线接收器也能很好地接收频率相近的 40kHz 或 36kHz 的遥控编码。

红外线发射与接收的示意图如图 10.3.2 所示。图中没有信号发出的状态称为空号或 0 状态,按一定频率以脉冲方式发出信号的状态称为传号或 1 状态。

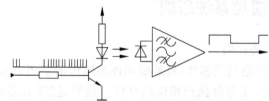

图 10.3.2 红外发射与接收示意图

红外一体化接收头在一个体积很小的元器件上集成了红外接收、放大、滤波、解调、整形电路,并且只有 3 只引脚:一个电源、一个地、一个输出,使用非常简单、方便。红外一体化接收头的内部结构原理如图 10.3.3 所示。

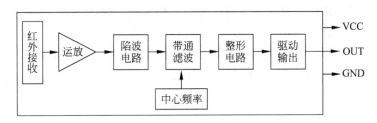

图 10.3.3　红外一体化接收头构造原理

3. 编码和解码

既然红外遥控信号是一连串的二进制脉冲码,那么,用什么样的空号和传号的组合来表示二进制数的 0 和 1,即信号传输所采用的编码方式,也是红外遥控信号的发送端和接收端需要事先约定的。通常,红外遥控系统中所采用的编码方式有以下三种。

1) FSK(移频键控)方式

移频键控方式用两种不同的脉冲频率分别表示二进制数的 0 和 1,图 10.3.4 所示是用移频键控方式对 0 和 1 进行编码的示意图。

图 10.3.4　FSK 方式编码

2) PPM(脉冲位置编码调制)方式

在脉冲位置编码调制方式下,每一位二进制数所占用的时间是一样的,只是传号脉冲的位置有所不同,空号在前、传号在后的表示 1,传号在前、空号在后的表示 0。图 10.3.5 所示是采用脉冲位置编码方式对 0 和 1 进行编码的示意图。

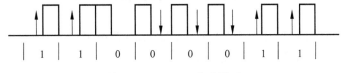

图 10.3.5　PPM 方式编码

3) PWM(脉冲宽度编码调制)方式

脉冲宽度编码调制方式是根据传号脉冲的宽度来区别二进制的 0 和 1 的。

传号脉冲宽的是 1,传号脉冲窄的是 0,而每位二进制数之间则用等宽的空号来进行分隔。图 10.3.6 所示是用脉冲宽度编码方式对 0 和 1 进行编码的示意图。

图 10.3.6　PWM 方式编码

4. 红外线信号传输协议

红外线信号传输协议除了规定红外遥控信号的载波频率、编码方式、空号和传号的宽度等外,还对数据传输的格式进行了严格的规定,以确保发送端和接收端之间数据传输的准确无误。红外线信号传输协议是为了进行红外信号传输所指定的标准,几乎所有的红外遥控系统都是按照特定的红外线信号传输协议来进行信号传输的。因此,要掌握红外遥控技术,首先要熟悉红外线信号传输协议以及与之相关的红外线发射和接收芯片。

红外线信号传输协议很多,一些大的电气公司,如 NEC、Philips、Sharp、Sony 等,均制定了自己的红外线信号传输协议。下面以应用比较广泛的 NEC 协议来介绍红外线信号传输协议的相关知识。

当按下红外遥控发射器上任一按键时,TC9012 即产生一种脉冲编码。这种遥控编码脉冲对 40kHz 载波进行脉冲幅度位置调制(PPM)后便形成遥控信号,经驱动电路由红外发射管发射出去。红外遥控接收头接收到调制后的遥控信号,经前置放大、限幅放大、带通滤波、峰值检波和波形整形,解调出与输入遥控信号反相的遥控脉冲。

一次按键动作的遥控编码信息为 32 位串行二进制码。对于二进制信号 0,一个脉冲占 1.2ms;对于二进制信号 1,一个脉冲占 2.4ms,而每一脉冲内低电平均为 0.6ms。从起始标志到 32 位编码脉冲发完大约需 80ms,此后遥控信号维持高电平,若按键未释放,则从起始标志起每隔 108ms 发出 3 个脉冲的重复标志。

在 32 位的编码脉冲中,前 16 位码不随按键的不同而变化,称为用户码。它是为了表示特定用户而设置的一个辨识标志,以区别不同机种和不同用户发射的遥控信号,防止误操作。后 16 位码随着按键的不同而改变,读取编码时就是要读取这 16 位按键编码,经解码得到按键键号,转而执行相应控制动作。

1) NEC 协议的特点

(1) 8 位地址位、8 位命令位。

(2) 为了可靠性,地址位和命令位被传输两次。每次传输两遍地址(用户码)和命令(按键值)。

(3) 通过脉冲串之间的时间间隔来实现信号的调制(PPM)。

(4) 载波频率 38kHz。

(5) 每一位的时间为 1.12ms(低电平)或 2.25ms(高电平)。

逻辑 0 和 1 的定义如图 10.3.7 所示。

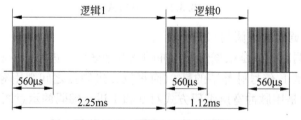

图 10.3.7 逻辑 0 和 1 的定义

2) 具体协议形式及内容

(1) 按键按下立刻松开的发射脉冲

图 10.3.8 显示了 NEC 协议典型的脉冲序列,注意:这是首先发送 LSB(最低位)的协

议,在上面的脉冲传输的地址为 0x59,命令为 0x16,一个消息是由一个 9ms 的高电平开始,随后有一个 4.5ms 的低电平(这两段电平组成引导码),然后有地址码和命令码,地址和命令传输两次,第二次所有位都取反,可用于对所收到的消息进行确认。总传输时间是恒定的,因为每一点与它取反长度重复,如果不感兴趣,可以忽略这个可靠性取反,也可以扩大地址和命令,以每 16 位为单位发送命令。

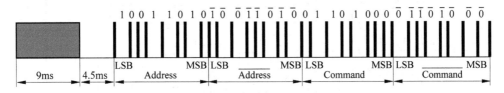

图 10.3.8　NEC 协议典型的脉冲序列一

(2) 按键按下一段时间才松开的发射脉冲

一个命令发送一次,即使在遥控器上的按键仍然按下,当按键一直按下时,第一个 110ms 的脉冲与图 10.3.8 一样,之后每 110ms 重复代码传输一次,这个重复代码是由一个 9ms 的高电平脉冲、一个 2.25ms 的低电平以及 560μs 的高电平组成的,如图 10.3.9 和图 10.3.10 所示。

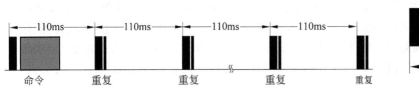

图 10.3.9　NEC 协议典型的脉冲序列二

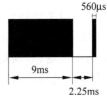

图 10.3.10　重复代码脉冲

5. 遥控器电路

遥控器的基本组成如图 10.3.11 所示。它主要由形成遥控信号的微处理器芯片、晶体振荡器、放大晶体管、红外发光二极管以及键盘矩阵组成。

微处理器芯片 IC_1 内部的振荡器通过 2、3 脚与外部的振荡晶体 X 组成一个高频振荡器,产生高频振荡信号。此信号送入定时信号发生器后进行分频产生正弦信号和定时脉冲信号。正弦信号送入编码调制器作为载波信号,定时脉冲信号送至扫描信号发生器、键控输入编码器和指令编码器作为这些电路的时间标准信号。IC_1 内部的扫描信号发生器产生五种不同时间的扫描脉冲信号,由 5~9 脚输出送至键盘矩阵电路,当按下某一键时,相应于该功能按键的控制信号分别由 10~14 脚输入到键控编码器,输出相应功能的数码信号。然后由指令编码器输出指令码信号,经过调制器调制在载波信号上,形成包含有功能信息的高频脉冲串,由 17 脚输出,经过晶体管 BG 放大,推动红外线发光二极管 VD 发射出脉冲调制信号。

6. 接收头

前面曾经谈到,红外遥控信号是一连串的二进制脉冲码。为了使其在无线传输过程中免受其他红外信号的干扰,通常都是先将其调制在特定的载波频率上,然后经红外发光二极管发射出去。而红外线接收装置则要滤除其他杂波,只接收该特定频率的信号并将其还原成二进制脉冲码,也就是解调。

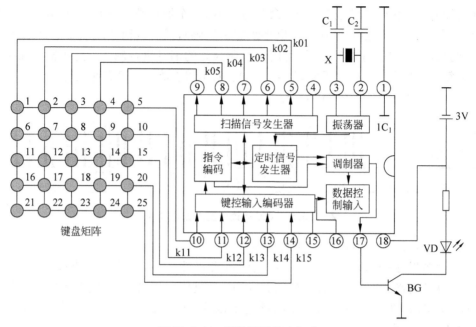

图 10.3.11　遥控器的基本组成

目前,对于这种进行了调制的红外线遥控信号,通常是采用一体化红外线接收头进行解调。一体化红外线接收头将红外光电二极管(即红外接收传感)、低噪声前置放大器、限幅器、带通滤波器、解调器以及整形电路等集成在一起。一体化红外线接收头体积小(类似塑封三极管)、灵敏度高、外接元件少(只需接电源退耦元件)、抗干扰能力强,使用十分方便。

10.3.2　小型机器人的红外遥控传感器应用实例

本节介绍如何采用红外遥控传感器进行小型双轮机器人的运动控制。选用的红外遥控传感器型号为 VS1838B,其具有体积小、内置专用 IC、宽角度及长距离接收、抗干扰能力强、能抵挡环境干扰光线及低电压工作的特性。

图 10.3.12～图 10.3.14 分别是 VS1838B 的电路框图、应用电路图和引脚图。

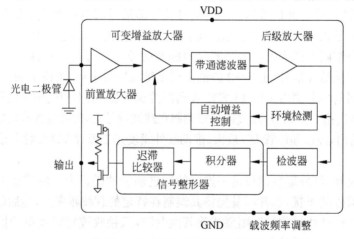

图 10.3.12　VS1838B 的电路框图

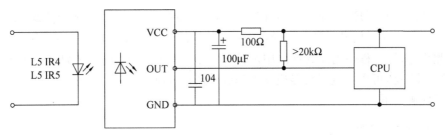

图 10.3.13　VS1838B 的应用电路图

将红外遥控传感器安装在小型双轮机器人控制板上,如图 10.3.15 所示,采用如图 10.3.16 所示遥控器进行机器人远程控制,CH-、CH、CH+、NEXT 按键分别控制小车的左转、前进、右转和停止。

图 10.3.14　VS1838B 引脚图　　图 10.3.15　VS1838B 红外遥控传感器安装位置　　图 10.3.16　遥控器

实验过程如下。

首先,将"在线信息→红外遥控器"文件夹内的 IRremote 文件夹复制到 Arduino 安装路径的 Libraries 目录下,此文件夹内为选用的红外遥控器的函数库文件,针对我们选用的这款遥控器,程序中已经定义了各个按键定义的编码如下:

前进 CH	0xFF629D
左转 CH-	0xFFA25D
右转 CH+	0xFFE21D
停止 NEXT	0xFF02FD
后退 +	0xFFA857

图 10.3.17　遥控器编码显示

其次,打开"在线信息→红外遥控器"文件夹内的 IRremote_test 文件夹,这是遥控器编码的测试文件。用 Arduino 软件打开测试程序,用导线根据程序里的设置把红外遥控器的信号输出引脚接到单片机对应的引脚。用 USB 线连接机器人和电脑,用 Arduino 软件把程序编译下载到控制器中,注意选择正确的开发板和端口。烧写成功后,打开"工具"菜单栏里的"串口监视器",如图 10.3.17 所示。用遥控器对准红外遥控传感器,分别按下 CH、CH－、CH＋键,可以看到串口监视器界面上显示了各个按键对应编码。

最后,打开"在线信息→红外遥控器"文件夹内的 IRremote_car 文件夹,用 Arduino 软件打开此程序,烧写程序到控制器。用遥控器对准红外遥控传感器,分别按下 CH－、CH、CH＋、NEXT 键,可以实现对智能机器人的红外遥控控制。

程序代码如下:

```
// ****** 红外遥控程序 *******
# include < IRremote. h>
int RECV_PIN = A5;
int pinLB = 6;                      //定义 I1 接口
int pinLF = 9;                      //定义 I2 接口
int pinRB = 10;                     //定义 I3 接口
int pinRF = 11;                     //定义 I4 接口
// ****** 红外控制部分 ********
long advence = 0x00FF629D;
long back = 0x00FFA857;
long stop = 0x00FF02FD;
long left = 0x00FFA25D;
long right = 0x00FFE21D;
IRrecv irrecv(RECV_PIN);
decode_results results;
void dump(decode_results * results)
{
int count = results -> rawlen;
if (results -> decode_type == UNKNOWN)
{
Serial. println("Could not decode message");
}
else
{
if (results -> decode_type == NEC)
{
Serial. print("Decoded NEC: ");
}
else if (results -> decode_type == SONY)
{
Serial. print("Decoded SONY: ");
}
else if (results -> decode_type == RC5)
{
Serial. print("Decoded RC5: ");
}
else if (results -> decode_type == RC6)
{
Serial. print("Decoded RC6: ");
}
Serial. print(results -> value, HEX);
Serial. print(" (");
Serial. print(results -> bits, DEC);
Serial. println(" bits)");
```

```
}
Serial.print("Raw (");
Serial.print(count, DEC);
Serial.print("): ");
for (int i = 0; i < count; i++)
{
if ((i % 2) == 1)
{
Serial.print(results->rawbuf[i] * USECPERTICK, DEC);
}
else
{
Serial.print(-(int)results->rawbuf[i] * USECPERTICK, DEC);
}
Serial.print(" ");
}
Serial.println("");
}
void setup()
{
pinMode(RECV_PIN, INPUT);
pinMode(pinLB, OUTPUT);
pinMode(pinLF, OUTPUT);
pinMode(pinRB, OUTPUT);
pinMode(pinRF, OUTPUT);
Serial.begin(9600);
irrecv.enableIRIn();                    // Start the receiver
}

int on = 0;
unsigned long last = millis();

void loop()
{
if (irrecv.decode(&results))
{
// If it's been at least 1/4 second since the last
// IR received, toggle the relay
if (millis() - last > 250)
{
on = !on;
digitalWrite(13, on ? HIGH : LOW);
dump(&results);
}
if (results.value == advence )
{
digitalWrite(pinRB, HIGH);              //使直流电机(右)GO
digitalWrite(pinRF, LOW);
digitalWrite(pinLB, HIGH);              //使直流电机(左)GO
digitalWrite(pinLF, LOW);
}
```

```
if (results.value == back )
{
digitalWrite(pinRB,LOW);              //使直流电机(右)后退
digitalWrite(pinRF,HIGH);
digitalWrite(pinLB,LOW);              //使直流电机(左)后退
digitalWrite(pinLF,HIGH);
}
if (results.value == left )
{
digitalWrite(pinRB,HIGH);             //使直流电机(右) STOP
digitalWrite(pinRF,HIGH);
digitalWrite(pinLB,HIGH);             //使直流电机(左)GO
digitalWrite(pinLF,LOW);
}
if (results.value == right )
{
digitalWrite(pinRB,HIGH);             //使直流电机(右)GO
digitalWrite(pinRF,LOW);
digitalWrite(pinLB,HIGH);             //使直流电机(左)STOP
digitalWrite(pinLF,HIGH);
}
if (results.value == stop)
    {
digitalWrite(pinRB,HIGH);             //使直流电机(右)STOP
digitalWrite(pinRF,HIGH);
digitalWrite(pinLB,HIGH);             //使直流电机(左)STOP
digitalWrite(pinLF,HIGH);
}
last = millis();
irrecv.resume();                      // Receive the next value
}
}
```

10.4　超声波测距传感器的应用

超声波传感器是一种使用附近物体反射回来的高频声波来计算它们之间的距离的传感器,在小型轮式机器人上用它来作障碍传感器。

超声波传感器可用在各种确定探测区域宽度的波束角中。窄波束角更适合探测距离较远的物体,而宽波束角则探测距离较远物体更好一些,并且能够很容易地被 Arduino 读取。

10.4.1　超声波测距传感器原理

超声波和声波一样,是一种机械振动波,是机械振动在弹性介质中的传播过程。频率超过 20kHz 称为超声波,检测常用的超声波频率范围一般是几万到几十兆赫,如图 10.4.1 所示。

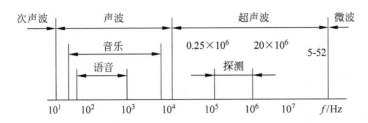

图 10.4.1　超声波频段的划分

超声波测距的原理是通过测量声波在发射后遇到障碍物反射回来的时间差计算出发射点到障碍物的实际距离。

测距的公式为

$$L = \frac{V(T_2 - T_1)}{2}$$

式中,L 为测量的距离长度;V 为超声波在空气中的传播速度(在 20℃ 时为 340m/s);T_1 为测量距离的起始时间;T_2 为收到回波的时间。

超声波测距主要用于测距避障、汽车倒车提醒、建筑工地及工业现场等的距离测量,虽然超声波测距量程能达到百米,但测量的精度往往只能达到厘米级。当要求超声波测距精度达到 1mm 时,就必须把超声波传播的环境温度考虑进去,进行温度补偿。例如,当温度为 0℃ 时超声波速度是 332m/s,当温度为 30℃ 时超声波速度是 350m/s,温度变化引起的超声波速度变化为 18m/s。超声波在 30℃ 的环境下与 0℃ 环境下的声速测量 100m 距离所引起的测量误差将达到 5m,测量 1m 误差将达到 5mm。

一个超声波传感器由两个分立器件组成,一个用于发出声音,另一个用于监听回音。传感器包含一些附加的元件,还包括一个小型的微控制器,它负责求解发送和接收到回声的时间差。这个时间差被编码为一个电压,延迟越久,电压越高。由于超声波传感器以 5V 作为通信电压,因此这个值的最大值是 5V,最小值是 0。测距传感器发送和接收超声波的过程如图 10.4.2 所示。

1. 超声波发射器发出　　　3. 接收器检测反射回的超声波
超声信号

图 10.4.2　测距传感器发送和接收超声波

10.4.2　HC-SR04 型超声波测距模块

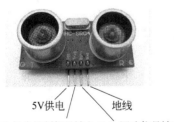

5V供电　　　　地线
Trig触发控制信号输入　Echo回响信号输出

图 10.4.3　HC-SR04 超声波测距模块

超声波测距传感器的种类很多,有的模块带有串口或 I^2C 输出,能直接输出距离值,一些模块还带有温度补偿功能。本节选用的是市面上性价比较高的 HC-SR04 模块,如图 10.4.3 所示,该模块包括超声波发送器、接收器和相应的控制电路,对应的电路原理图如图 10.4.4 所示。该超声波测距模块能提供 2～450cm 非接触式检测距离,测距的精度可达 3mm,能很好地满足试验要求。

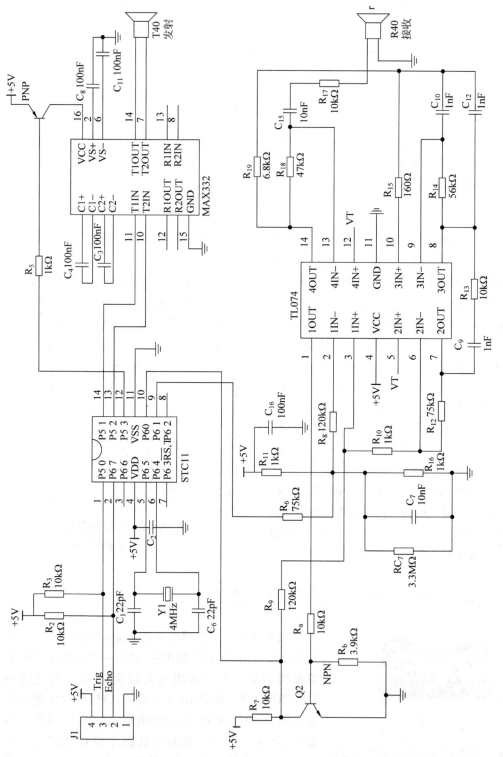

图 10.4.4 HC-SR04 超声波测距模块电路原理图

1. 技术规格

(1) 工作电压：0.5V DC。

(2) 工作电流：15mA。

(3) 探测距离：2～450cm。

(4) 探测角度：15°。

(5) 输入触发脉冲：10μs 的 TTL 电平。

(6) 输出回响信号：输出 TTL 电平信号(高)，与射程成正比。

2. 工作原理

HC-SR04 模块超声波时序图如图 10.4.5 所示。

平时 Trig 端为低电平，当需要测距时给这个端子提供一个大于等于 10μs 的高电平触发信号，此时，该模块内部将发出 8 个 40kHz 周期电平并检测回波。一旦检测到有回波信号则输出回响信号，回响信号的脉冲宽度与所测的距离成正比。由此通过发射信号收到的回响信号时间间隔可以计算得到距离。计算公式为 μs/58＝cm 或者 μs/148＝in；或者距离＝高电平时间×声速(340m/s)/2。建议测量周期为 60ms 以上，以防止发射信号对回响信号产生影响。

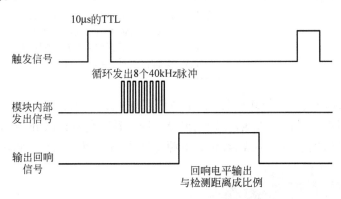

图 10.4.5 HC-SR04 模块超声波时序图

3. 注意事项

(1) 此模块不宜带电连接，若要带电连接，则先对模块的 GND 端进行连接，否则会影响模块的正常工作。

(2) 测距时，被测物体的面积应不小于 0.5m²，且平面尽量要求平整，否则会影响测量结果。

10.4.3 小型机器人超声波测距传感器应用实例

1. 传感器安装及使用

超声波测距传感器在小型机器人上的装配位置如图 10.4.6 所示。

超声波模块与控制器引脚连接定义如下：

```
--------------------------------------------------------------
int inputPin = A0;              //定义超声波信号接收引脚
int outputPin = A1;             //定义超声波信号发射引脚
--------------------------------------------------------------
```

图 10.4.6 超声波测距传感器安装位置

电机的连线方式及定义：电机一接电路板上 293D 的 T1，电机二接 293D 的 T2。电机的使能和转向引脚定义如下：

```
int pinLB = 6;              //定义 6 脚位左后,接驱动板 PWM6 脚
int pinLF = 9;              //定义 9 脚位左前,接驱动板 PWM9 脚
int pinRB = 10;             //定义 10 脚位右后,接驱动板 PWM10 脚
int pinRF = 11;             //定义 11 脚位右前,接驱动板 PWM11 脚
```

用舵机控制超声波测距模块的转向，本节所用舵机如图 10.4.7 所示。舵机有很多规格，但所有的舵机都有外接三根线，分别用黑、红、橙三种颜色进行区分，由于舵机品牌不同，颜色也会有所差异，黑色为接地线，红色为电源正极线，橙色为信号线，如图 10.4.8 所示。

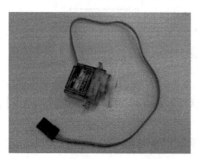

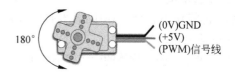

图 10.4.7 舵机　　　　　　　　**图 10.4.8 舵机信号线**

舵机的三根接线分别接到扩展板 P7，1 脚为 GND，2 脚为＋5V，3 脚为 PWM 信号线。

2. 程序代码

利用串口输出超声波测距代码：

```
//设定 HC - SR04 连接的 Arduino 引脚
const int Trigpin = 2;
const int Echopin = 31;
float distance;
void setup()
```

```
{
//初始化串口通信及连接 HC - SR04 的引脚
Serial. Begin ( 9600 );
PinMode ( Trigpin, OUTPUT );
//要检测引脚上输入的脉冲宽度,需要先设置为输入状态
PinMode (Echopin, INPUT );
Serial. println("Ultrasonic sensor");
}
void loop()
{
//产生一个 10μs 的高脉冲去触发 Trigpin
digitalWrite (Trigpin, LOW);
delayMicroseconds ( 2 );
digitalWrite(Trigpin, HIGH);
delayMicroseconds ( 10 );
digitalWrite(Trigpin, LOW);
//检测脉冲宽度,并计算出距离
distance = pulseIn(Echopin, HIGH ) / 58. 00;
Serial. print (distance );
Serial. print ("cm");
Serial. println ();
delay ( 1000 );
}
```

超声波测距模块控制智能小车的程序代码参见“在线信息→超声波测距”。

10.5　蓝牙模块的应用

10.5.1　蓝牙技术简介

1. 蓝牙技术概述

蓝牙技术是一种无线数据与语音通信的开放性标准,它以低成本的近距离无线连接为基础,为固定与移动设备通信环境建立一个特别连接。打印机、PDA、桌上型电脑、传真机、键盘、游戏操纵杆及所有其他的数字设备都可以成为蓝牙技术系统的一部分。除此之外,蓝牙无线技术还为已存在的数字网络和外设提供通用接口以组建一个远离固定网络的个人特别连接设备群。

蓝牙技术在全球通用的 2.4GHz ISM(工业、科学、医学)频段内,蓝牙的数据速率为1Mb/s。从理论上来讲,以 2.45GHz ISM 波段运行的技术能够使相距 30m 以内的设备互相连接,传输速率可达到 2Mb/s,但实际上很难达到。应用了蓝牙技术的 link and play 的概念,有点类似“即插即用”的概念,任意蓝牙技术设备一旦搜寻到另一个蓝牙技术设备,马上就可以建立联系,而无须用户进行任何设置,可以解释成“即连即用”。在非常嘈杂的无线电环境下,它的优势就更加明显了。

蓝牙技术的另一大优势是它应用了全球统一的频率设定,消除了“国界”的障碍,而在蜂窝式移动电话领域,这个障碍已经困扰用户多年。

另外,ISM 频段是对所有无线电系统都开放的频段,因此使用其中的某个频段都会遇到不可预测的干扰源。例如某些家电、无绳电话、汽车房开门器、微波炉等,都可能是干扰。为此,蓝牙技术特别设计了快速确认和跳频方案以确保链路稳定。跳频技术是把频带分成若干个跳频信道(hop channel),在一次连接中,无线电收发器按一定的码序列不断地从一个信道跳到另一个信道,只有收发双方是按这个规律进行通信的,而干扰不可能按同样的规律进行干扰;跳频的瞬时带宽是很窄的,但通过扩展频谱技术使这个窄带成倍地扩展成宽频带,使干扰的影响变得很小。与其他工作在相同频段的系统相比,蓝牙跳频更快,数据包更短,这使蓝牙技术比其他系统都更稳定。

2. 蓝牙终端的连接

蓝牙设备的最大发射功率可分为三级:100mW(20dB/m)、2.5mW(4dB/m)、1mW(0dB/m)。当蓝牙设备功率为 1mW 时,其传输距离一般为 0.1~10m。当发射源接近或是远离而使蓝牙设备接收到的电波强度改变时,蓝牙设备会自动地调整发射功率。当发射功率提高到 10mW 时,其传输距离可以扩大到 100m。蓝牙支持点对点和点对多点的通信方式,在非对称连接时,主设备到从设备的传输速率为 721Kb/s,从设备到主设备的传输速率为 57.6Kb/s;对称连接时,主从设备之间的传输速率各为 432.6Kb/s。蓝牙标准中规定了在连接状态下有保持模式(hold mode)、呼吸模式(sniff mode)和休眠模式(park mode)三种电源节能模式,再加上正常的活动模式(active mode),一个使用电源管理的蓝牙设备可以在这四种状态间进行切换,按照电能损耗由高到低的排列顺序为:活动模式、呼吸模式、保持模式、休眠模式,其中,休眠模式节能效率最高。蓝牙技术的出现,为各种移动设备和外围设备之间的低功耗、低成本、短距离的无线连接提供了有效途径。

1) 主从关系

蓝牙技术规定每一对设备之间进行蓝牙通信时,必须一个为主角色,另一为从角色,然后才能进行通信。通信时,必须由主端进行查找,发起配对,建链成功后,双方即可收发数据。理论上,一个蓝牙主端设备,可同时与 7 个蓝牙从端设备进行通信。一个具备蓝牙通信功能的设备,可以在两个角色间切换:平时工作在从模式,等待其他主设备来连接;需要时,转换为主模式,向其他设备发起呼叫。一个蓝牙设备以主模式发起呼叫时,需要知道对方的蓝牙地址、配对密码等信息,配对完成后,可直接发起呼叫。

2) 呼叫过程

蓝牙主端设备发起呼叫,首先是查找,找出周围可被查找的蓝牙设备。主端设备找到从端蓝牙设备后,与从端蓝牙设备进行配对,此时需要输入从端设备的 PIN 码,也有设备不需要输入 PIN 码。配对完成后,从端蓝牙设备会记录主端设备的信任信息,此时主端即可向从端设备发起呼叫,已配对的从端在下次呼叫时,不再需要重新配对。已配对的设备,作为从端的蓝牙耳机也可以发起建链请求,但做数据通信的蓝牙模块一般不发起呼叫。链路建立成功后,主从两端之间即可进行双向的数据或语音通信。在通信状态下,主端和从端设备都可以发起断链,断开蓝牙链路。

3) 数据传输

蓝牙数据传输应用中,一对一串口数据通信是最常见的应用之一,蓝牙设备在出厂前即提前设置好两个蓝牙设备之间的配对信息,主端预存有从端设备的 PIN 码、地址等,两端设备加电即自动建链,透明串口传输,无须外围电路干预。一对一应用中从端设备可以设为两种类型：一是静默状态，即只能与指定的主端通信，不被别的蓝牙设备查找；二是开发状态，既可被指定主端查找，也可以被别的蓝牙设备查找建链。

10.5.2　BT-HC05 蓝牙模块

本章使用的是蓝牙模块 BT-HC05,这款模块在市场上容易购买更换,使用较为简捷,如图 10.5.1 所示。

BT-HC05 是一款高性能的主从一体蓝牙串口模块,可以在主机与从机之间切换,其初始密码为 1234。作为主机,初始设置为不记忆从机,可以和任意从机配对,在连接蓝牙从机之后,通过 AT 模式设置 AT＋CMODE＝0,可以记忆从机。主机可以指定另一方的

图 10.5.1　蓝牙模块

地址进行配对,另一方包括手机、计算机以及从机。同时可以默认地自动搜索并配对从机。模块与模块之间只支持点对点通信,而适配器则可以和多个模块通信。

BT-HC05 的具体参数见表 10.5.1。

表 10.5.1　BT-HC05 工作参数

名　　　称	参　　　数
接口说明	TTL 电平,兼容 3.3V/5V 单片机
波特率	4800/9600(默认)/19200/38400/57600/115200/230400/460800/921600/138240
通信距离/m	10(空旷地)
对外接口	6pin 排针(2.54mm 间距)
工作电压/N	3.3～5
工作电流	配对中:30～40mA;配对完毕未通信:1～8mA;通信中:5～20mA(根据串口通信频繁程度不同而不同)

蓝牙模块各引脚功能见表 10.5.2。

表 10.5.2　蓝牙模块引脚功能

名　　　称	说　　　明
VCC	电源(3.3～5V)
GND	地
TXD	模块串口发送引脚(TTL 电平,不能接 RS-232 电平)
RXD	模块串口接收引脚(TTL 电平,不能接 RS-232 电平)
KEY	高电平进入 AT 状态,低电平或者悬空则进入正常状态
LED	配对成功输出高电平,未成功输出低电平

10.5.3　BT-HC05 蓝牙模块 AT 指令集

新的蓝牙模块必须在配置设备名称、配对码和波特率之后,才能正常使用。下面讲解 BT-HC05 蓝牙模块的 AT 指令集。

使用蓝牙之前要将蓝牙模块进入 AT 指令模式,方法如下:

(1) 将模块上电同时(或者之前),将 KEY 接高电平,此时指示灯慢闪(1s 亮一次),模块进入 AT 状态,此时波特率固定为 38 400(8 位数据位,1 位停止位)。

(2) 将蓝牙模块经过串口转 USB 模块,接到电脑的 USB 口上,如图 10.5.2 和图 10.5.3 所示。

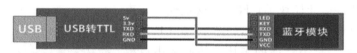

图 10.5.2　蓝牙模块与串口转 USB 模块连接方式

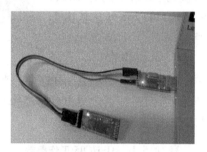

图 10.5.3　蓝牙模块经串口转 USB 模块与电脑连接

(3) 在电脑上下载并安装"串口调试助手"界面,如图 10.5.4 所示,波特率选择 38400。

图 10.5.4　串口调试助手

蓝牙模块 AT 指令集举例。

(1) 指令 1。如图 10.5.5 所示,修改蓝牙模块名字:AT＋NAME＝myBluetooth＜ name ＞＜回车＞。

图 10.5.5　修改蓝牙模块名字

例如,AT＋NAME＝<回车>,模块返回: OK。

(2) 指令 2。如图 10.5.6 所示,查看当前蓝牙模块名字: AT＋NAME? <回车>。

图 10.5.6　查看当前蓝牙模块名字

例如,AT+NAME? <回车>,模块返回:+NAME:<名字> OK。

(3) 指令 3。如图 10.5.7 所示,修改通信波特率设置:AT+UART=< PARM1 >,< PARM2 >,< PARM3 >,<回车>。

图 10.5.7 修改通信波特率设置

PARM1 为波特率,可选 4800、9600、19200、38400、57600、115200、230400、460800、921600、1382400。

PARM2 为停止位选择。0 表示 1 位停止位,1 表示 2 位停止位。

PARM3 为校验位选择。0 表示没有校验位,1 表示奇校验,2 表示偶校验。

例如,AT+UART=9600,0,0<回车>,模块返回:OK。

(4) 指令 4:如图 10.5.8 所示,查看当前通信波特率设置:AT+UART? <回车>。

例如,AT+UART? <回车>,模块返回:+UART:9600,0,0 OK。

(5) 指令 5。如图 10.5.9 所示,设置模块为主模式或者从模式:AT+ROLE=0 或者 1 <回车>。

0 表示从机,1 表示主机。

例如,AT+ROLE=0<回车>,模块返回:OK。

(6) 指令 6。如图 10.5.10 所示,查看当前是主模式还是从模式:AT+ROLE? <回车>。

0 表示从机,1 表示主机。本模块出厂默认是从模式。

例如,AT+ROLE? <回车>,模块返回:+ROLE:0 OK。

(7) 指令 7。如图 10.5.11 所示,设定密码:AT+PSWD=< password ><回车>。默认密码为 1234,密码只能为 4 位。

图 10.5.8　查看通信波特率设置

图 10.5.9　设置模块为主模式或者从模式

图 10.5.10 查看当前是主模式还是从模式

图 10.5.11 设定密码

例如,AT+PSWD=6666<回车>,模块返回：OK。

(8) 指令 8。如图 10.5.12 所示,查询密码：AT+PSWD? <回车>。

例如,AT+PSWD? <回车>,模块返回+PSWD：6666　OK。

图 10.5.12　查询密码

10.5.4　小型机器人 BT-HC05 蓝牙模块应用实例

在小型机器人的蓝牙控制中,需要使用手机进行小型机器人的运动控制,因此需要准备一台具有蓝牙功能的手机。

1. 蓝牙模块应用步骤

(1) 使用 USB 线烧录程序到 Arduino 开发板的控制器中,程序可在"在线信息→蓝牙模块-bluetooth_car"的文件夹中找到。

注意：烧录程序时蓝牙模块先不要插到小型机器人的控制板上。

(2) 烧录成功后,将蓝牙模块连接到小型机器人控制板的 P4 口,蓝牙模块和单片机的接线方式如图 10.5.13 所示。

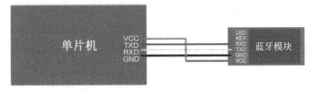

图 10.5.13　蓝牙模块与单片机的连接方式

（3）在手机里安装"蓝牙串口"。在"在线信息→蓝牙模块"文件里找到"蓝牙串口助手"安装软件，在手机里进行安装，安装好后可在手机里看到蓝牙串口助手图标 🟦。打开软件，选择允许开启蓝牙选项，之后软件自动搜索附近的蓝牙设备，如图 10.5.14 所示，可看到搜索到的智能机器人的蓝牙模块 myBluetooth。

（4）选中 myBluetooth 行，将蓝牙模块与手机进行配对，配对成功后（此时 STA 双闪（一次闪两下，两秒闪一次）），可看到如图 10.5.15 所示界面，选择"键盘模式"，出现图 10.5.16 所示界面。

图 10.5.14　蓝牙配对界面

图 10.5.15　模式选择界面

图 10.5.16　键盘模式界面

注意：蓝牙模块上电后，将 KEY 悬空或接地，此时指示灯快闪（一秒两次），表示模块进入可配对状态（此时如果将 KEY 接高电平，模块会进入 AT 状态，但指示灯依然是快闪（一秒两次））。

（5）进入键盘模式后，对键盘进行编辑。选择 menu 菜单键，选择"设置键盘"，在界面的 9 个"点我"按键中选择要设置的一个按键，编辑"按钮名称"，如"前进"。其中，"发送内容"根据 bluetooth_car 文件夹中代码的设置进行输入，如程序中"W"代表机器人前进，之后单击"确定"。其他按键设置方法类似，如图 10.5.17 所示。设置完成后，选择 menu 菜单键，选择"键盘设置结束"。

（6）通过操作键盘的"前进""后退"等按键，来实现对小型机器人的运动控制。由图 10.5.18 上可以看到，串口助手对按键发送的指令有一个发送成功的显示。

2. 程序代码

蓝牙模块控制智能机器人的程序代码详见"在线信息→蓝牙模块"。

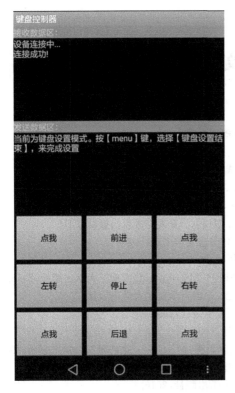

图 10.5.17 键盘设置完毕

图 10.5.18 发送命令回显

思考题与习题

1. 机器人传感器分为哪几类？
2. 试述红外循迹及遥控传感器的工作原理。
3. 超声波传感器的主要功能有哪些？
4. 简述蓝牙模块的通信功能。
5. 试组装小型机器人的传感器。

参 考 文 献

［1］ 马文倩,晁林. 机器人设计与制作［M］. 北京：北京理工大学出版社,2016.
［2］ 过磊. 机器人技术应用［M］. 北京：北京理工大学出版社,2016.
［3］ 易诗编. 信息工程专业机器人创新实验设计［M］. 成都：电子科技大学出版社,2017.
［4］ Gordon McComb. 小型智能机器人制作全攻略［M］. 臧海波,译. 北京：人民邮电出版社,2013.
［5］ 王洪欣. 机械原理［M］. 南京：东南大学出版社,2005.
［6］ 王晓,杨建荣,李荣军. 机器人制作原理及实践［M］. 银川：宁夏人民教育出版社,2016
［7］ 曹其新,张蕾. 轮式自主移动机器人［M］. 上海：上海交通大学出版社,2012.
［8］ 肖南峰. 智能机器人［M］. 广州：华南理工大学出版社,2008.
［9］ 杜艳丽. 可重构模块机器人构形优化及力控制方法研究［M］. 北京：北京理工大学出版社,2015.
［10］ 张培仁,杨兴明. 机器人系统设计与算法［M］. 合肥：中国科学技术大学出版社,2008.
［11］ 孙迪生,王炎. 机器人控制技术［M］. 北京：机械工业出版社,1997
［12］ 马香峰. 机器人机构学［M］. 北京：机械工业出版社,1991.
［13］ 刘鸿莉,吕海霆. SolidWorks 机械设计简明实用基础教程［M］. 北京：北京理工大学出版社,2017.
［14］ 于泓. SolidWorks 应用教程［M］. 南京：东南大学出版社,2008.
［15］ 尧燕. SolidWorks 建模实例教程［M］. 重庆：重庆大学出版社,2016.
［16］ 傅士伟,乐旭东. 机械装配与调试［M］. 杭州：浙江大学出版社,2015.
［17］ 方若愚. 机械装配测量技术［M］. 北京：机械工业出版社,1985.
［18］ 王勇. 电机与控制［M］. 北京：北京理工大学出版社,2016.
［19］ 张晓娟,李俊涛. 电机拖动与控制［M］. 北京：北京理工大学出版社,2016.
［20］ 钟柏昌. Arduino 机器人设计与制作［M］. 石家庄：河北教育出版社,2016.
［21］ 徐向民. Altium Designer 快速入门［M］. 北京：北京航空航天大学出版社,2008.
［22］ 鲁维佳,刘毅,潘玉恒. Altium Designer 6. x 电路设计实用教程［M］. 北京：北京邮电大学出版社,2014.
［23］ 高建党. 电子电路调试与仿真［M］. 昆明：云南大学出版社,2016.
［24］ 李伟英,李和平. 电子电路分析制作与调试［M］. 北京：北京理工大学出版社,2016.
［25］ 李新辉. 单片机应用技术［M］. 北京：北京邮电大学出版社,2017.
［26］ 宋宇,梁玉文,杨欣慧. 传感器技术及应用［M］. 北京：北京理工大学出版社,2017.
［27］ 宋强,张烨,王瑞. 传感器原理与应用技术［M］. 成都：西南交通大学出版社,2016.